Die Explosivstoffe

Grundriss der Photochemie

in elementarer Darstellung
als Einführung in das Studium

von

Prof. Dr. phil. et chem. J. Plotnikow

o. ö. Professor und Direktor des physikalisch-chemischen Institutes an der Königl. Techn. Hochschule zu Agram

Mit 34 Figuren im Text

Berlin und Leipzig 1923

Walter de Gruyter & Co.

vormals G. J. Göschen'sche Verlagshandlung · J. Guttentag, Verlagsbuchhandlung Georg Reimer · Karl J. Trübner · Veit & Comp.

Druck von Metzger & Wittig in Leipzig.

Vorwort.

Als ich im Oktober 1920 nach der Erledigung der letzten Korrektur meines großen Lehrbuches Berlin verließ, um mich nach Agram (Zagreb) zu begeben, hatte ich die feste Absicht gehabt, eine Zeitlang keine Bücher zu schreiben, sondern in diesem, von dem europäischen Pulsschlage weit entlegenen und von herrlicher Natur umgebenen, stillen Orte mich in die rein wissenschaftliche Laboratoriumsarbeit zu vertiefen. Das Schicksal hat aber auch diesmal durch meine voreilige Rechnung einen Strich gemacht, weil mein Institut als Privatwohnung benutzt wird, und dieser unerträgliche Zustand dauert schon drei lange Jahre. Um den schmerzlichen Zeitverlust, der dadurch entstand, irgendwie abzuschwächen, mußte ich mich entschließen, wieder ein Büchlein zu schreiben. Es fragte sich nur, was für eins? Zu dieser Zeit, nach dreijähriger Trennung voll schrecklicher Entbehrungen ist meine Familie aus der Kulturöde, das früher das mächtige und reiche Rußland hieß, glücklich nach Agram gekommen. Somit fand diese düstere russische dramatische Periode meines Lebens, der eine achtjährige glücklich-romantische in Leipzig voranging, ihren würdigen Abschluß. Meine Familie teilte mir mit, daß uns ad majorem gloriam des Prinzips der Brüderlichkeit und Gleichheit die letzten Reste unseres Vermögens, das auf dem Lager in Moskau sich befand, gewaltsam abgenommen wurden; darunter befand sich auch mein druckfertiges Manuskript über das „Photochemische Praktikum", das von den Trägern der neuen Kultur zu Zigaretten verraucht wurde. Dies Buch von neuem zusammenzustellen, konnte ich aus Mangel an nötiger Literatur und hauptsächlich an Versuchsmaterial, das damals in meinem Laboratorium gesammelt wurde, nicht mehr. Also mußte ich was anderes unternehmen. Und da entschloß ich mich, eine Art Einführung in die Photochemie in elementarer Form zu schreiben, die jedem, der die neuen Entwicklungen der Naturwissenschaften verfolgt, leicht verständlich sein konnte. Und so entstand dies Büchlein, als ein kleines Sammelwerkchen aller meiner früheren Veröffentlichungen.

Herrn Dr. R. Escales-München bitte ich an dieser Stelle, für das bereitwillige Korrekturenlesen meinen verbindlichsten Dank in Empfang zu nehmen. Die photochemischen Demonstrationsapparate wurden von der Firma F. Köhler-Leipzig hergestellt, die auch wie früher das alleinige Recht, diese für den Handel zu bauen, besitzt.

Agram (Zagreb), März 1923.

J. Plotnikow.

Inhaltsverzeichnis.

Kapitel I.

Einleitung. Über die chemische Wirkung des Lichtes. Demonstration der Zersetzung und Bildung von HCl. Periodische Lichtreaktionen. Spektrum der strahlenden Energie. Die photochemischen Grundgesetze, ihre Demonstration und Ableitung.

Einleitung. Zur Photochemie gehören alle Erscheinungen, bei denen das Licht in irgendwelcher Beziehung zum Chemismus steht. Ob dabei durch das Licht eine chemische Veränderung oder durch die letztere das Licht hervorgerufen wird, oder irgendwelche optische Erscheinungen in Beziehung zur chemischen Struktur stehen, ist von theoretischem Standpunkte aus belanglos. Alle diese drei großen Klassen der Erscheinungen (Lichtreaktionen, Leuchtreaktionen, chemische Optik) sind eng miteinander verbunden. Für das praktische Leben ist das Gebiet der chemischen Lichtwirkungen von besonderer Bedeutung und darum hat es sich auch am stärksten entwickelt. Für die theoretischen Erklärungen dieser Erscheinungen ist aber das Studium der beiden anderen Klassen unumgänglich. In die Photochemie ist, wie in keine andere Disziplin, die Physik derart eingewachsen, daß es hier oft schwer fällt, scharfe Grenzen zu ziehen und zu bestimmen, wo die Physik endet und wo die Chemie beginnt. Man darf aber nicht so weit gehen, daß man das Chemische durch das Physikalische einfach ersetzt. Überall dort, wo es sich um einen Stoffwechsel handelt, haben wir es mit dem Chemismus zu tun, mögen die Folgeerscheinungen dabei auch rein physikalischer Natur sein.

Der Übersichtlichkeit wegen und zur Erleichterung des Studiums ist man gezwungen, das Gebiet in bestimmte Gruppen nahe verwandter Erscheinungen einzuteilen; aber irgendeine Gruppe nur allein für sich, als etwas Selbständiges, Abgesondertes zu betrachten, ist unmöglich und der Leser muß immer im Auge behalten, daß alle diese drei großen Klassen der Erscheinungen ein einheitliches Ganzes bilden. In meinen früheren Werken habe ich aus den angegebenen Gründen die Einteilung immer ziemlich scharf durchgeführt; hier wird sie aber absichtlich vermieden, um dem Leser, der dies Gebiet erst kennen lernen will, die Einheitlichkeit desselben besonders deutlich hervortreten zu lassen. Zur Erleichterung des Verständnisses sind sehr einfache Vorlesungsversuche beschrieben, die jedermann mit einfachen Laboratoriumshilfsmitteln leicht nachmachen kann und die auch von einem Fachmann für seine Vorlesungen verwendet werden können.

Über die chemische Wirkung des Lichtes. Machen wir folgenden Versuch. Füllen wir einen Kolben von etwa 200—150 cm³ Inhalt mit einem Gemisch von gleichen Volumina Chlor und Wasserstoff im Dunkeln und stellen ihn in einen Glaskasten in verdunkeltem Raume auf, so, wie es in der Abbildung 1 angegeben ist. Auf der anderen Seite des Experimentiertisches

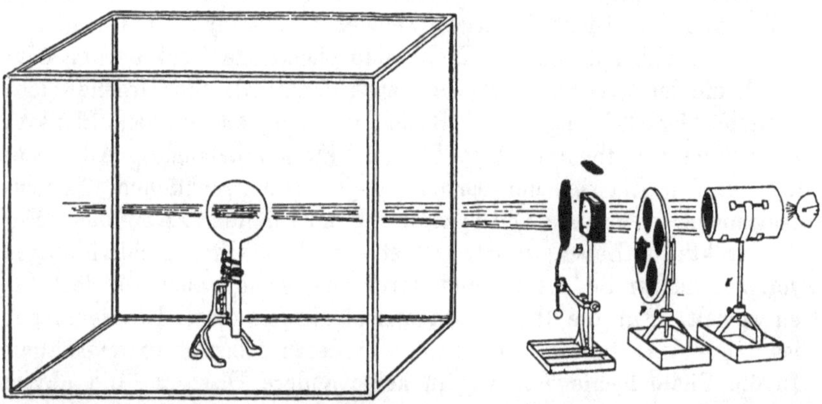

Abbildung 1.

steht eine lichtstarke Bogenlampe im Schutzgehäuse, dessen Licht mit einer Blende *B* abgeblendet ist. Nimmt man die Blende weg, so fällt ein Lichtbündel, dessen Strahlen sich in der Mitte des Kolbens zusammenschnüren, auf das Chlorknallgasgemisch und es erfolgt in demselben Moment eine starke Explosion. Das Licht hat die Vereinigung von H_2 und Cl_2 zu 2 HCl herbeigeführt. Da die Vereinigung mit Freiwerden von großer Wärmemenge verbunden ist, so erfolgt eine starke Ausdehnung des gebildeten Gases HCl und das Gefäß wird zertrümmert. Statt Bogenlicht können wir auch Sonnenlicht oder Magnesiumlicht benutzen. Wird schwaches Licht benutzt, so erfolgt die Vereinigung viel langsamer, ohne Explosion. Diese Versuche wurden zuerst von Gay-Lussac und Thénard im Jahre 1809 ausgeführt. Stellen wir auf den Strahlenweg rotes oder gelbes Glas oder entsprechend gefärbte Gelatine oder Lösungen, so erfolgt keine chemische Wirkung. Wird aber blaues Glas verwendet, so erfolgt die Explosion; d. h. daß hier die blauen Strahlen, die der gelben Farbe des Chlors komplentäre sind und vom Chlor absorbiert werden, die chemische Wirkung hervorrufen. Was bezeugen uns diese Versuche? Sie bezeugen uns, daß das Licht eine starke Beschleunigung eines chemischen Vorgangs hervorrufen, sozusagen katalytisch wirken kann. Denn diese Reaktion findet auch im Dunkeln bei starker Erwärmung statt; bei allzu starkem Erhitzen erfolgt die Vereinigung auch explosionsartig. Die Vereinigung ist in beiden Fällen vollständig; es bildet sich restlos HCl. Auf Grund dieser Ergebnisse müssen wir den Schluß ziehen, daß diese Reaktion ein irreversibler Vorgang ist, der vom Lichte, und dabei nur vom Chlor absorbierten Lichte, beschleunigt wird.

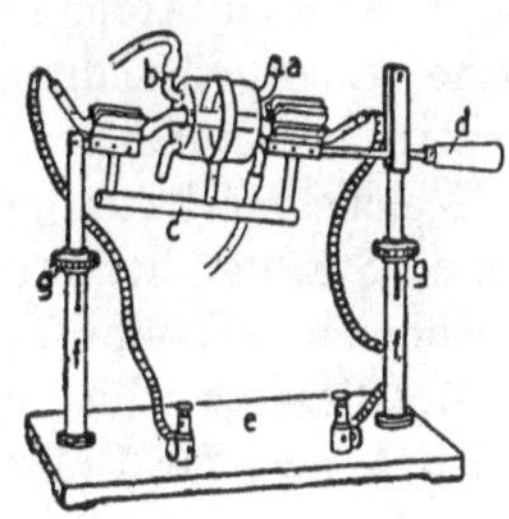

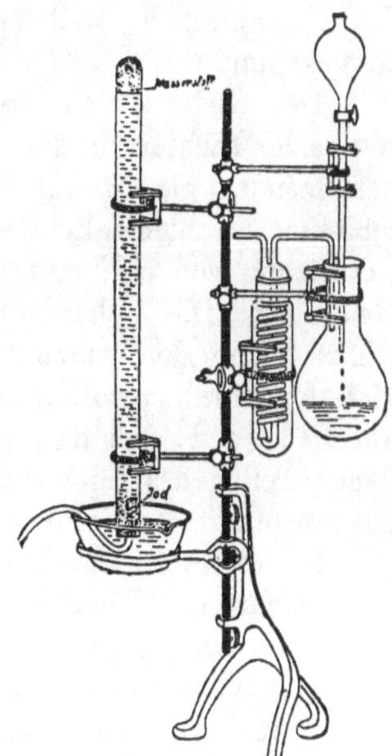

Abbildung 2

Jetzt machen wir einen anderen Versuch. Nehmen wir eine Quarzlampe, auf die ein Quarzzylindergefäß von der in der Abbildung 2 abgebildeten Form aufgesetzt ist und lassen durch dieses Gefäß beim Brennen der Lampe HCl-Gas durch. Nach dem Vorhergesagten müßte eigentlich nichts passieren. Denn HCl bildet sich im Lichte und darum müßte es unverändert das Licht der Lampe passieren. Dennoch ist es aber nicht so. Fangen wir das HCl-Gas in einem mit KJ-Lösung gefüllten Rohre, so werden wir, solange die Lampe nicht angezündet ist, keine Veränderungen konstatieren, weil HCl von Wasser absorbiert wird. Zünden wir aber die Lampe an, so werden wir unten eine Jodabscheidung beobachten und oben sammelt sich ein Gas an, daß sich als H_2 erweist. HCl wird unter diesen Versuchsbedingungen, wie es von Coehn (1909) und seinen Schülern gezeigt wurde, in H_2 und Cl_2 zersetzt.

Wir kommen zu dem merkwürdigen Resultat, daß das Licht einer Lichtquelle eine vollständige Verbindung und das Licht einer anderen Lichtquelle eine Zersetzung derselben Körper hervorruft. Das ist für uns ein Zeichen, daß die Lichtreaktionen ihrem inneren Wesen nach sich von den gewöhnlichen Reaktionen unterscheiden und viel mannigfaltigere Erscheinungen ergeben können, als die Dunkelreaktionen, weil hier ein neuer Faktor — das Licht — hinzukommt.

Das Gleichgewicht bei HCl stellt sich deshalb ein, weil hier die beiden Lichtarten, die langwelligen-bildenden und die kurzwelligen-zersetzenden, gleichzeitig einwirken. Würden nur die äußersten ultravioletten Strahlen allein wirken, so würde auch eine vollständige Zersetzung von HCl eintreten. Was für Licht wirkt auf die zweite Reaktion? Die näheren Untersuchungen haben ergeben, daß das Chlor außer den blauen und violetten noch die äußersten ultravioletten Strahlen absorbiert und gerade diese wirken zersetzend auf HCl; d. h. daß das, von ein und demselben Atom in verschiedenen Teilen des Spektrums absorbierte, Licht eine diametral entgegengesetzte chemische Wirkung hervorrufen kann.

Periodische Lichtreaktion. Welche merkwürdige Wirkung das gleichzeitige Einwirken verschiedener Strahlen hervorrufen kann, sieht man aus folgendem Beispiel. Nehmen wir eine Lösung von Chlor in Tetrachlorkohlenstoff CCl_4. In dieser Verbindung ist der Kohlenstoff mit Chlor vollständig gesättigt und für Chlor muß das ein chemisch indifferentes Medium sein. So ist es auch im Dunkeln. Belichten wir aber diese Lösung mit blauem monochromatischen Licht einer Uviollampe, so erfolgt eine lineare Konzentrationsabnahme von Chlor und zwar proportional der Belichtungszeit. Belichten wir mit monochromatischem ultravioletten Licht, so erfolgt wieder eine lineare Konzentrationsabnahme von Chlor. Das Chlor wird von CCl_4 auf noch unbekannte Weise gebunden. Belichten wir aber gleichzeitig mit allen Strahlen der Lampe, so entsteht ein periodisches Schwanken der Konzentration von Chlor, wie es aus der Abbildung 3 zu ersehen ist. Chlor wird sukzessiv gebunden und freigemacht. Diese eigenartige Erscheinung ist von Plotnikow (1916) entdeckt und untersucht worden. Der Prozeß dauert aber viele Tage und die Konzentrationsschwankungen sind nicht so groß, um diesen Versuch zu Demonstrationszwecken geeignet zu machen. Es sei noch bemerkt, daß das reine CCl_4 im

Quarzlampenlicht sich ebenfalls zersetzt. Eine Erklärung für diese periodische Erscheinung zu geben, ist noch nicht möglich. Sie kann ihren Grund im Wesen der Lichtreaktionen selbst als stationärer Vorgänge haben oder im gleichzeitigen Verlauf mehrerer Reaktionen, die durch verschiedene Strahlen und Katalysatoren verschieden und zu verschiedenen Zeiten angeregt werden. Diese periodischen Reaktionen kann man nicht mit den bisher bekannten und irrtüm-

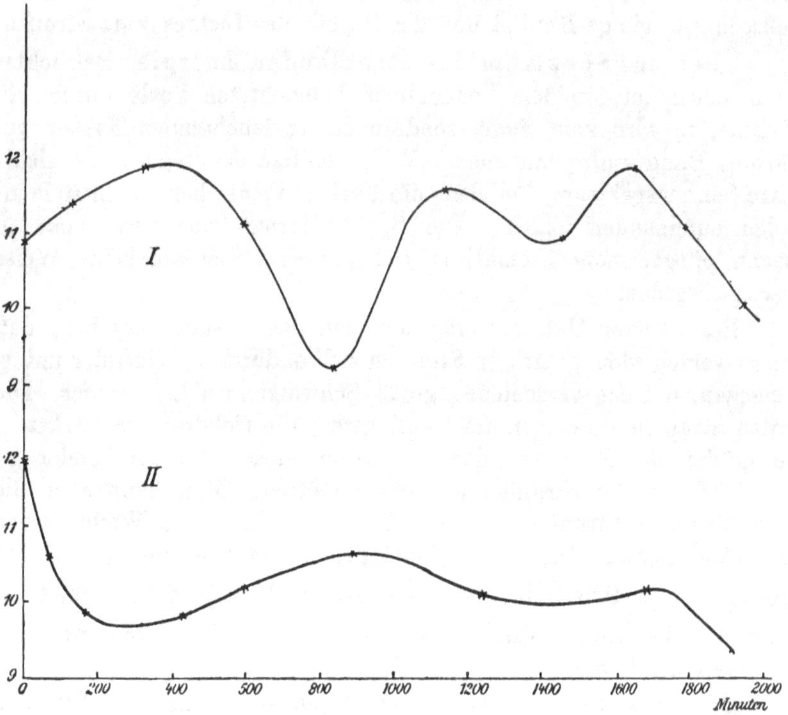

Abbildung 3.

licherweise periodisch genannten Erscheinungen, z. B. Zersetzung von H_2O_2 auf Hg-Oberfläche vergleichen; im letzten Falle handelt es sich um einen irreversiblen Prozeß der Zersetzung von $H_2O_2 \longrightarrow H_2O + O$, der nur periodisch unterbrochen wird, d. h. es handelt sich um einen regelmäßig intermettierenden Verlauf eines einseitig gehenden Prozesses; von Neubildung von H_2O_2 ist hier keine Rede. Bei unserem Vorgang haben wir aber mit Verschwinden und Neubildung von Chlor zu tun, so daß diese Erscheinung bis jetzt vereinzelt dasteht und ihre weitere Untersuchung und

Auffindung anderer ähnlicher Fälle sehr erwünscht wäre. Sie kann aber als ein Beispiel angesehen werden, wie das Licht viel eigenartigere und kompliziertere Erscheinungen hervorrufen kann, als es bei den einfachen sogenannten Dunkelreaktionen der Fall ist. Nun fragt es sich, worin unterscheidet sich das Licht der Sonne oder der Bogenlampe von dem der Quarzlampe, oder die verschiedenen Strahlen der Uviollampe, daß sie so entgegengesetzte Wirkung ausüben können. Um auf diese Frage Antwort geben zu können, müssen wir einige Kapitel aus der Physik des Lichtes kurz streifen.

Über das Spektrum der strahlenden Energie. Betrachtet man einen mit weißem Sonnenlicht beleuchteten Spalt durch ein Prisma, so wird kein Spalt, sondern ein in leuchtenden Farben gefärbtes Band wahrgenommen. Wir erhalten das sogenannte sichtbare Sonnenspektrum, bei dem die Farben in der bekannten Reihenfolge aufeinander folgen. Die Spektralfarben sind, wie man zu sagen pflegt, monochromatisch und können weiter auf keine Weise zerlegt werden.

Bei näherer Untersuchung hat sich das Resultat ergeben, daß diese verschieden gefärbten Strahlen sich dadurch voneinander unterscheiden, daß sie verschieden große Schwingungen hervorrufen. Die roten Strahlen schwingen am langsamsten, die violetten am stärksten; je größer die Frequenz der Oszillation, desto durchgreifender ist die Wirkung der Strahlen auf einen Körper. Man kann auch die verschiedenen Strahlen, wie es üblich ist, durch die Wellenlängen charakterisieren. Da die Wellenlängen λ den Schwingungen ν umgekehrt proportional sind, $\nu = \frac{c}{\lambda}$ (c ist die Lichtgeschwindigkeit), so besitzen die roten Strahlen die größten Wellenlängen und die violetten die kürzesten.

Das Spektrum ist aber nicht durch die sichtbaren Strahlen begrenzt, sondern erstreckt sich nach beiden Seiten enorm weit hin; den roten Strahlen folgen die ultraroten, Wärmestrahlen und die elektrischen, den violetten die ultravioletten und schließlich die Röntgenstrahlen. Das Vorhandensein der ultravioletten Strahlen können wir durch den Platinbariumcyanürschirm beweisen, die Wärmestrahlen durch einen Kolben mit Jodlösung in CS_2, in dessen Brennpunkte die Zündschnur sich entzündet.

In der Tabelle 1 ist das ganze Spektrum der strahlenden Energie veranschaulicht. Man kann das Spektrum als eine Spannungsreihe der strahlenden Energie betrachten, deren Spannung mit der Schwingungszahl wächst. Aus diesem Grunde haben für uns die

Tabelle 1. Das Spektrum der strahlenden Energie.

Strahlenart	Schwingungszahl ν pro 1 Sek.	Wellenlänge λ	Entdecker
Grenze	—	noch unbestimmt	—
Röntgenstrahlen	v. $3\cdot10^{19}$ bis $3\cdot10^{18}$	von 0,0057 $\mu\mu$ bis 0,0072 $\mu\mu$	Dessauer, Balk, Rutherford (1919)
		„ 0,01 $\mu\mu$ „ 0,1 $\mu\mu$	Wien, Röntgen (1895)
	„ $3\cdot10^{18}$ „ $3\cdot10^{15}$	„ 0,1 $\mu\mu$ „ 1 $\mu\mu$	Haga, Wind, Sommerfeld
		„ 1,2 $\mu\mu$ „ 20 $\mu\mu$	Holweck (1921)
		20,2 $\mu\mu$	Millikan (1920)
		60 μ	Lyman (1915)
Kürzeste ultraviolette Strahlen	„ $3\cdot10^{15}$ „ $1,5\cdot10^{15}$	„ 100 $\mu\mu$ „ 200 $\mu\mu$	Cornu (1878) Schumann (1893)
Ultraviolette Strahlen	„ $1,5\cdot10^{15}$ „ $75\cdot10^{13}$	„ 200 $\mu\mu$ „ 400 $\mu\mu$	Ritter (1701)
Sichtbares Spektrum	„ $75\cdot10^{13}$ „ $375\cdot10^{12}$	„ 400 $\mu\mu$ „ 800 $\mu\mu$	Newton (1666)
Ultrarote Strahlen	„ $375\cdot10^{12}$ „ $300\cdot10^{12}$	„ 800 $\mu\mu$ „ 1 μ	Herschel (1700)
Wärmestrahlen	„ $300\cdot10^{12}$ „ $3\cdot10^{12}$	„ 1 μ „ 10 μ	Langley (1886)
		„ 10 μ „ 61,4 μ	Rubens (1896)
		„ 10 μ „ 97 μ	Rubens (1910)
		„ 100 μ „ 0,1 mm	Möbius (1920)
		„ 0,1 mm „ 2 mm	v. Bayer (1912)
Kürzeste elektrische Wellen	„ $3\cdot10^{11}$ „ $3\cdot10^{9}$	„ 1 mm „ 4 mm	Lampa (1895)
		„ 1 mm „ 6 mm	Lebedeff (1895)
		„ 1 cm „ 10 cm	Righi (1894)
Elektrische Wellen	„ $3\cdot10^{9}$ „ $3\cdot10^{8}$ usw.	„ 10 cm „ 1 m	Lodge (1890)
		„ 1 m „ 10 m	Hertz (1889)
		„ 10 m „ 100 m	Hertz (1889)
		„ 100 m „ 1 km	Feddersen (1862)
		„ 10 km „ 100 km	Tesla (1893)
		„ 100 km „ 1000 km	Lodge (1888)

Photometrische Bezeichnungen.

Bezeichnung: Ein Mikron $\mu = 10^{-3}$ mm; ein Millimikron $\mu\mu = 10^{-6}$ mm (ein Milliontel des Millimeters); ein Angström $A^0 = 0{,}1\ \mu\mu = 10^{-7}$ mm; Lichtgeschwindigkeit $c = 3\cdot10^{10}$ cm/sek; Wellenlänge λ; Schwingungszahl pro Sek. $\nu = \frac{c}{\lambda}$; die Energie des Lichtquantes $e = h\nu$; $h =$ das Planck sche Wirkungselement $= 6\cdot5\cdot10^{-27}$ erg/sek; $N =$ die Zahl der Moleküle im Grammol $= 6\cdot1\cdot10^{23}$. Die Energie des Grammollichtquantes $E = Nh\nu = 4\cdot10^{-3}\nu$ (abgerundet). Der Durchmesser der Moleküle schwankt von 0,1—10 $\mu\mu$.

Die terrestrische Solarkonstante bei normaler Inzidenz auf 1 cm² pro 1′ in g/cal. ist im Durchschnitt gleich $S = 1{,}95\ \frac{\text{g/cal.}}{\text{cm}^2/\text{min}}$, wobei auf den sichtbaren Teil nur 1·13, also 55 % fällt.

Strahlen der kürzeren Wellenart ein besonderes Interesse, da sie die stärksten chemischen Wirkungen ausüben müssen, was auch in der Tat zutrifft.

Aus dem oben Gesagten geht hervor, daß das „Licht" nur dann für uns einen photochemischen Sinn haben kann, falls gleichzeitig die in ihm enthaltenen Wellenlängen oder Schwingungszahlen angegeben sind.

Wir haben keine Lichtquelle, die das gesamte Spektrum der strahlenden Energie oder nur irgendeine Wellenlänge aussendet. So sendet z. B. die Nernstlampe die sichtbaren und die Wärmestrahlen und keine ultravioletten Strahlen aus. Die Röntgenröhren senden nur Röntgenstrahlen aus. Das Funkenlicht, das Metall- und Quecksilberbogenlicht senden vorzugsweise die ultravioletten Strahlen aus.

Das Sonnenlicht sendet wiederum hauptsächlich die sichtbaren und Wärmestrahlen und das Ultraviolett nur bis zu 290 $\mu\mu$ Wellenlänge aus. Das übrige Ultraviolett wird von der Atmosphäre absorbiert.

Daraus ist ersichtlich, daß wir mit der Ausnutzung der Sonnenstrahlen allein, die des chemisch wirksamsten ultravioletten Teiles vollständig ermangeln, nicht auskommen können, und demzufolge sind wir gezwungen, auch andere, an ultravioletten Strahlen besonders reiche, Lichtquellen zu verwenden.

Die für uns in Betracht kommenden künstlichen Lichtquellen werden durch den elektrischen Strom erzeugt, der seinerseits durch Verbrennung der Kohle oder des Holzes gewonnen wird. Die Kohle ist aber nichts anderes als die während Millionen von Jahren, und Holz die während Jahrzehnten aufgespeicherte Energie der Sonne. Somit können wir unsere künstlichen Lichtquellen als Lichttransformatoren betrachten, die das Licht der längeren Wellen der Sonne in das der kürzeren des Quecksilber- oder Metallbogenlichtes, Funken- oder Röntgenlichtes verwandeln.

Durch die äußersten ultravioletten Strahlen können wir Wirkungen hervorrufen, die wir auf keine andere Weise erzielen können. Deshalb sind sie für uns von besonderer Bedeutung, und jeder weitere Fortschritt in der technischen Vervollkommnung der künstlichen Lichtquellen, insbesondere wenn es sich um die Erweiterung des ultravioletten Strahlenbereichs handelt, ist nur mit Freude zu begrüßen.

Je länger die Wellenlänge des einwirkenden Lichtes ist, desto schwächer ist auch sein Angriffsvermögen, und umgekehrt, je größer die Schwingungszahl ist, desto kräftiger wirkt es ein. Es kann den

Anschein erwecken, daß hier eine einfache lineare Beziehung bestehen müsse, und demzufolge die größte Wirkung bei den Röntgenstrahlen zu erwarten wäre, da sie die kleinste Wellenlänge und größte Schwingungszahl besitzen. Diese Schlußfolgerung wäre richtig, falls die Lichtreaktionen nur Funktion des Lichtes allein wären. Das ist aber nicht der Fall, denn die lichtchemische Wirkung muß auch eine Funktion des Chemismus des entsprechenden Körpers sein, also in erster Linie von dem inneren Bau der Atome aus den Elektronen und ihrer Größe abhängen. Die Lichtschwingungen, die den Eigenschwingungen der Atome und Moleküle am meisten sich nähern, müssen auch die stärkere Wirkung ausüben, demzufolge ist zu erwarten, daß die äußersten ultravioletten Strahlen, deren Wellenlänge etwa 1—100 $\mu\mu$ dem Moleküldurchmesser etwa 1—10 $\mu\mu$ sich am meisten nähert, also die Strahlen, die sich in dem noch wenig erforschten Gebiete zwischen den Röntgenstrahlen und Schumannschen Strahlen befinden, auch die stärkste Wirkung ausüben müssen; dagegen die Röntgenstrahlen selbst, die so kleine Wellenlängen besitzen, daß sie fast ungehindert die Körper passieren, müssen auch eine schwächere Wirkung ausüben.

Die chemische Wirkung muß weiter mit der Vergrößerung der Wellenlänge wieder abnehmen und bei den Wellenlängen, die ihrer Größe wegen wieder die Moleküle ungehindert passieren, also bei elektrischen Wellen wieder aufhören. Die Wirkung hört aber praktisch schon bei Wärmestrahlen auf, da diese Schwingungen schon so wenig Spannungsenergie haben, daß sie das Molekül nicht angreifen können.

Somit erstreckt sich der chemisch aktive Teil des großen Spektrums der strahlenden Energie von den längeren Röntgenstrahlen bis zu den ultraroten Strahlen, mit einem Maximum im äußersten Ultraviolett.

Die photochemischen Grundgesetze. Dieses Spektrum der strahlenden Energie lehrt uns, daß außer diesen Wellenstrahlen keine anderen existieren können und nur irgendwelche von diesen auf einen Körper chemisch wirken können. Sofort entsteht die Frage, welche Strahlen können auf einen Körper wirken? Es ist klar, daß nicht diejenigen Strahlen, die vom Körper reflektiert werden, oder ihn ungehindert passieren, sondern die, welche vom Körper aufgehalten oder, wie man zu sagen pflegt, absorbiert werden, wirksam sind. Das können wir durch einen sehr schönen Versuch von Lasareff beweisen. Werfen wir ein Spektrum auf den Schirm und stellen auf den Weg der Lichtstrahlen eine Glasplatte, die mit einem gefärbten Kollodium- oder Gelatinehäutchen bedeckt ist. Als Farbstoff können Cyanin, Pinaverdol, Pinacyanol usw. genommen werden. Auf dem Schirme erscheinen dann dunkle Streifen, die sogenannten Absorptionsstreifen, welche uns die Wellenlängen angeben, die vom Körper absorbiert werden (s. Abb. 4). Nach oben Gesagtem muß hier die chemische Wirkung stattfinden, und tatsächlich, wir werden sehen, wie die dunklen Streifen immer heller und heller werden, bis sie in wenigen Minuten ganz verschwinden und das Spektrum uns ganz hell erscheint. Betrachten wir jetzt das gefärbte Gläschen, so werden wir an der Stelle, wo das Licht einwirkte, einen weißen Streifen wahrnehmen, weil da der Farbstoff photochemisch ausgebleicht worden ist. Dieses Gesetz, das uns besagt, daß nur das absorbierte Licht chemisch wirksam sein kann, wurde von dem Kurländer Grotthus im Jahre 1817 ausgesprochen.

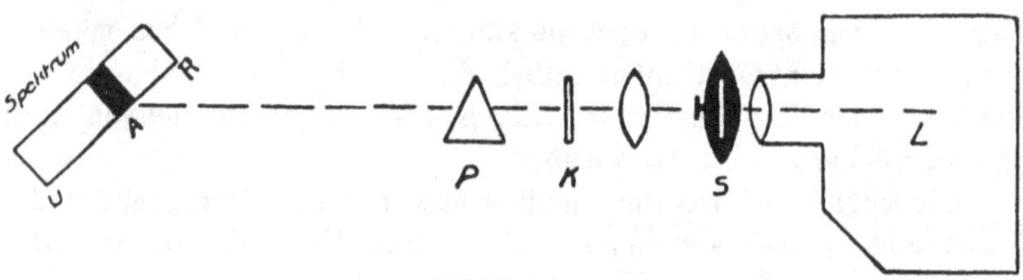

Abbildung 4.

Der oben angeführte Versuch kann uns auf weitere wichtige Gedanken lenken, nämlich, daß wenn einmal das absorbierte Licht chemisch wirkt, auch zwischen der absorbierten Lichtmenge und der umgesetzten Stoffmenge irgendeine funktionelle Beziehung bestehen muß. Van't Hoff hat zuerst den Gedanken klar ausgesprochen (1904), daß die umgesetzten Stoffmengen der absorbierten Lichtenergie einfach proportional sind. Dieser Gedanke wurde später geprüft und auch bestätigt gefunden. Da es mit dem ersten Gesetz aufs engste verknüpft ist, so kann man die beiden unter dem Namen des Grotthus-van't Hoffschen photochemischen Absorptionsgesetzes vereinigen.

Die erste direkte Prüfung dieses Gesetzes hat Lasareff (1907) vorgenommen, indem er die absorbierte Lichtenergie und die umgesetzte Stoffmenge bei dem Ausbleichen der oben erwähnten Farbstoffe gemessen und eine volle Übereinstimmung erhalten hatte. Man kann nach ihm auf folgende Weise dies Gesetz demonstrieren. Man belichtet zwei gleichpräparierte Farbstoffplatten in verschiedener

Entfernung von der Lichtquelle, z. B. 1 : 10. Das Licht der kürzeren Entfernung schwächen wir durch einen rotierenden Sektor um das 100 fache ab; dann bekommen die beiden Platten die gleichen Lichtmengen, obgleich die Intensitäten sich wie 1 : 100 verhalten. Ist das Gesetz richtig, so muß die Ausbleichgeschwindigkeit der beiden Platten die gleiche sein, was auch tatsächlich der Fall ist. Eine zweite sehr originelle Prüfung stammt von Volmer und Riggert (1922) her. Als Reaktionsobjekt nahmen sie Anthrazen, das sich in ultraviolettem Lichte (190—200 $\mu\mu$) polymerisiert. Das Primärstadium der Lichteinwirkung besteht in der Abspaltung der Elektronen und Bildung der Ionen. Die Zahl der sich bildenden Elektronen haben die Autoren gemessen, ebenso auch das absorbierte Licht und sie haben gefunden, daß sie proportional der absorbierten Lichtmenge sind, d. h. daß auch die umgesetzten Mengen der absorbierten Lichtmenge proportional sind. Außerdem wurden von anderen Forschern verschiedene Konsequenzen dieses Gesetzes mehrfach geprüft und mit dem Experiment übereinstimmend gefunden.

Die lichtchemischen Vorgänge finden nur so lange statt, wie die Bestrahlung anhält, d. h. daß die Lichtreaktionen einen dauernden Zufluß der strahlenden Energie zur Voraussetzung haben. Demnach gehören die lichtchemischen Prozesse zu den „stationären" Vorgängen und die „Stationarität" muß als ihre Grundeigenschaft angesehen werden. Die Dunkelvorgänge verlaufen auf Kosten eigenen Energievorrates, den sie in Form von Wärme, Licht und Elektronenstrahlung zerstreuen; darum muß ihre Energie der ausschlaggebende Faktor sein. Die chemische Energie ist in den chemischen Massen konzentriert und deswegen muß der chemische Reaktionsverlauf einem Massenwirkungsgesetze folgen, was auch in dem Gesetze von Guldberg-Waage einen Ausdruck findet. Bei den Lichtreaktionen ist die von außen einwirkende Energie der ausschlaggebende Faktor und es ist klar, daß nur der Teil der strahlenden Energie photochemisch wirken kann, der vom Körper absorbiert wird, und daß zwischen den umgesetzten Stoffmengen und der absorbierten Lichtenergie eine funktionelle Beziehung bestehen muß. Da die Natur immer bestrebt ist, den einfachen Weg einzuschlagen, so können wir annehmen, daß zwischen diesen beiden Faktoren die einfache Proportionalität besteht, was, wie wir schon wissen, in der Tat auch zutrifft. Somit ist das Grotthus-van't Hoffsche photochemische Absorptionsgesetz als eine notwendige Folge des Prinzips der Stationarität anzusehen, es liegt im Wesen der Erscheinung selbst und trägt keinen spekulativen oder empirischen Charakter.

Man kann diesem Gesetze folgende einfache mathematische Formulierung in ihrem einfachsten Falle geben. Bezeichnen wir durch M die Stoffmengen, durch t die Zeit, durch A die absorbierte Lichtenergie, so wird

$$\frac{dM}{dt} = kA$$

sein, d. h. die Reaktionsgeschwindigkeit der Lichtreaktion (pro Zeiteinheit umgesetzten Stoffmengen) ist der absorbierten Lichtenergie A proportional, k ist der Proportionalitätsfaktor und wird als Reaktionsgeschwindigkeitskonstante bezeichnet, die das „chemisch Individuelle" der Reaktion wiedergibt. Dieses Gesetz gibt uns aber keine nähere Aufklärung darüber, warum bestimmte Körper überhaupt lichtempfindlich sind und warum nur gegenüber bestimmten Wellenlängen. Es ist klar, daß diese Frage eng mit der Struktur der Atome und der Moleküle verbunden ist, denn von ihr hängt es ab, daß bestimmte Wellenlängen absorbiert werden. Um diese Frage beantworten zu können, müssen wir wieder einige Kapitel aus der Physik kurz streifen.

Ehe wir aber zur Erörterung dieser Fragen übergehen, wollen wir versuchen, der oben angegebenen rein mathematischen Formulierung des Gesetzes eine praktisch faßbare und zu direkten Messungen zugängliche Form zu geben. Zu diesem Zwecke müssen wir in erster Linie die absorbierte Lichtmenge A bestimmen, was uns wieder die Kenntnisse der physikalischen Lichtabsorptionsgesetze voraussetzt. Gehen wir deshalb vorerst zur Beschreibung der Lichtabsorption über.

Kapitel II.

Lichtabsorptionsgesetze von Lambert und Beer. Spektrogramme. Demonstration des Beerschen Gesetzes und der Abhängigkeit der Absorption von der chemischen Konstitution. Lichtfilter.

Über die Lichtabsorption. Es gibt keine Körper, die das ganze Lichtspektrum ungehindert durchlassen. Irgendein Teil von dem Spektrum wird nicht durchgelassen oder, wie man zu sagen pflegt, absorbiert. Erfolgt die Absorption in unsichtbaren Teilen des Spektrums, so erscheint der Körper farblos oder weiß. Wird aber ein Teil vom sichtbaren Spektrum absorbiert, so erscheint der Körper in komplementären Farben gefärbt.

Jeder Körper besitzt ein mehr oder weniger stark ausgeprägtes Reflexionsvermögen; dies ist eine Funktion des Brechungsvermögens und wird nach Fresnel durch folgende Formel für senkrechte Inzidenz des einfallenden Lichtes charakterisiert:

$$R = \left(\frac{n-1}{n+1}\right)^2,$$

wo n den Brechungsindex der einfallenden Strahlen bedeutet.

Für Glas beträgt sie etwa 4 %; bei Totalreflektion etwa 100 %.

Der Rest $(1 - R)$ dringt in den Körper ein.

Es ist klar, daß ein Lichtstrahl, der in den Körper eingedrungen und von demselben absorbiert wird, in seiner Intensität abgeschwächt wird, und je mehr er in die Tiefe des Körpers eindringt, desto mehr verliert er an seiner Stärke; ist die Körperschicht unendlich dick, so wird schließlich das ganze Licht absorbiert.

Somit ist die Lichtintensitätsveränderung eine Funktion der zu durchdringenden Körperschicht. Ist das Absorptionsvermögen des Körpers groß, so wird das ganze Licht schon in dünnen Schichten vollständig absorbiert; ist es dagegen schwach, so sind dazu größere Schichten erforderlich. Ist die Schichtdicke nicht genügend groß genommen, um eine vollständige Absorption herbeizuführen, so tritt ein Teil des Lichtes abgeschwächt aus dem Körper heraus.

Für die Veränderung der Lichtabsorption mit der Schichtdicke gelten folgende Gesetze, die nur für das monochromatische Licht anwendbar sind. Bezeichnen wir die nach der Reflexion in den Körper eindringende Lichtintensität durch J und die Schichtdicke des Körpers durch p, so ist nach Lambert die Veränderung der Lichtintensität dJ_x, mit der Schichtdicke dx, der an der Stelle x herrschenden Lichtintensität J_x proportional, d. h.

$$-\frac{dJ_x}{dx} = iJ_x.$$

Nach der Umformung erhalten wir den Ausdruck:

$$\frac{dJ}{J} = -i\,dx.$$

Die Integrierung ergibt uns:

$$\ln J = -ix + \text{konst.}$$

(ln bedeutet die natürlichen Log.).

Bei $x = 0$ ist $J_x = J$ — der Anfangsintensität und demzufolge erhalten wir konst. $= \ln J$.

Nach der Einstellung dieses Wertes in die obige Integrierungsformel und entsprechende Umformungen können wir dem Lambertschen Gesetze für die Schichtdicke $x = p$ folgende Gestalt geben:

$$i = \frac{\ln J - \ln J_p}{p}$$

oder

$$J_p = J e^{-ip}.$$

Mit Hilfe der ersten Formel können wir den Proportionalitätsfaktor i, den wir als „Lichtabsorptionskonstante" bezeichnen wollen, bestimmen; dazu brauchen wir nur die Lichtintensitäten bei verschiedenen Schichtdicken zu messen. Die Messung derselben erfolgt in speziellen Apparaten, die man als Spektralphotometer bezeichnet. Die zweite Formel gibt uns die Möglichkeit, die Lichtintensität J_p, mit der das Licht aus dem Körper von der Schichtdicke p austritt, zu bestimmen, falls i schon vorher bestimmt worden ist. Nehmen wir $J = 100\,\%$ an, so erhalten wir die Lichtschwächungen in Prozenten. Nimmt man statt der natürlichen die dekadischen Logarithmen, so erhalten die beiden oben angegebenen Formeln folgende Gestalt:

$$\varepsilon = \frac{\log J - \log J_p}{p}$$

und

$$J_p = J\,10^{-\varepsilon p}.$$

Der Proportionalitätsfaktor ε wird gewöhnlich als Extinktionskoeffizient bezeichnet; wir wollen ihn als „dekadische Absorptionskonstante" bezeichnen. Zwischen der normalen und der dekadischen Konstante besteht folgende Beziehung:

$$\varepsilon = m i \qquad \text{oder} \qquad i = \frac{\varepsilon}{m},$$

wo m der Modul der natürlichen Logarithmen $m = \log_{10} e = 0{,}4343$ bedeutet.

Das Lambertsche Gesetz gilt nur für feste optisch homogene Körper. Bei den Lösungen wird die Lichtabsorption noch durch die Konzentration beeinflußt, demzufolge muß das Lambertsche Gesetz abgeändert werden. Beer nahm an, daß die Lichtintensitätsveränderung noch der Konzentration des gefärbten Stoffes proportional ist, d. h., daß

$$-\frac{dJ_x}{dx} = i c J_x,$$

wo c die Konzentration bedeutet.

Die Integrierung dieser Gleichung ergibt uns das Beersche Gesetz gemäß folgender Formel:

$$i = \frac{\ln J - \ln J_p}{c\,p} \quad \text{oder} \quad \varepsilon = \frac{\log J - \log J_p}{c\,p}$$

und

$$J_p = J e^{-icp} \quad \text{oder} \quad J_p = J\,10^{-\varepsilon pc}.$$

Ist die Konzentration in Grammolen genommen, so heißen die Konstanten i und ε die molaren Lichtabsorptionskonstanten.

Wie zu ersehen ist, verändert sich die austretende Lichtintensität nicht, wenn das Produkt cp bei Variierung von c und p konstant bleibt; ebenso konstant muß in diesem Falle auch die Größe i oder ε sein. Ist das nicht der Fall, und ändert sich die

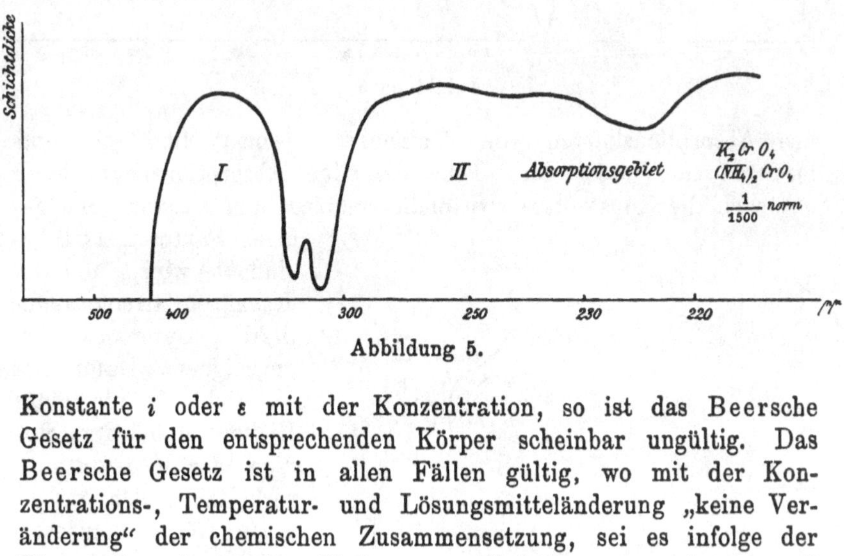

Abbildung 5.

Konstante i oder ε mit der Konzentration, so ist das Beersche Gesetz für den entsprechenden Körper scheinbar ungültig. Das Beersche Gesetz ist in allen Fällen gültig, wo mit der Konzentrations-, Temperatur- und Lösungsmitteländerung „keine Veränderung" der chemischen Zusammensetzung, sei es infolge der Dissoziation, Assoziation, Umlagerung, Hydrolyse usw., eintritt; und umgekehrt, aus der Ungültigkeit des Beerschen Gesetzes können wir auf die eingetretenen chemischen Umsetzungen schließen, und unter günstigen Umständen dieselben, auch messend, verfolgen. Die Absorptionskonstanten sind Funktionen der Wellenlängen; zeichnet man diese auf ein Diagramm auf, so erhält man die für jeden Körper eigentümliche Lichtabsorptionskonstantenkurve. Diese verändert sich im allgemeinen mit dem Lösungsmittel. Ein solches Diagramm stellt ein vollständiges Bild der bei dem untersuchten Körper obwaltenden Lichtabsorptionsverhältnisse dar.

Eine Vorstellung über die herrschenden Absorptionsverhältnisse kann man sich mittels einer photographischen Aufnahme des Absorptionsspektrums verschaffen. Meistens verfährt man auf die Weise, daß man eine Reihe von Aufnahmen bei verschiedenen Konzentrationen und Schichtdicken macht; dann erhält man ein Spektrogramm, wie es auf den Abbildungen 5—6 vorgeführt ist. Sie stellen

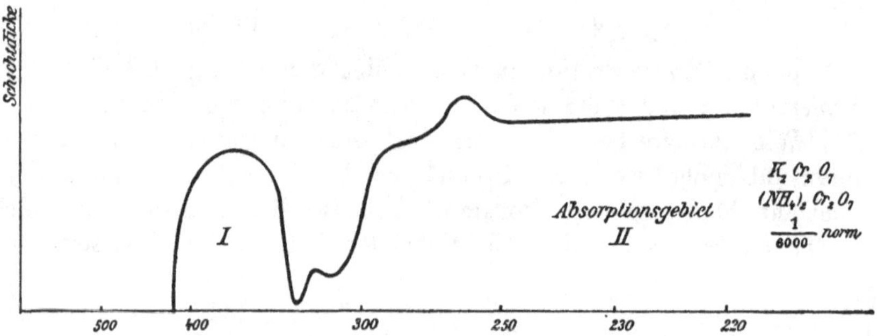

Abbildung 6.

uns Absorptionskurven von Ammoniumbichromat und -chromatlösungen in Wasser dar. Eine derartige Absorptionskurve kann natürlich die Konstantenkurve nicht ersetzen, weil sie von verschiedenen Faktoren stark beeinflußt wird, und ist deshalb für strenge quantitative Untersuchungen ungeeignet. Dafür hat sie sich als ein gutes Hilfsmittel bei dem Studium der Konstitutionsverhältnisse der organischen Körper erwiesen. In der Abbildung 7 ist ein derartiges Beispiel angeführt. Die Kurve I ist das Spektrogramm für Pentamethylen C_5H_{10} und die Kurve II für Methyltetramethylen, dessen Bruttoformel ebenfalls C_5H_{10} ist. Auf der Abszisse sind Schwingungszahlen und als Ordinate die log der Schichtdicken bei $^1/_{20}$-Normallösung aufgetragen. Die spektroskopischen Untersuchungen sind rein qualitativen und orientierenden Charakters.

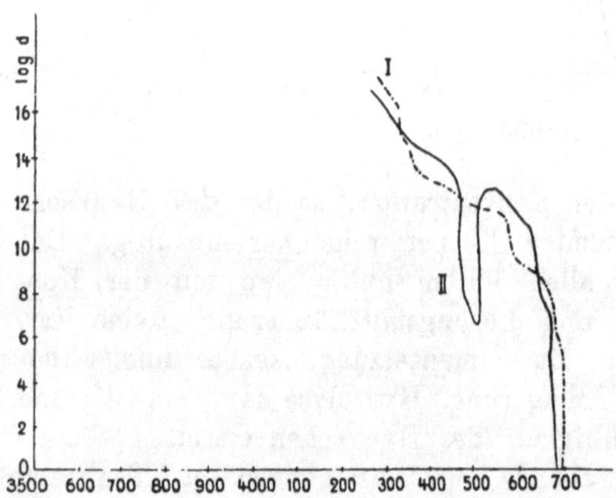

Abbildung 7.

Die obigen Formeln geben uns die Möglichkeit, das absorbierte Licht quantitativ zu bestimmen. Ist die Beleuchtungsfläche gleich S, so ist die eintretende Lichtmenge gleich SJ und die austretende SJ_p, demzufolge ist die vom Körper absorbierte Lichtmenge gleich:

$$A = S(J - J_p).$$

Stellen wir den Wert für J_p aus der Formel ein, so erhalten wir für die absorbierte Lichtmenge den Ausdruck:

$$A = SJ[1 - e^{-ipc}].$$

Ist die Lichtabsorption infolge der großen Werte von i, p oder c sehr groß, was durch den großen Wert des Produktes ipc gekennzeichnet wird, so wird die Funktion $e^{-ipc} = 0$ sein, und wir erhalten eine vollständige Lichtabsorption, die gleich

$$A = SJ$$

ist.

Um die absorbierte Lichtmenge im energetischen Maße zu erhalten, muß man J in energetischem Maße bestimmen, was auf verschiedene Weise, wie z. B. mittels Bolometers, Thermoelemente usw. ausgeführt werden kann. Es ist selbstverständlich, daß diese Bestimmungen für jede in Frage kommende Wellenlänge ausgeführt werden muß.

Dies kann auf die Weise geschehen, daß entweder für jede Wellenlänge diese Bestimmung ausgeführt wird, oder man bestimmt die gesamte Energie und zugleich die Verteilung derselben nach den Wellenlängen, woraus man die Energie für jede einzelne Wellenlänge leicht berechnen kann. Zugleich muß aber darauf aufmerksam gemacht werden, daß, wenn zwei verschiedene Wellenlängen die gleiche Energie ergeben, sie photochemisch noch nicht gleichwertig sind, und die kürzere Wellenlänge tiefgreifendere chemische Wirkungen ausüben wird. Nehmen wir z. B. die roten Strahlen und die äußersten ultravioletten: wenn ihre Energien in Kalorien gemessen auch gleich sind, so üben doch die ultravioletten Strahlen eine kräftigere Wirkung als die roten aus.

Demonstration des Beerschen Gesetzes. Die Absorptionsänderung mit der Konzentration und Schichtdicke können wir auf folgende einfache Weise demonstrieren. Man läßt ein paralleles Lichtbündel durch ein sogenanntes Balyrohr (s. Abb. 8) und läßt ihn weiter auf irgendeinen Empfänger, der die Intensität anzeigen kann, fallen. Als solche können: Photometer, Bolometer, Thermoelement, photogalvanische CuO-Zelle usw. dienen. Die letzte ist am leichtesten herzustellen und kann, verbunden mit einem sehr empfindlichen Galvanometer, sehr gut für Demonstrationszwecke dienen

Sie besteht aus zwei Cu-Platten, die, am Bunsenbrenner kurz erhitzt, mit einer schwachen CuO-Schicht bedeckt werden. Tauchen wir sie in eine Jodnatrium- oder Chlornatriumlösung und belichten die eine Elektrode, so erhalten wir einen Strom. Das Balyrohr besteht aus zwei ineinander verschiebbaren Röhren, die mit einem Gummiring verbunden sind. Man kann dadurch die Schichtdicken leicht variieren und die Änderungen der austretenden Intensität nach den Ausschlägen des Galvanometers verfolgen. Als Lösungen können $K_2Cr_2O_7$, $KMnO_4$, $CuSO_4$, Farbstofflösungen empfohlen werden. Ratsamer ist es, einigermaßen monochromatisches Licht zu nehmen, das auf die Weise erzeugt wird, daß man in den Strahlenweg passend gefärbte Gläser, Gelatine oder Lösungen stellt. Nimmt man zwei Balyröhren, die auf passendem Stativ montiert sind, so

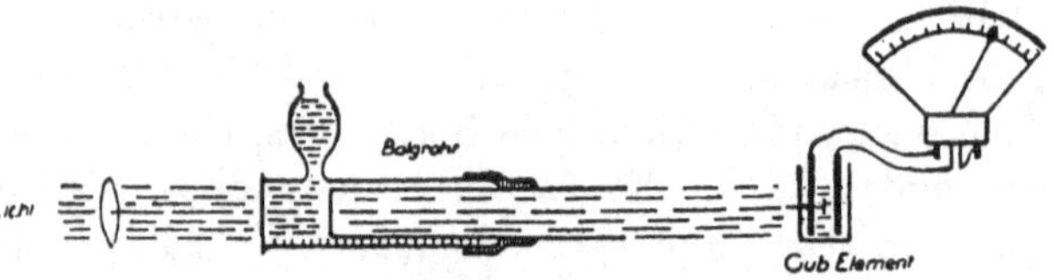

Abbildung 8.

kann man die beiden mit zwei Konzentrationen C_1 und C_2 füllen und die Schichtdicken P so wählen, daß $C_1 P_1 = C_2 P_2$ ist. Dann müssen wir, falls das Beersche Gesetz gültig ist, den gleichen Ausschlag für beide Fälle erhalten.

Abhängigkeit der Absorption von der chemischen Struktur und des Zustandes. Daß die Absorption in enger Beziehung mit der chemischen Beschaffenheit der Körper steht, können folgende einfache Beispiele uns lehren. Bekanntlich ist die wäßrige Kobaltchloridlösung ($CoCl_2$) blaßrosa gefärbt. Beim Erhitzen, beim Entwässern oder bei Zusatz von Alkohol wird die Lösung infolge der Dehydratation violettblau. Die Lösung von Manganocyankalium $K_4Mn(CN)_6 + 3H_2O$ ist farblos, und die Kristalle, die sich aus derselben auskristallisieren, zeigen ein schönes Dunkelblau.

Wirft man ein Spektrum auf den Schirm (Versuchsanordnung Abb. 4) und stellt in den Strahlengang gefärbte Lösungen, so erhält man die Absorptionsstreifen. Nimmt man z. B. K, Na, Rb, NH_4-Bichromat, so erhält man immer dieselben Absorptionsstreifen, weil die Salze dissoziiert sind und die summarische Farbe summiert sich aus den Farben der einzelnen Ionen. Die Ionen von $K^{\cdot}$, $Na^{\cdot}$,

$Rb^{\cdot}$, $NH_4^{\cdot}$ sind farblos, das des Bichromates Cr_2O_7'' gelborange, und darum erhält man immer dieselbe Farbe, d. h. denselben Absorptionsstreifen. Ähnlich verhalten sich MnO_4', CrO_4'' und andere gefärbte Ionen.

Die Änderung des Ionisationszustandes ruft sofort die Änderung der Absorption und Farbe hervor. Die oben erwähnte alkoholische Lösung von $CoCl_2$ ist blauviolett und absorbiert den mittleren Teil des Spektrums vollständig. Gibt man Wasser hinzu, so erscheint fast das ganze Spektrum ungeschwächt. Die Lösung von $CuCl_2$ in konz. HCl ist gelb und absorbiert die blauen und violetten Strahlen. Diese Farbe entspricht dem nichtdissoziierten Salze $CuCl_2$. Gibt man Wasser hinzu, so wird sie blau infolge der Bildung der blauen $Cu^{\cdot\cdot}$, die ähnlich wie bei $CuSO_4$ blau gefärbt sind und das Blau wird durchgelassen. Aus einer äquimol. konzentrierten Lösung von LiCl und $CuCl_2$ kristallisiert ein Doppelsalz $LiCl \cdot CuCl_2 \cdot 2aq$ von granatroter Farbe aus. Bei Zusatz von Wasser wird es infolge des sukzessiven Zerfalls anfangs olivengrün, dann grün, grünblau und endlich blau (Farbe des $Cu^{\cdot\cdot}$-Ions). Ähnliche Veränderungen können wir auch im ultravioletten Teile bei farblosen Lösungen mit Hilfe der photographischen Aufnahmen der Spektra konstatieren.

Besonders stark fühlbar macht sich der Einfluß der Konstitution bei den organischen Verbindungen. Da kann man durch sukzessives Angliedern bestimmter Komplexe eine regelrechte Verschiebung der Absorptionsstreifen und demzufolge auch der Farbe nach einer oder der anderen Seite des Spektrums erzielen. Die Verschiebung der Absorption nach der Richtung der längeren Wellen bezeichnet man als „Batochromie" und nach der kürzeren als „Hypsochromie". Diese Verschiebung erstreckt sich selbstverständlich weit nach beiden Seiten des sichtbaren Spektrums hin. Die Gruppen, die das Erscheinen der Farben, d. h. eine Absorption im sichtbaren Gebiete bedingen, heißen „Chromophore". Als solche sind bekannt: $-C=C-$,

$$-N=N-, \quad \underset{\underset{O}{\|}}{-N}=N-, \quad -N=O, \quad -N\begin{matrix}\nearrow O\\ \searrow O\end{matrix}, \quad -C=O, \quad -C=S,$$

$-C=N$, COOH, S_2, Se_2 usw.

Z. B. Diazomethan $CH_2\begin{matrix}\diagup N\\ \| \\ \diagdown N\end{matrix}$ ist ein schwach gelbes Gas, Äthanazobenzol $C_6H_5-N=N-C_2H_5$ ein gelbes Öl, Azobenzol $C_6H_5-N=N-C_6H_5$ ist orangerot gefärbt. Also eine batochrome Verschiebung der Absorption. Oder noch ein Beispiel der Batochromie:

Amidoazobenzol $C_6H_5-N=N-C_6H_4NH_2$ ist gelb (Anilingelb),

Diamidoazobenzol $C_6H_5-N=N-C_6H_3\begin{matrix}\diagup NH_2\\ \diagdown NH_2\end{matrix}$ ist orangegelb (Chrysoidin),

Triamidoazobenzol $H_2N-C_6H_5-N=N-C_6H_4\begin{matrix}\diagup NH_2\\ \diagdown NH_2\end{matrix}$ ist braun.

Ebenso stark auxochrom wirken die Gruppen $N(CH_3)_2$, $N(C_2H_5)_2$, $NH(C_6H_5)$. Oder z. B. reines Wasser H—OH ist in großen Schichten hellblau, ähnlich auch Alkohol $C_2H_5(OH)$; Äthylenglykol CH_2OH-CH_2OH blau und Glyzerin $C_3H_5(OH)_3$ intensiv blau. Hier wirkt die Anhäufung von OH-Gruppen hypsochrom. Derartige Beispiele könnte man in großer Zahl anführen. Irgendwelche quantitative Beziehungen haben sich hier nicht ergeben. Auch im Ultrarot und sogar bei kürzeren elektrischen Wellen ist man auf ähnliche Erscheinungen gestoßen. Jede innere Umgruppierung oder Umlagerung ist mit einer Änderung der Absorption und demzufolge auch der Farbe verbunden. Die Untersuchung der Absorptionsspektra kann mitunter bei Bestimmung der Struktur zu Hilfe genommen werden. Besonders wertvoll haben sich für diesen Zweck die Absorptionsspektra im Ultraviolett ergeben. Für das Ultraviolett ist am durchlässigsten reiner Flußspat, nämlich bis 125 $\mu\mu$. Quarz läßt bis 185 $\mu\mu$, in sehr dünnen Schichten auch bis 145 $\mu\mu$. Wasser bis 220 $\mu\mu$. Vor allem ist am durchlässigsten Wasserstoff, nämlich noch mehr als Flußspat.

Bei manchen Körpern wird ein Teil des absorbierten Lichtes zurückgestrahlt. Diese Erscheinung ist unter dem Namen „Fluoreszenz" bekannt. Sie ist demzufolge auch eine Funktion der Struktur des Körpers, ist aber ebenso, wie die Absorption, von der Temperatur wenig abhängig, falls dadurch keine chemischen Veränderungen hervorgerufen werden. Diese Luminiszenzerscheinung darf nicht mit Opaleszenz oder Phosphoreszenz verwechselt werden, die wiederum Erscheinungen von ganz anderer Art sind, und mit der Fluoreszenz nur das gemeinsam haben, daß sie auch schwache Leuchteffekte ergeben. Dafür sind aber die photoelektrischen Erscheinungen, über die weiter unten die Rede sein wird, aufs engste mit der Absorption und Fluoreszenz verbunden. Ist die Absorption bei festen Körpern sehr stark, so erhalten sie einen Metallglanz, wie z. B. Fuchsin und andere Farbstoffe, $KMnO_4$, Gold, Kupfer usw. Das zurückgeworfene Licht entspricht gerade dem am stärksten absorbierten. Das Gold läßt z. B. in dünnen Schichten blaugrünes Licht durch, d. h. daß es Gelborange absorbiert und darum wird dies Licht reflektiert und verleiht dem Metallglanz die eigentümliche Goldfarbe. Es ist klar, daß in diesem Spektralgebiete auch die stärksten, sog. selektiven photoelektrischen Effekte auftreten müssen. Näheres darüber wird in einem der nächsten Kapitel berichtet.

Lichtfilter. Diese Eigenschaft der Körper, einen Teil des Spektrums auszulöschen, kann man zur Herstellung der Lichtfilter, die praktisch monochromatisches Licht liefern, benutzen. Stellen wir z. B. auf den Weg des Lichtstrahls ein Rubinglas, so sehen wir auf dem Schirm nur den roten Teil des Spektrums. Mit dem Platinbariumcyanürschirm können wir zeigen, daß in dem ultravioletten Teile auch keine Strahlen durchgelassen werden, denn sonst würde der Schirm fluoreszieren. Nehmen wir aber violettes Glas, so sehen wir, daß es rote, violette und ultraviolette Streifen durchläßt, und deshalb als monochromatisches Lichtfilter nicht dienen kann. Statt Gläser können wir gefärbte Lösungen verwenden. Dieselben können aus einheitlichen Körpern oder aus Gemischen hergestellt werden. Am praktischsten sind die gefärbten Gelatinen, die auf Glas ausgebreitet sind, zu benutzen. Im allgemeinen ist die Herstellung monochromatischer Lichtfilter eine sehr schwere Aufgabe, denn man muß derartige Kombinationen der Farbstoffe wählen, daß nur ein sehr enger Lichtstreifen durchgelassen und daß dabei das durchgelassene Licht nicht zu stark abgeschwächt wird. Die unvermeidliche Abschwächung muß dabei noch quantitativ bestimmt werden.

Am leichtesten geht die Zusammenstellung der Lichtfilter für das Quecksilberbogenlicht, z. B. Uviollampen. Da sind die Linien fast alle lichtstark und voneinander ziemlich weit entfernt. Deshalb gelingt es leichter durch Kombination der Farbstoffe, einen schmalen Streifen in den nur eine Linie fällt, herzustellen. Dann wird nur diese Linie durchgelassen. Werfen wir z. B. ein Spektrum der Uviollampe auf den Schirm, und stellen in den Weg der Strahlen eine Lösung von p-Nitrosodimethylanilin, so werden wir sehen, daß die gelbe und grüne und auch die ultraviolette Linie durchgelassen werden. Fügt man Äskulinlösung hinzu, so wird das Ultraviolett ausgelöscht; nimmt man stärkere Lösung des Farbstoffs, so wird die gelbe Linie stark abgeschwächt. Wir können das Gelbe ganz auslöschen, falls wir einen blauen oder grünen Farbstoff, der die gelbe Linie stark absorbiert, in geringen Mengen zugeben.

Wenn wir aber statt Äskulin- einen violetten Farbstoff nehmen, so werden auch die gelben und grünen Linien absorbiert und es bleibt nur die ultraviolette Linie allein übrig.

Auf diese Weise können wir monochromatische Lichtfilter herstellen, die mit Hilfe besonderer Apparate der sog. Spektralphotometer quantitativ ausgemessen werden müssen. Die Lichtfilter sind für die Erforschung der Lichtreaktionen von grundlegender Bedeutung, weil man nur im monochromatischen Lichte die photochemischen Prozesse quantitativ untersuchen kann.

Ein charakteristisches Lichtfilter stellt eine Mischung von Chlor und Bromgas dar. Dieselbe läßt das Licht nur im Intervalle von 240—250 $\mu\mu$ durch. Das ist vorläufig das einzige Lichtfilter für das äußerste Ultraviolett.

Es gibt noch eine Reihe von optischen Erscheinungen, wie Refraktion, einfache und magnetische Polarisation, die mit der Molekularstruktur eng verbunden sind. Diese Abhängigkeit ist eine etwas andere, als bei der Absorption; die letztere ist, wie wir gesehen haben, mit dem inneren Chemismus des Atoms und des Moleküls aufs engste verbunden, die oben genannten Erscheinungen sind nur Funktionen der äußeren räumlichen Konfiguration der Moleküle und der Molekülkomplexe. Die Kenntnis der hier herrschenden Beziehungen kann uns als ein gutes Hilfsmittel für das Erfassen der noch unsicher bestimmten Molekülkonfigurationen dienen, berührt aber das innere Wesen des Chemismus nicht, besitzt für uns Photochemiker nur ein sekundäres Interesse, nämlich nur als praktisches Hilfsmittel zur Bestimmung der Strukturformel bei organischen Verbindungen. Deshalb kann das nähere Beschreiben der bei diesen Erscheinungen herrschenden Verhältnisse unterlassen werden.

Kapitel III.

Bestimmung des Reaktionsverlaufs einer Lichtreaktion. Erster Fall — starke Lichtabsorption. Zweiter Fall — räumlich fortschreitende Lichtreaktion. Dritter Fall — schwache Lichtabsorption. Mittlere Absorption. Anwendung des Additionsgesetzes beim Vorhandensein der Dunkelreaktion. Kompliziertere Fälle.

Bestimmung des Reaktionsverlaufs der Lichtreaktionen. Kehren wir jetzt wieder zu der oben aufgeworfenen Frage zurück: Wie soll man der oben abgeleiteten Differentialformel für die Reaktionsgeschwindigkeit der Lichtreaktionen eine praktisch verwertbare Form geben, die man leicht an Versuchen prüfen könnte? Hier müssen wir sogleich das in so allgemeiner Form ausgesprochene Gesetz von Grotthus-van't Hoff präziser definieren. Die erste

Frage ist, wie verhalten sich die Lichtreaktionen zu den Dunkelreaktionen, falls sie gleichzeitig verlaufen?

Da das innere Wesen der Lichtreaktionen, als stationärer Vorgänge, ein ganz anderes ist, als das der Dunkelreaktionen, so müssen sie unabhängig voneinander verlaufen, und Plotnikow hat das Additionsgesetz aufgestellt, das so lautet, daß die Eigenschaften eines komplizierten Vorgangs, bestehend aus den Lichtreaktionen und Dunkelreaktionen, sich additionell aus den Eigenschaften der einzelnen Prozesse summieren. Dabei ist es belanglos, ob die Prozesse einfache Dunkelreaktionen sind, die parallel verlaufen, oder ob sie sich während der Reaktion bilden, und ob sie katalytischen Charakter tragen oder nicht.

Auch die Versuchsanordnung muß präziser definiert werden. Alle diese Beschränkungen sind in den folgenden vier Punkten kurz zusammengefaßt, auf Grund derer die Grundlinien der mathematischen Theorie der Lichtreaktionen in elementarster Form und an allereinfachsten Beispielen hier illustriert werden.

Die Körper sind meistens nicht in ganzen Absorptionsstreifen lichtempfindlich, sondern in sehr schmalen Streifen, die entweder am Anfang oder am Ende des Absorptionsspektrums liegen. Diese lichtempfindliche Zone wollen wir als „Streifen der photochemischen Absorption" bezeichnen. Öfters tritt auch der Fall auf, daß mehrere Streifen der photochemischen Absorption sich übereinanderlagern, oder durch thermische Streifen verdeckt werden. Sehr selten hat man mit einem einheitlichen Streifen der photochemischen Absorption zu tun; diese Fälle sind für die Untersuchungen besonders wertvoll.

Es muß besonders darauf aufmerksam gemacht werden, daß diese Gesetze nur für den einfachen Streifen der photochemischen Absorption gelten, der von keinem thermischen Streifen oder anderen aktiven Streifen übereinandergelagert wird. Ist das letztere der Fall, so ist der Vorgang sehr kompliziert. Um ihn quantitativ zu untersuchen, muß man die Wirkung der Überlagerung gesondert studieren, was meistens mit großen experimentellen Schwierigkeiten verbunden ist. Ausgehend von dieser Annahme sind auch die folgenden vier Punkte aufgestellt worden.

Man kann manchmal den zusammengesetzten Bau eines Absorptionsstreifens durch Veränderung der Temperatur konstatieren. So hat z. B. kürzlich Lasareff gezeigt, daß Cyanin bei tieferen Temperaturen (-180^0) sein Absorptionsspektrum wenig ändert, dagegen zerfällt dasselbe bei Pinacyanol bei dieser Temperatur in zwei

Streifen. Besitzen die beiden Streifen verschiedene Reaktionsgeschwindigkeitskonstanten, so muß für jeden Streifen eine eigene Reaktionsgleichung aufgestellt werden.

Gehen wir jetzt zu den Punkten über.

I. Für jeden Streifen der „photochemischen Absorption" ist die pro Zeiteinheit umgesetzte Stoffmenge der absorbierten monochromatischen Lichtmenge unabhängig von der Wellenlänge proportional. Der photochemische Temperaturkoeffizient und der Nutzeffekt bleibt im ganzen Gebiete jedes einzelnen Streifens, auch unabhängig von der Wellenlänge, konstant. (Das Grotthus-van't Hoffsche Gesetz in seiner neuen quantitativen Fassung.)

II. Die photochemischen Prozesse folgen dem Additionsgesetze von Plotnikow, d. h. die Eigenschaften des gesamten Vorgangs aus den Eigenschaften der reinen Lichtreaktionen und der reinen Dunkelreaktion summieren sich.

III. Die Reaktionsbestandteile folgen dem Lichtabsorptionsgesetze von Beer.

IV. Bei der Ableitung wird angenommen, daß die Reaktionen in rechtwinkligen, mit planparallelen Platten versehenen Gefäßen, im monochromatischen konstanten und parallelen Lichte, unter ununterbrochenem Rühren bei konstanter Temperatur stattfinden.

Um die Bedingungen des Punktes IV zu erfüllen, sind vom Verfasser besondere Apparate, „Lichtthermostate" in verschiedenster Form gebaut worden. Dieselben gestatten die Lichtreaktionen bei konstanter Temperatur und monochromatischem Lichte, mit äußerer und innerer Belichtung, mit Gassättigung bei konstantem Drucke, bei gleichzeitiger Belichtung mit verschiedenem monochromatischen Lichte usw. zu untersuchen. Die Beschreibung dieser Apparate findet der Leser in der „Allgemeinen Photochemie" des Verfassers.

Die Bezeichnung der Buchstaben in den folgenden Formeln lautet:

v, V = das Volum des Reaktionsgemisches,

s, S = die vom Lichte getroffene Oberfläche des Reaktionsgemisches,

p = die Schichtdicke des Reaktionsgemisches,

a, b, c = die Anfangskonzentrationen der reagierenden Reaktionskomponenten in Molen,

M, m_1, m_2, m = die Stoffmengen derselben, die entsprechend gleich va, vb, vc sind,
T = die Temperatur des Reaktionsgemisches,
t = die Zeit,
K oder K_e = die Lichtreaktionsgeschwindigkeitskonstante,
K_d = die Dunkelreaktionsgeschwindigkeitskonstante,
W = die Reaktionsgeschwindigkeit,
J_0 = die Lichtintensität des in das Reaktionsgemisch, nach Abzug des reflektierten Teiles, eintretenden monochromatischen Lichtes,
J_p = die Intensität des aus dem Reaktionsgemische nach Durchgang der Schichtdicke p austretenden Lichtes,
A = die absorbierte Lichtmenge $= s(J_0 - J_p)$,
i = die Lichtabsorptionskonstante nach dem Beerschen Gesetz:

$$J_p = J_0 e^{-ipc},$$

woraus die Konstante

$$i = \frac{\ln J_0 - \ln J_p}{pc}$$

sich berechnen läßt,
ln = die nat. Log.

I. **Der einfachste Fall einer photoaktiven Komponente mit einem Streifen der photochemischen Lichtabsorption.** 1. Der erste Fall — starke Lichtabsorption. Versuchen wir die kinetische Gleichung für eine allereinfachste Form der Lichtreaktionen abzuleiten und nehmen wir an, daß die Dunkelreaktionsgeschwindigkeit gleich Null, also nicht vorhanden ist. Bezeichnen wir die Anfangskonzentration durch b, die pro Zeit t stattgefundene Konzentrationsänderung durch x. Nehmen wir weiter an, daß der sich neu bildende Stoff farblos ist, d. h. daß die einwirkende Wellenlänge durch ihn nicht absorbiert wird, und daß unser photoaktiver Körper nur einen Streifen der photochemischen Absorption, ohne thermische Absorption, besitzt.

Dem Grundgesetze gemäß muß die pro Zeiteinheit umgesetzte Stoffmenge der absorbierten Lichtmenge proportional sein, d. h. daß

$$-\frac{dM}{dt} = KA \tag{1}$$

ist, oder da $M = V(b - x)$ ist,

$$-\frac{dV(b-x)}{dt} = KA \tag{2}$$

oder nach dem oben angegebenen Ausdruck für A:

$$-\frac{d(b-x)}{dt} = KJ_0 \cdot \frac{S}{V}\left[1 - e^{-ip(b-x)}\right], \tag{3}$$

weil $V = pS$ und $A = S(J_0 - J_p) = SJ_0(1 - e^{-ip(b-x)})$ für rechtwinklige Gefäße ist. Demzufolge erhält unsere Differentialgleichung für die Reaktionsgeschwindigkeit folgende Form:

$$-\frac{d(b-x)}{dt} = K\frac{J_0}{p}\left[1 - e^{-ip(b-x)}\right]. \tag{4}$$

Ehe wir zu der Integrierung dieser Gleichung in ihrer allgemeinen Form schreiten, untersuchen wir die Eigenschaften einiger einfacherer Fälle näher. Es sind nur zwei Grenzfälle der sehr starken und sehr schwachen Lichtabsorption denkbar. Im ersten Falle wird das ganze Licht schon in einer sehr dünnen Schicht vollständig absorbiert, und der übrige Raum stellt für die aktiven Strahlen einen „Dunkelraum" dar. Dieser Fall ist durch die Abbildung 9 veranschaulicht.

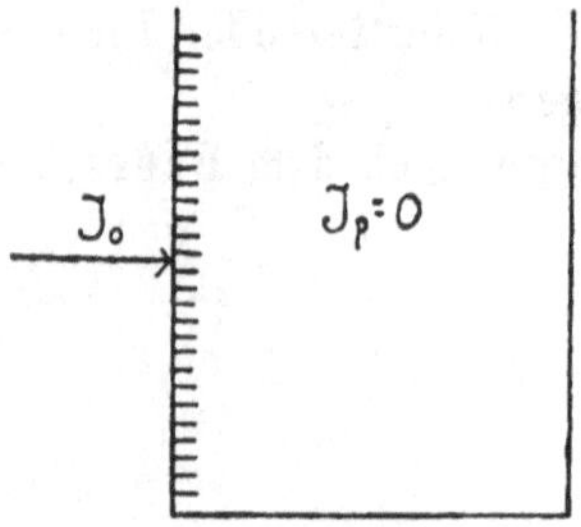

Abbildung 9.

Mathematisch wird die große Absorption durch den großen Wert von i charakterisiert. Je größer der Wert des Exponenten bei der Funktion e ist, desto kleiner ist ihr eigener Wert; im Grenzfalle bei sehr großem x, oder in unserem Falle i, strebt der Wert der Funktion der Null zu. Demzufolge erhält unsere Differentialgleichung für diesen Grenzfall — der starken Lichtabsorption — folgende einfache Gestalt:

$$-\frac{d(b-x)}{dt} = K\frac{J_0}{p}. \tag{5}$$

Auf der rechten Seite der Gleichung haben wir ausnahmslos konstante Faktoren, d. h. daß wir hier mit einer linearen Gleichung zu tun haben, deren Integrieren sehr einfach ist und folgendes Endresultat ergibt:

$$-(b-x) = K\frac{J_0}{p}\,t + \text{Konst.}; \tag{6}$$

bei $t = 0$ ist auch $x = 0$ und Konst. $= -b$, und wir erhalten:

$$KJ_0 = \frac{px}{t} \tag{7}$$

oder

$$x = \frac{KJ_0 t}{p}. \tag{8}$$

Die letzte Gleichung können wir auf folgende Weise auslegen, daß die sich im Lichte bildende Konzentration des neuen Stoffes proportional der Zeit wächst. Sie ist zugleich proportional der einwirkenden Lichtintensität und umgekehrt proportional der Schichtdicke, d. h., je größer die Schichtdicke (oder der schädliche Dunkelraum), desto geringer ist auch die Konzentration. Die sich bildenden Stoffmengen müssen immer dieselben und von diesem Faktor unabhängig sein, weil $x V = m$ ist, und daraus folgt:

$$m = K S J_0 t.$$

Wir haben einen Reaktionsverlauf erhalten, der unabhängig von der Konzentration des reagierenden Körpers ist, was bei den einfachen Reaktionen, die dem Massenwirkungsgesetze folgen, nicht möglich ist.

Man muß zugleich betonen, daß der lineare Verlauf selbstverständlich nicht unendlich lange dauern kann. Wird die Konzentration derart geschwächt, daß die Lichtabsorption über den ganzen Raum sich verbreitet, so ändert sich auch der Reaktionsverlauf.

In dieser Formel fehlt der Faktor v — das Volum, d. h., daß eine Volumveränderung während des Reaktionsverlaufes, die z. B. infolge der Abpipettierung für Konzentrationsbestimmungen erfolgen kann, keinen Einfluß auf den Reaktionsverlauf ausübt. Anders steht es, falls nicht das ganze Reaktionsvolum, sondern nur ein Teil von ihm bestrahlt wird. Dann wird die sich bildende Stoffmenge mit der Volumverminderung auch abnehmen, und wir müssen, um zu richtigen Resultaten zu gelangen, eine entsprechende Korrektion in unsere Formel einführen.

2. Zweiter Fall — räumlich fortschreitende Lichtreaktionen. Die im vorigen Kapitel abgeleitete Formel fußte darauf, daß das Reaktionsgemisch in stetiger Bewegung sich befand, und daß auf diese Weise jede Konzentrationsverschiedenheit sofort ausgeglichen wurde. Es fragt sich, wie wird sich der Reaktionsverlauf gestalten, falls das Medium in einem Ruhezustand sich befindet? Ein Ausbleichen des Körpers in bezug auf die einwirkende Strahlung kann auch in festem Zustande erfolgen, wobei von einem Ausgleich der Konzentrationen keine Rede sein kann. Auch können wir das Reaktionsgemisch in Form einer Gallerte anwenden, wo auch keine Konvektionsströme stattfinden; wir können endlich die Reaktion auch im flüssigen Zustande vor sich gehen lassen und die Versuchsanordnung derart gestalten, daß die Konvektionsströme und die

Vermischung praktisch ausgeschaltet werden. In diesem Falle gestaltet sich der Reaktionsverlauf sehr einfach.

Das chemisch einwirkende Licht wird in sehr dünner Schicht vollständig absorbiert. Der Stoff bleicht aus. Da keine Vermischung eintritt, so bleibt die ausgebleichte Zone bestehen, und das Licht dringt weiter in die nächste Schicht ein und bleicht die nächstliegende Zone, somit erfolgt ein allmähliches Vordringen des Lichtes in die Tiefe des Mediums. Da die Absorption sehr stark ist, so muß die Grenze des entfärbten und noch nicht angegriffenen Teiles ziemlich scharf ausfallen, und man kann das räumliche Fortschreiten der Reaktion meßbar verfolgen. Das einfallende Lichtbündel muß

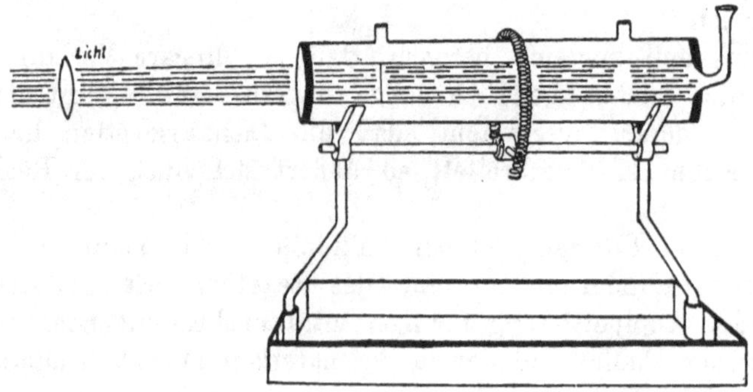

Abbildung 10.

selbstverständlich parallel gestaltet sein. Die Verhältnisse sind durch die Abbildung 10 veranschaulicht. Die Reaktionsgeschwindigkeit wird hier durch die pro Zeiteinheit abgelegte Strecke gemessen. Versuchen wir die entsprechende Formel abzuleiten. Betrachten wir den schmalen Streifen dp, in dem eine vollständige Lichtabsorption stattfindet. Das Volum dieses Streifens ist gleich

$$V = S\,dp\,.$$

Die in ihm enthaltene Stoffmenge ist gleich:

$$dM = C\,S\,dp\,.$$

Die von dieser Stoffmenge vollständig absorbierte Lichtmenge ist gleich:

$$A = S\,J_0\,.$$

Daraus ergibt sich die Reaktionsgeschwindigkeit gleich:

$$-\frac{dM}{dt} = \frac{CS\,dp}{dt} = KSJ_0 \tag{9}$$

oder

$$dp = \frac{KJ_0}{C}\,dt. \tag{10}$$

Die Integrierung ergibt uns in endgültiger Form die Beziehung:

$$p = \frac{KJ_0}{C}\,t, \tag{11}$$

d. h., daß die abgelegte Strecke der Zeit und der Lichtintensität proportional ist. Zu gleicher Zeit ist sie umgekehrt proportional der Konzentration des angewandten Stoffes. Dies kann man auf die Weise deuten, daß, je mehr Stoff in demselben Volum enthalten ist, desto mehr Zeit bedarf das Licht, um vollständige Ausbleichung hervorzurufen.

Multiplizieren wir die beiden Teile der Gleichung (11) mit $S \times C$, so erhalten wir die Gleichung:

$$SpC = M = KJ_0\,St,$$

d. h. wir erhalten die gesamte umgesetzte Stoffmenge M, die in dem Reaktionsvolumen enthalten ist, nach dem Ausbleichen der ganzen Strecke p in der Zeit t. Hätten wir das Reaktionsgemisch durch Rühren während des Reaktionsverlaufes vermischt, d. h. auf frühere Weise verfahren, so hätten wir dasselbe Endresultat, nämlich dieselbe Menge M in derselben Zeit t erhalten.

Wir können ein derartiges räumliches Fortschreiten an der Reaktion zwischen Brom und Zimtsäure in Tetrachlorkohlenstofflösung demonstrieren. Benrath und Schaffgang haben die Formel (11) an $FeCl_3$ + Weinsäure in SiO_2-Gallerte geprüft und bestätigt gefunden.

3. Dritter Fall — sehr schwache Lichtabsorption. Dieser Fall wird durch den sehr kleinen Wert von i charakterisiert, so daß die Lichtintensität nach dem Durchgange des Reaktionsgemisches praktisch als unverändert angesehen werden kann.

Bekanntlich kann die Funktion e^{-x} in eine unendliche Reihe zerlegt werden:

$$e^{-x} = 1 - x + \frac{x^2}{1\cdot 2} - \frac{x^3}{1\cdot 2\cdot 3} + \cdots. \tag{12}$$

Für unseren Fall werden wir haben:

$$e^{-ip(b-x)} = 1 - ip(b-x) + \frac{[ip(b-x)]^2}{1\cdot 2} - \cdots.$$

Da i sehr kleinen Wert besitzt, so können wir uns mit dem ersten Gliede begnügen und wir erhalten dann:

$$1 - e^{-ip(b-x)} = 1 - 1 + ip(b - x) = ip(b - x). \qquad (13)$$

Unsere Gleichung erhält dann folgende Gestalt:

$$-\frac{d(b-x)}{dt} = \frac{KJ_0}{p} ip(b-x) \qquad (14)$$

oder

$$-\frac{d(b-x)}{b-x} = KJ_0 i\,dt.$$

Nach dem Integrieren erhält man:

$$-\ln(b-x) = KJ_0 it + \text{Konst.}$$

bei $t = 0$ und $x = 0$

$$\text{Konst.} = -\ln b.$$

Daraus folgt:

$$K_1 = KJ_0 i = \frac{\ln b - \ln(b-x)}{t}. \qquad (15)$$

Wir erhalten für diese Reaktion eine logarithmische Gleichung erster Ordnung nur mit dem Unterschiede von einer Dunkelreaktionsgleichung, daß die Konstante K mit J und i zu multiplizieren ist. Da die beiden Faktoren bei gegebener Versuchsanordnung auch konstant sind, so erhalten wir formal dieselbe Gleichung, wie für die Dunkelreaktionen.

Durch diese Formel ist uns auch die Erklärung gegeben, warum viele Forscher, wie z. B. Wittwer und Nernst und viele andere, eine Übereinstimmung des Reaktionsverlaufes bei den Lichtreaktionen mit dem der Dunkelreaktionen fanden und den falschen Schluß zogen, daß die Lichtreaktionen auch dem Massenwirkungsgesetze folgen. Sie hatten meistens mit denjenigen Reaktionen zu tun gehabt, die eine verhältnismäßig schwache Lichtabsorption besaßen und demzufolge sich unserem Grenzfalle näherten. Die geringen Abweichungen, die im Anfangsstadium eintreten müßten, konnten übersehen werden, so daß praktisch für die meisten Reaktionen mit schwacher, sogar mit mittlerer Absorption, diese einfache Formel annähernd gültig ist.

4. Der normale Fall — für mittelgroße Lichtabsorption. Wir haben eben gesehen, daß bei starker Absorption der Reaktionsverlauf linear und bei schwacher logarithmisch ist. Im Falle der mittleren Absorption müssen wir demzufolge erwarten, daß anfangs die Reaktion einen linearen Verlauf besitzen wird, der allmählich

in den logarithmischen übergeht. Diese Verhältnisse können durch die Abb. 11 und 12 veranschaulicht werden. Die Kurven I und III stellen die Grenzfälle dar, die Kurve II den normalen Fall. Versuchen wir jetzt, die entsprechende theoretische Ableitung durch-

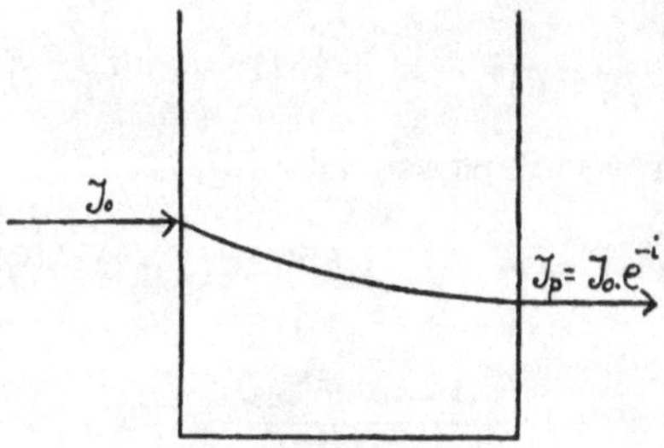

Abbildung 11.

zuführen. Es handelt sich hier um die Integrierung der Gleichung (4). Zu diesem Zwecke schreiben wir sie auf folgende Weise:

$$-\int \frac{d(b-x)}{1-e^{-ip(b-x)}} = \int \frac{KJ_0}{p}\,dt. \tag{16}$$

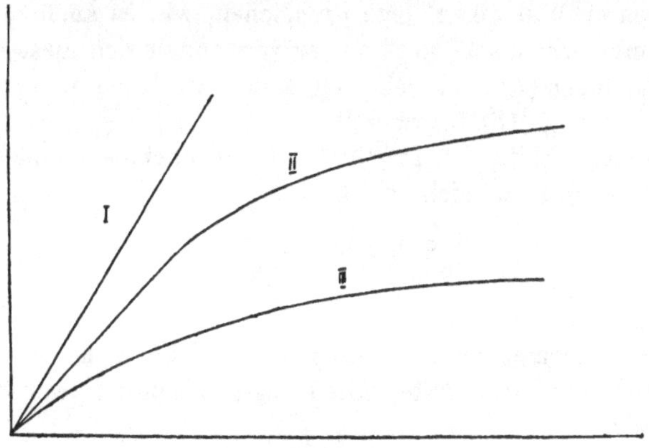

Abbildung 12.

Bekanntlich ist das Integral der Funktion von der Form:

$$\int \frac{dy}{a+b\,e^{xy}} = \frac{1}{ak}\left[ky - \ln(a + b\,e^{xy})\right] + \text{Konst.}$$

Für unseren Fall sind:

$$a = 1, \quad b = -1, \quad k = -ip, \quad y = b - x$$

zu setzen. Daraus folgt:

$$\int \frac{d(b-x)}{1-e^{-ip(b-x)}} = -\frac{1}{ip}[-ip(b-x) - \ln(1-e^{-ip(b-x)}] + \text{Konst.}$$

oder

$$-\frac{KJ_0}{p}t = \frac{1}{ip}[ip(b-x) + \ln(1-e^{-ip(b-x)})] + \text{Konst.}$$

Da bei $t = 0$ auch $x = 0$ ist, so ist:

$$\text{Konst.} = -\frac{1}{ip}[ipb + \ln(1-e^{-ipb})].$$

Demzufolge ist:

$$iJ_0K = \frac{ip[b-(b-x)] + \ln\frac{1-e^{-ipb}}{1-e^{-ip(b-x)}}}{t} = \frac{ipx + \ln\frac{1-e^{-ipb}}{1-e^{-ip(b-x)}}}{t} \tag{17}$$

oder

$$iJ_0K = \frac{ip(x_2-x_1) + \ln\frac{1-e^{-ip(b-x_1)}}{1-e^{-ip(b-x_2)}}}{t_2-t_1}. \tag{18}$$

Wie ersichtlich, besteht unsere Gleichung aus zwei Teilen: aus einem linearen und einem logarithmischen, wie es auch zu erwarten war. Nehmen wir i sehr groß an, so verwandelt sich diese Gleichung in die Gleichung (7); bei sehr kleinem i wird sie in die logarithmische Gleichung (15) verwandelt.

Im ersten Falle ist $e^{-ip(b-x)} = 0$ anzunehmen und die Gleichung (18) verwandelt sich in:

$$KJ_0 = \frac{p(x_2-x_1)}{t_2-t_1}.$$

Im zweiten Falle, wo i sehr klein ist, kann das erste Glied vernachlässigt, die Exponentialfunktion auf übliche Weise in eine Reihe zerlegt und nur das erste Glied davon benutzt werden; dann erhalten wir:

$$KJ_0i = \frac{\ln(b-x_1) - \ln(b-x_2)}{t_2-t_1},$$

also wieder eine Gleichung der logarithmischen Linie.

5. Anwendung des Additionsgesetzes bei Vorhandensein der Dunkelreaktion. Haben wir noch eine Dunkelreaktion, die gleichzeitig und parallel der Lichtreaktion verläuft, so müssen nach dem Additionsgesetze die beiden Geschwindigkeiten sich summieren. Bezeichnen wir die Reaktionsgeschwindigkeit der Dunkelreaktion

durch K_d und nehmen wir den einfachsten Fall der monomolekularen Reaktion, dessen Geschwindigkeit durch die Formel:

$$-\frac{d(a-x)}{dt} = K_d(a-x)$$

ausgedrückt wird.

Bei der Lichteinwirkung entsteht ein neuer Vorgang, der durch die oben angeführte Formel (4) ausgedrückt wird:

$$-\frac{d(a-x)}{dt} = \frac{KJ_0}{p}\left[1 - e^{-ip(a-x)}\right].$$

Die allgemeine Veränderung ist gleich der Summe der beiden Geschwindigkeiten, d. h.:

$$-\frac{d(a-x)}{dt} = \frac{KJ_0}{p}\left[1 - e^{-ip(a-x)}\right] + K_d(a-x).$$

Betrachten wir einfachheitshalber nur den Fall der sehr schwachen Absorption näher.

Nach der oben angegebenen Reihenentwicklung der Exponentialfunktion erhalten wir:

$$-\frac{d(a-x)}{dt} = [KJ_0 i + K_d](a-x).$$

Die Integrierung ergibt die logarithmische Gleichung:

$$K = [KJ_0 i + K_d] = \frac{\ln a - \ln(a-x)}{t}.$$

Hier tritt das additionelle Verhalten deutlich zutage und läßt sich leicht experimentell prüfen. Bei niedrigen Temperaturen und großer Lichtintensität überwiegt die Lichtreaktion derart, daß die Dunkelreaktion, d. h. K_d, praktisch gleich Null gesetzt werden kann, und wir erhalten praktisch nur den Wert der Konstante $KJ_0 i$ für die Lichtreaktion. Bei schwachen Lichtintensitäten und hoher Temperatur überwiegt wiederum die Dunkelreaktion. Auf ähnliche Weise lassen sich alle anderen speziellen und allgemeinen Fälle ableiten.

Dieses Gesetz erleichtert sehr das Studium der komplizierten photochemischen Reaktionen. Man bestimmt erst den Verlauf des gesamten Prozesses und dann gesondert den Verlauf des Dunkelprozesses; zieht man den letzteren von dem ersteren ab, so erhält man den Verlauf des reinen Lichtvorgangs.

6. Kompliziertere Fälle. Fragen wir uns jetzt, wie wird die Reaktionsgleichung aussehen, falls bei dem Vorgang außer der photoaktiven Komponente a noch eine photochemisch nicht aktive b

vorhanden ist? Durch a wird die Lichtmenge A absorbiert; dann wird die Gleichung gleich:

$$\frac{dM}{dt} = KA(b - x)$$

sein. Setzen wir die entsprechenden Werte ein, so erhalten wir:

$$-\frac{d(b-x)}{dt} = \frac{KJ_0}{p}[1 - e^{-ip(a-x)}](b - x).$$

Auf die oben beschriebene Weise kann man die Spezialfälle ableiten, so z. B. erhalten wir die Differentialgleichung von der Form:

$$\frac{dx}{dt} = KJ_0\, i(a - x)(b - x),$$

für den Fall der sehr schwachen Absorption, d. h. formal die Reaktion zweiter Ordnung.

Was die Gleichgewichtszustände anbetrifft, so werden sie aus zwei entgegengerichteten Vorgängen zusammengestellt. Hier können zwei Fälle eintreten, erstens, daß nur ein Teil eine Lichtreaktion darstellt und zweitens, daß beide Teile es sind. Für den ersten Fall wird der Gleichgewichtszustand durch die Formel:

$$\frac{KJ}{p}[1 - e^{-ip(b-y)}] = K_d(a + y)$$

oder

$$Q = \frac{K_d}{K} = \frac{J[1 - e^{-ip(b-y)}]}{p(a + y)}$$

ausgedrückt und für den zweiten Fall durch die Formel:

$$Q = \frac{K_1}{K_2} = \frac{J_2[1 - e^{-i_2py}]}{J_1[1 - e^{-i_1p(a-y)}]}.$$

Die Spezialfälle für die starke und schwache Lichtabsorption lassen sich sehr leicht nach der oben beschriebenen Weise ableiten.

Die ausführliche Beschreibung aller möglichen Spezial- und Allgemeinfälle der Reaktionsgleichungen für Geschwindigkeit, Gleichgewicht und Katalyse findet der Leser in der „Allgemeinen Photochemie“ des Verfassers.

Kapitel IV.

Demonstration der photoelektrischen Effekte und der lichtelektrischen Ströme. Linienspektra und ihre Gesetzmäßigkeiten. Die Atomstrukturtheorie von Bohr. Die photochemische Valenztheorie von Plotnikow.

Photoelektrische Effekte. Machen wir folgende zwei Versuchsreihen, die scheinbar miteinander in keinem direkten Zusammenhange stehen.

Belichten wir eine Metallplatte aus Zn, Al, Magnesium oder anderen Metallen mit starkem, an ultravioletten Strahlen reichem, Lichte und verbinden zugleich die Platte mit dem empfindlichen Aluminium-Elektrometer (Abb. 13), so werden wir konstatieren, daß die Platte sich positiv lädt, d. h. negative Elektrizität verliert. Ist sie negativ geladen, so verliert sie die Ladung beim Belichten sehr schnell; am besten gelingt der Versuch mit Röntgenstrahlen. Wir können diese Erscheinung, die als lichtelektrischer Effekt von Hallwachs bekannt ist, noch auf andere Weise demonstrieren. Nehmen

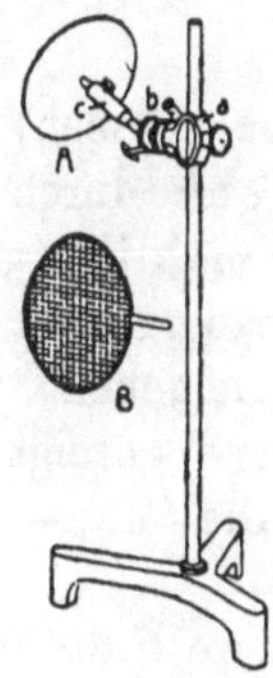

Abbildung 13.

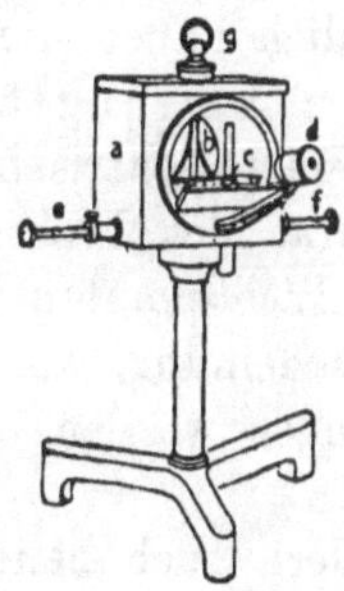

Abbildung 13a.

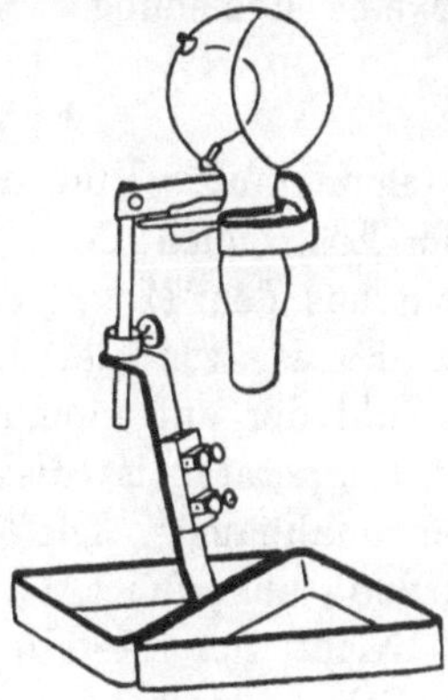

Abbildung 14.

wir eine sogenannte K-, Na- oder Rb-Zelle, welche die in der Abbildung 14 angegebene Form hat und verbinden sie mit einer kleinen Hochspannungsbatterie (etwa 400—500 Volt) und einem empfindlichen Spiegelgalvanometer derart, daß der negative Pol die Metalloberfläche bildet. Die Zelle ist evakuiert. Belichten wir die Metalloberfläche, so werden durch das Licht die Elektronen aus dem Metall freigemacht; dieselben fliegen zum gegenüberliegenden Platinstift und erzeugen einen lichtelektrischen Strom.

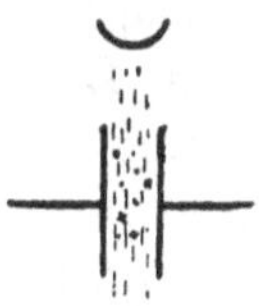

Abbildung 15.

Wir können den Versuch noch folgendermaßen modifizieren, indem wir den Luftraum zwischen zwei parallel gestellten Platten (Abb. 15), die mit den beiden Polen der Hochspannungsbatterie verbunden sind, mit Röntgen- oder ultravioletten Strahlen belichten. Es werden Elektronen dadurch freigemacht, die an die nicht ionisierten Gasmoleküle sich anlagern und die positiven und negativen Gasionen bilden. Dieselben dienen als Überträger der Elektrizität von einer Elektrode zu der andern und wir erhalten wieder einen lichtelektrischen Strom.

Jetzt fragt es sich, welche Beziehung besteht zwischen der Lichtenergie und der Energie des bewegten Elektrons? Nach Planck nimmt man an, daß die Lichtenergie in Quanten absorbiert und emittiert wird. Dieses Lichtquant ist gleich $h\nu$, wo h die sog. Plancksche universelle Konstante gleich $6 \cdot 5 \cdot 10^{-27}$ erg/sec und ν die Frequenz bedeuten. Also haben wir für jede Frequenz ein Elementarquantum der Lichtenergie. Es wird weiter von Einstein die Annahme gemacht, daß, wenn ein freies Elektron so ein Lichtquant aufnimmt, es ganz in die Bewegungsenergie umwandelt, d. h. daß eine Beziehung

$$\frac{m c^2}{2} = h\nu$$

bestehen muß. Und tatsächlich haben die Versuche ergeben, daß beim Lostrennen der „freien Leitungselektronen" durch das Licht aus dem Metall, dieses photoelektrische Gesetz praktisch gültig ist. Es ist von der Intensität des Lichtes unabhängig und nur die Zahl der aufgenommenen Lichtquanten ist hier maßgebend. Von der Temperatur ist diese Erscheinung, wie es Lenard gezeigt hat, auch unabhängig. Die Messungen wurden im Intervalle von -180^0 bis 800^0 ausgeführt.

Nicht nur Metalle, sondern auch beliebige andere Substanzen, wie Schwefelverbindungen von Pb, Zn, As, Sb, Oxyde, Halogenide, Pyrogallol, Hydrochinon, Anthrazen, Malachitgrün, Anilinviolett und überhaupt alle fluoreszierenden Benzolderivate und viele andere Körper ergeben diesen Effekt. Wir können diese Eigenschaft der fluoreszierenden Körper, Elektronen frei zu machen, zur Konstruktion eines Photoelementes benutzen. Stellen wir uns einen kleinen Glastrog mit einer fluoreszierenden Lösung, z. B. Eosin gefüllt vor; da hinein werden zwei Metallelektroden, die ihrerseits durch ein sehr empfindliches Galvanometer verbunden sind, getaucht. Wenn wir eine von diesen Elektroden belichten, so muß ein Strom von einer Elektrode durch das Galvanometer zu der anderen Elektrode hinfließen. Das ist auch in der Tat der Fall. Die erhaltene Stromstärke, d. h. die „Zahl der erzeugten" Elektronen ist der „absorbierten Lichtmenge" proportional, wie es Goldmann (1908) gefunden hat. Also auch hier ist das photochemische Grotthus-van't Hoffsche Gesetz gültig. Die Fluoreszenz ist, wie gesagt, nur eine Begleiterscheinung der Absorption; dieselbe ist mit der chemischen Struktur der Körper eng verbunden. Durch das absorbierte Licht werden Elektronen frei. Also müssen sie im Körper selbst sich befinden und er muß aus ihnen aufgebaut sein;

es fragt sich nur wie? Um zur Lösung dieser wichtigen Frage zu schreiten, müssen wir eine andere Serie der Erscheinungen kennen lernen, die, wie gesagt, scheinbar mit den eben beschriebenen in keinem Zusammenhange stehen.

Linienspektra. Zünden wir eine Uviollampe an. Ihr Licht ist schon dem Äußeren nach dem gewöhnlichen weißen Licht der Sonne oder der Bogenlampe nicht ähnlich, was auf eine andere Zusammensetzung hindeutet. Eine rote Phenolphthaleinlösung z. B. sieht in diesem Lichte violett aus. Die Farbe des Gesichtes, der Augen, Krawatte verändert sich auch. Stellen wir zwischen der Lampe und dem Schirm ein Prisma oder ein Glasgitter auf, so werden wir auf dem Schirm kein kontinuierliches Spektrum, sondern fünf helle breite Linien: gelbe, hellgrüne, blaugrüne, blaue und violette des Quecksilberspektrums wahrnehmen (Abb. 16). Jede von diesen Linien gibt praktisch ein monochromatisches Licht. Betrachten wir die Spektren der leuchtenden Dämpfe anderer Elemente im Spektroskop, so werden wir konstatieren können, daß jedes Element ein charakteristisches Linienspektrum ergibt, was so zu deuten ist, daß sein Aussehen mit der inneren Struktur des Atomes aufs engste verbunden sein muß. Zur Illustrierung sei hier noch das vollständige Hg- und Cu-Spektra angeführt (Abb. 17). Es fragt sich weiter, was befindet sich in dem Atome, das das Licht emittiert und dabei in so merkwürdig geordneter Weise?

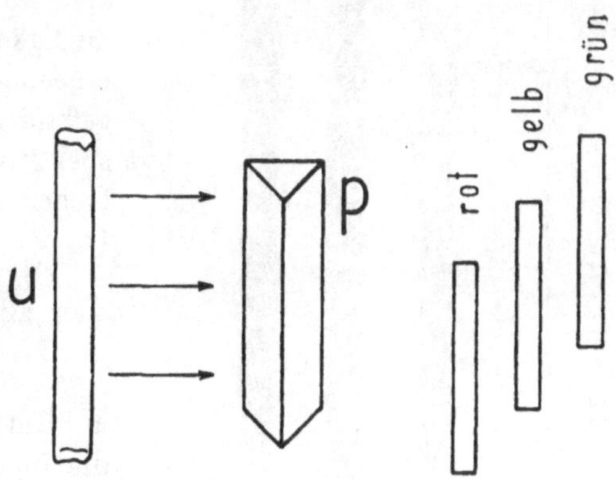

Abbildung 16.

Die Veränderung der Spektrallinien im Magnetfelde und in dem elektrischen Felde und andere Untersuchungen ähnlicher Art haben die Forscher zu dem Schluß geführt, daß nur die Bewegung der Elektronen im Atome die Ursache der Linienemission sein kann. Wieder stoßen wir auf die Tatsache, daß im Atome freie Elektronen vorhanden sein müssen. Ihre Konfiguration und Bewegung müssen nach bestimmten Gesetzen geordnet sein und die Linienspektra müssen ein „getreues Spiegelbild“ dieses inneren „dynamischen“ oder „statischen“ Baus der Atome aus den Elektronen darstellen.

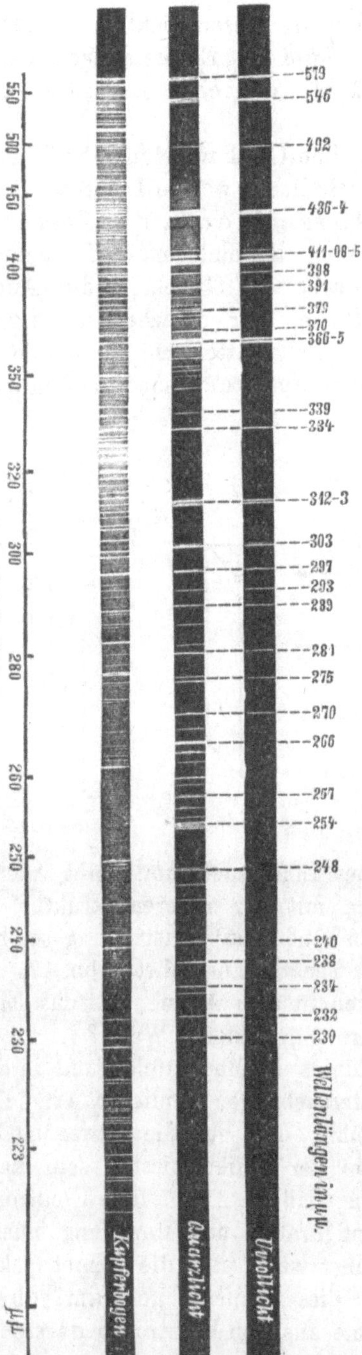

Abbildung 17.

Ist es demnach so, so muß das nähere Studium der Spektra uns den Schlüssel zur Lösung dieses Rätsels geben. Als Bunsen und Kirchhoff im Jahre 1860 die Spektralanalyse entdeckt hatten, ahnten sie nicht die ganze Tragweite ihrer Entdeckung, die anfangs als ein Hilfsmittel zur Bestimmung der Elemente und besonders auf den Himmelskörpern verwendet wurde. Später fing man an zu versuchen, die Gesetzmäßigkeiten bei den Linien zu ergründen. So hat Balmer (1885) gefunden, daß das Wasserstoffspektrum sich nach folgender einfachen Formel berechnen läßt:

$$\nu = R\left(\frac{1}{4} - \frac{1}{m^2}\right)$$

oder allgemein

$$= R\left(\frac{1}{m^2} - \frac{1}{n^2}\right).$$

n bedeutet die Ordnungszahl, die in diesem Falle von 3 bis 15 variiert. R ist eine universelle Konstante = 109737, die als Rydberg-Konstante bezeichnet wird. $\nu = \frac{c}{\lambda}$ – dieSchwingungszahl.

Nimmt man $m = 2$ und stellt statt n der Reihe nach Zahlen 3, 4, 5, ..., so erhält man die Balmersche Wasserstoffserie der Linien:

Tabelle 2.

n	λ	$\mu\mu$
3	H_α (rot)	656
4	H_β (grün)	486
5	H_γ (blau)	434
6	H_δ (violett)	410
7	H_ε (violett)	397

Nimmt man die „feste Serienzahl" $m = 1$, so erhält man eine andere Serie im Ultraviolett, die von Lyman kürzlich entdeckt wurde, und heißt auch nach ihm Lymanserie. Bei $m = 3$ bekommt man die ultrarote Serie, die von Paschen aufgefunden wurde.

Kayser und Runge haben für andere Elemente die modifizierte Formel vorgeschlagen:

$$\frac{1}{\lambda} = A - Bm^{-2} - Cm^{-4},$$

und Rydberg:

$$\frac{1}{\lambda} = A - Bm^{-2} - Cm^{-3}.$$

Das ganze Spektrum jedes Elementes kann in eine Reihe von Linien (Serien) zerlegt werden. Jede Serie läßt sich nach der einen von diesen Formeln berechnen. Eine Serie wird als Hauptserie bezeichnet, die übrigen als Nebenserien. Nach Lenard soll die Hauptserie vom zentralen Atom herrühren und erscheint deshalb bei verhältnismäßig tiefer Temperatur. Bei erhöhter Temperatur werden Elektronen abgespaltet und das positive Ion bildet die Nebenserien. Manche Serien unterscheiden sich nur durch die erste Konstante, verlaufen sozusagen parallel und werden Duplett- oder Triplettserien genannt. Die Differenz dieser Konstante Δ, dividiert durch das Quadrat des Atomgewichts M einer vertikalen Kolonne des periodischen Systems ergibt einen konstanten Wert:

$$\frac{\Delta}{M^2} = \text{Konst.},$$

wie es Kayser und Runge zeigten. Das beweist uns wieder, daß zwischen dem Bau des Atoms und dem Bau der Spektra eine enge Beziehung besteht. Es wurden von anderen Forschern, besonders von Ritz die Formeln für kompliziertere Spektra aufgestellt. Man fühlte, daß hier einfache Gesetze walten müssen, aber man konnte den Schlüssel zu ihrer Aufstellung nicht finden. Erst in der neuesten Zeit ist es scheinbar dem Dänen Niels Bohr gelungen, dieses Rätsel auf sehr einfache Weise zu lösen.

Die Theorie von Bohr. Bisher war die alte elektrodynamische Theorie machtlos, diese Erscheinungen zu erklären. Mit Hilfe der modernen Lichtquantentheorie, die heutzutage im Vollauf ihrer Entwicklung steht, ist es gelungen, plausible Erklärungen einer ganzen Reihe von Erscheinungen zu geben. Wie gesagt besteht das Wesen der Lichtquantentheorie darin, daß das Licht nach Planck gequantelt erscheint, und die Energie eines Lichtquantens gleich:

$$e = h\nu.$$

Von ihm wird angenommen, daß die Aufnahme und Abgabe des Lichtes in Lichtquanten erfolgt. Den Mechanismus der wellenartigen Bewegung des Lichtes konnte man mit Hilfe der Lichtquanten bisher nicht einwandfrei erklären.

Das ändert aber nichts an dem Wesen der Sache selbst, weil eine Reihe von realen Tatsachen die Annahme der Existenz der Quantelung fordert. N. Bohr hat diese Idee von Planck mit seinem Strukturmodell des Atombaues aus den Elektronen, die aus den ähnlichen Arbeiten von Rutherford und Thomson entstanden ist, vereinigt und ist so zu Resultaten gekommen, die mit manchen experimentellen Ergebnissen in gutem Einklang stehen. Das Atommodell von Bohr besteht darin, daß die Elektronen nicht im starren, sondern dynamischen Gleichgewicht mit dem positiven Atomkern sich befinden, indem sie ihn stetig umkreisen. Ihre Bahnen sind Ellipsen; wir nehmen sie einfachheitshalber bei unseren Betrachtungen als kreisförmig an. Die Größe der positiven Ladung des Kernes ist gleich der „Ordnungszahl" des Elementes in dem periodischen System und ebensoviel Elektronen kreisen planetartig in verschiedener Entfernung um den Kern herum. So z. B. hat das Element Eisen das Atomgewicht 56, seine Ordnungszahl ist aber 26. D. h. daß sein positiver Atomkern die Ladung von 26 Einheiten hat, und um diesen Kern 26 negative Elektronen gruppenweise in verschiedenen Entfernungen von dem Kern herumkreisen. Diese Gruppen bilden die Schalen oder Ringe um den Kern und stellen bei gegebener Zahl der Elektronen und der Größe des positiven Kernes die stabilste Konfiguration dar.

Die Aufgabe der weiteren Forschung ist, diese Gruppierungen, die Entfernungen, die Energieverhältnisse quantitativ zu erfassen. Haben wir das einmal erreicht, so werden sich die chemischen, photochemischen und physikalischen Eigenschaften jedes Elementes berechnen lassen.

Die Tatsachen fordern weiter die Annahme, daß die Elektronen bei dem Kreisen keine Energieverluste durch Strahlung erleiden, was den alten elektrodynamischen Gesetzen widerspricht. Sonst müßten die Elektronenbahnen immer kleiner und kleiner werden und schließlich müßten die Elektronen auf den Kern fallen und das Atom würde ein totes Gebilde darstellen. Die Ausstrahlung des Lichtes kann nur beim Übergang des Elektrons von einer größeren Bahn zu der kleineren stattfinden und nach Bohr soll diese Ausstrahlung nach dem Quantengesetze erfolgen, d. h. wenn bei Übergang von der Bahn 2 zu der Bahn 1 eine Energie $E_2 - E_1 = e$ frei wird, so erfolgt eine Ausstrahlung von der Frequenz ν, die durch die Gleichung

$$e = h\nu$$

bestimmt wird. Mit anderen Worten: wir erhalten eine Spektrallinie. Umgekehrt bei Lichtabsorption einer Linie von der Frequenz ν soll das Elektron von einer kleinen Bahn auf eine größere Sprungweise gehoben werden und seine Energie wächst quantenhaft nach derselben Gleichung. Das ist in kurzen Worten die Grundidee der neüen Theorie von Bohr über die Atomstruktur und die Entstehung der Spektrallinien. Hier ist vieles noch unverständlich. Wie entsteht z. B. die Schwingungszahl ν physikalisch? Ist die Zahl der Umläufe des Elektrons von Bedeutung und wie groß ist sie? Wie entsteht eine Wellenbewegung aus Lichtquanten? Tatsache bleibt nur die, daß diese Theorie von Bohr in der Spektrometrie in manchen Fällen eine gute Bestätigung gefunden hat. Und das zwingt uns anzunehmen, daß sie einen gesunden Kern enthält und daß man ihrer weiteren Entwicklung die größte Aufmerksamkeit schenken muß.

Erläutern wir das oben Gesagte näher. Ein Elektron kann, wie gesagt, in einer Reihe von Bahnen um den Kern sich bewegen. Die Entfernungen der Bahnen sind aber nicht willkürlich, sondern sind durch die Quantenbeziehung festgesetzt, z. B. kann ein Elektron in der Entfernung von 1, 2, 3 . . . Quanten sich bewegen, d. h. daß sich die Energien des auf diesen Bahnen kreisenden Elektrons unterscheiden um eine ganze Zahl der Quanten 1, 2, 3 . . . Der allgemeine Ausdruck der Energie eines Elektrons, der sich auf der n^{ten} Quantenbahn befindet, ist nach Bohr gleich:

$$E_n = -\left(\frac{2\pi^2 \mu e^4}{h^2}\right) \cdot \frac{P^2}{n^2},$$

wo P die Ordnungszahl des Elementes im periodischen System ist, μ und e die Masse und Ladung des Elektrons, h die Plancksche Strahlungskonstante bedeuten.

Fällt dieses Elektron auf eine andere Bahn mit kleinerer Energie E_m, so ist die Differenz der Energien gleich:

$$\varDelta E = E_n - E_m = \frac{2\pi^2 \mu e^4}{h^2} P^2 \left[\frac{1}{m^2} - \frac{1}{n^2}\right].$$

Diese Energie muß nach der oben erwähnten Annahme von Bohr, wenn es sich um eine nächstliegende Bahn handelt, gleich $h\nu$ der ausgestrahlten Energie sein; daraus ergibt sich die Frequenz der Spektrallinie des ausgestrahlten Lichtes:

$$\nu = \frac{\Delta E}{h} = \frac{2\pi^2 \mu e^4}{h^3} P^2 \left[\frac{1}{m^2} - \frac{1}{n^2}\right].$$

Nehmen wir als Beispiel den allereinfachsten Fall, nämlich den Wasserstoff; seine Ordnungszahl ist $P = 1$. Um den Kern mit der positiven Ladung 1 kreist nur ein Elektron. Die obige Formel erhält folgenden Ausdruck:

$$\nu = R\left[\frac{1}{m^2} - \frac{1}{n^2}\right],$$

wo

$$R = \frac{2\pi^2 \mu e^4}{h^3}$$

eine konstante Größe ist.

$$[e = 4{,}78 \cdot 10^{-10}; \quad \mu = 9 \cdot 10^{-28}; \quad h = 6{,}54 \cdot 10^{-27}].$$

Wir haben die Serienformel von Balmer erhalten. Berechnen wir R nach dieser Formel, so erhalten wir genau denselben Wert, den Rydberg für Wasserstoff aus den Serienformeln bestimmt hat. Somit erhielt die Theorie von Bohr eine wichtige Bestätigung und eine Grundlage für ihre weitere erfolgreiche Entwicklung, obgleich die Schwierigkeiten, die ihr im Wege stehen, sehr groß sind. Es werden so viele Linien erscheinen, wie viele Kombinationen von m und n Bahnen bei gegebenen energetischen Verhältnissen möglich sind. Die Gruppe der Kombinationen, die bei variierendem n auf eine bestimmte Bahn m fällt, bildet eine Serie. Die größte Energie muß die sein, die ein Elektron bei Niederfall aus der Unendlichkeit auf die erste Bahn ($m = 1$) abgibt. Unter Unendlichkeit muß man den Austritt des Elektrons aus der Wirkungssphäre des Atomkerns verstehen.

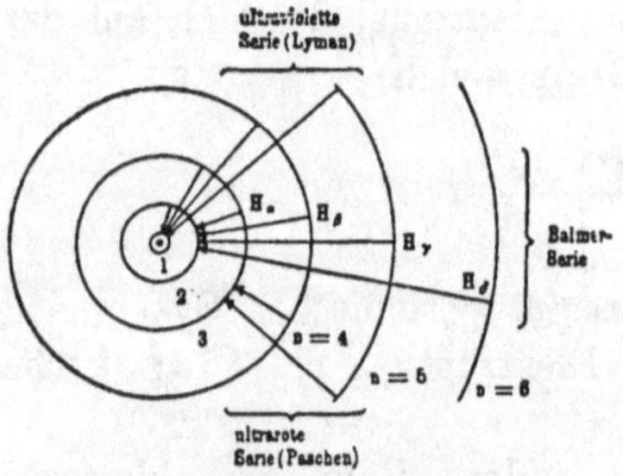

Abbildung 18.

In der Fig. 18 sind schematisch diese Verhältnisse für Wasserstoff gegeben. Wir sehen hier die Entstehung aller drei Serien: der Balmerschen (sichtbaren Strahlen), wo die Elektronen aus verschiedenen Quantenbahnen auf die Bahn $m = 2$ fallen (s. S. 38), der ultravioletten (Lymanserie), wo sie auf die erste Bahn $m = 1$ fallen und der ultraroten, die auf die Bahn $m = 3$ fallen. Ob weitere Serien, die noch unter dem Ultrarot liegen müssen, vorhanden sind, kann man heute nicht sagen.

Die Schwingung, die durch den Niederfall des Elektrons aus der Unendlichkeit auf die erste Bahn entsteht, muß auch die Grenze des Spektrums sein, die bei allerkleinsten Wellenlängen, d. h. im Röntgengebiete liegt, und andererseits müssen in demselben Gebiete auch die Linien der nächsten Quantenbahnenkombinationen, 1—2, 1—3, 2—3 liegen. Die Bewegung dieser Elektronen muß im starken Grade von der Kernladung, d. h. von der Ordnungszahl P des Elementes abhängig sein. Mit anderen Worten: es müßten auch Linienspektra im Gebiete der Röntgenstrahlen vorhanden sein, die nur mit der Atommasse des Elementes nach einfachen Gesetzen sich verändern. Und das trifft auch in der Tat zu. Das sind die bekannten K, L, M-Linienspektra der Röntgenstrahlen der Metalle. Und die theoretischen Berechnungen stimmten wieder mit den experimentellen Befunden überein. Es ließ sich theoretisch auch das Moseleysche Gesetz $\nu = P^2$ oder $P = \sqrt{\nu}$ (die Schwingungszahl ist dem Quadrate der Ordnungszahl proportional) ableiten. Diese Theorie ergibt ein einheitliches Bild von dem Atominnern, wo die Röntgenspektra ihre Quelle haben, bis zu der Atomoberfläche, der Quelle der sichtbaren Spektra. In beiden Grenzgebieten herrschen, wie wir gesehen haben, verhältnismäßig einfache Gesetzmäßigkeiten, in der Mitte sind sie aber sehr verwickelt und noch nicht endgültig festgestellt. Wo Licht ist, sind auch Schatten; die Quantentheorie hat trotz ihrer ersten Erfolge auch ihre Schattenseiten. Das ist auch nicht zu verwundern, weil sie nur die ersten Etappen ihres langen Weges durchmacht. Von verschiedenen Seiten werden gegen sie Bedenken ausgesprochen und oft nicht mit Unrecht, wie z. B. von Bohr, Stark u. a. Sanford leitet theoretisch ab, daß die Plancksche Konstante h nicht konstant ist und daß man von Energiequantum nicht reden darf. Die Annahme, daß ein Elektron ohne Verlust der Energie unbegrenzt kreisen kann, ist vom Standpunkte der elektrodynamischen Theorie unverständlich; den Mechanismus des Elektronensprunges von einer Bahn zu der andern sich vorzustellen, ist vorläufig unmöglich. Ebenso unbekannt ist der Mechanismus der Absorption der Quanten. Wir wissen überhaupt noch nicht, wie wir den Lichtquant selbst uns vorstellen sollen. Und es ist fraglich, ob er überhaupt existiert in freiem Zustande. Wie sollen wir uns nach Einstein eine wellenartige Fortpflanzung des Lichtquanten mit der Lichtgeschwindigkeit vorstellen? Wir könnten eventuell ein Modell mit einem vibrierenden Wasserstrahl oder Kathodenstrahl bauen; dasselbe wird eine Wellenbewegung ergeben. Daß ein derartiger Strahl kohärent sein und die Erscheinung der Interferrenz und Polarisation ergeben wird, ist unwahrscheinlich. Man kann sich die Quantelung der Lichtenergie auch anders vorstellen, indem man annimmt, daß die Quantelung nur im Moment des Entstehens oder der Absorption stattfindet und die Fortpflanzung des Lichtes auf die uns bekannte wellenförmige Weise vor sich geht (Marx). Wir können diesen Gedanken durch folgendes grobe Beispiel illustrieren und auch demonstrieren. Lassen wir Wärmestrahlen auf ein Wachsstück fallen; der Wärmestrom ist kontinuierlich, das Schmelzen erfolgt aber diskontinuierlich, indem Wachstropfen in regelmäßigem Tempo fallen. Ähnlich könnte man sich auch die Lichtabsorption erklären, indem man annimmt, daß die Lostrennung des Elektrons oder überhaupt eine Änderung des Energiezustandes nur dann stattfindet, wenn ein bestimmtes Quantum der Energie aufgesaugt wird. Nun kann der Leser fragen, wie kann man sich die gute Übereinstimmung der nach der Quantentheorie berechneten Linien mit den vorhandenen erklären. Es muß doch ein guter Grund dazu sein. Darauf kann man antworten, daß eine Übereinstimmung noch nicht immer die Richtigkeit einer Theorie beweist und daß dieselbe bei der Berechnung der Feinstruktur der Wasserstofflinien auch nicht so gut ist. Die Linien H_α, H_β, H_γ sind doppelt. Die Differenz ihrer Schwingungen ist nach Gehrke und Lau gleich 8,8, was mit dem theoretisch berechneten Werte nicht übereinstimmt; dagegen stimmt er mit dem nach der Theorie des „starren“ Elektrons glänzend überein. Beim Studium der Errungenschaften der letzten Zeit, die die Physik und Chemie gemacht haben, wird man das Gefühl nicht los, daß die heutige Mathematik nicht imstande ist, der experimentellen Wissenschaft nachzukommen. Man versucht die diskontinuierlichen Erscheinungen mit kontinuierlichen Funktionen zu erfassen. Wenn es einem neuen Leibniz gelingt, die Theorie der diskontinuierlichen Funktionen auf dieselbe Höhe wie der kontinuierlichen zu bringen, so werden sich vielleicht die Gesetzmäßigkeiten über Atom- und Linienspektrenbau, Absorption als sehr einfach ableitbar erweisen. Jedenfalls wird die Quantentheorie in der nächsten Zeit in ihr Kampfstadium eintreten und wir müssen das Endresultat dieses Stadiums abwarten, um sie dann in zweckmäßiger Weise für die Photochemie anzuwenden.

Für uns Photochemiker sind in erster Linie die äußeren Elektronen, die sich in der äußeren Schale der Elektronengruppierung befinden, von Wichtigkeit, da sie der Sitz der Elektronen sind, die die photochemische Wirkung ausüben. Durch die Lichtabsorption wird dem Körper Energie zugeführt, indem er sich erwärmt und seine Photoaktivität sich vergrößert; der Mechanismus dieser Prozesse ist uns ganz unbekannt. Die Photoaktivität muß jedenfalls mit der Veränderung der Elektronenkonfiguration und ihrer eventuellen Bahnverschiebung in enger Beziehung stehen. Plotnikow stellte die Hypothese auf, daß nur die Körper photoaktiv sein können, die freie ungesättigte Elektronen im äußeren Ringe, die er als photochemische Valenzelektronen bezeichnet, besitzen.

Die photochemische Valenztheorie von Plotnikow. Sind alle Valenzelektronen abgesättigt und enthält eine Verbindung überhaupt keine freien Valenzelektronen, so muß sie lichtunempfindlich sein, weil das Licht keinen Angriffspunkt findet. Wir kommen so zu dem Schluß, daß nur „photochemisch ungesättigte" Verbindungen lichtempfindlich sein können.

Wir wollen nun versuchen, das gesammelte Versuchsmaterial über die Lichtreaktionen vom Standpunkte dieser Annahme zu betrachten, und beginnen mit den Elementen. In der Tabelle 3 sind die Elemente nach dem periodischen System geordnet.

Die angewandte Lichtempfindlichkeitsskala ist ziemlich willkürlich und wurde dem Gefühle nach aufgestellt, weil wir noch keinen Maßstab für Lichtempfindlichkeit besitzen. Dieselbe kann erst geschaffen werden, wenn uns die Atomstruktur in allen Details bekannt sein wird. Dann wird es auch möglich sein, die Photoaktivität der Elemente und Verbindungen in quantitativem Maße anzugeben. In der Mitte, wo die mehrwertigen, d. h. diejenigen Elemente sich befinden, denen die meisten Valenzelektronen anhaften, sind auch die photoaktivsten Elemente angehäuft, während an den seitlichen Rändern der Tabelle die Elemente der nullten Gruppe stehen, die keine freien Valenzelektronen besitzen, und die auch nicht photoaktiv sind. Denkt man sich die Tabelle zylinderförmig aufgerollt, so erhält man eine Spirale, auf der die Elemente in der angegebenen Reihenfolge aufgetragen sind.

Bei einem Teil der Elemente fehlen die Angaben über ihre Lichtempfindlichkeit. Eigentlich müssen auch diese lichtempfindlich sein, weil sie freie Valenzelelektronen enthalten. Hier sei jedoch darauf aufmerksam gemacht, daß eine Lichtempfindlichkeitsangabe wertlos ist, wenn nicht auch die Wellenlänge der chemisch einwirkenden Strahlen angegeben wird. Eine praktische Prüfung auf Lichtempfindlichkeit ist aber nur in einem begrenzten Teile des Spektrums möglich, der von etwa 800 $\mu\mu$ bis etwa 200 $\mu\mu$ reicht. Was über 200 $\mu\mu$ bis zu den Röntgenstrahlen liegt, bleibt vorläufig infolge des Fehlens entsprechender Lichtquellen für uns verschlossen.

Tabelle 3. Photoaktivität als periodische Eigenschaft der Elemente.

0	I	II	III	IV	V	VI	VII	VIII				VII	VI	V	IV	III	II	I	0
	H																		
He ○	Li	Be	B	C ×	N ×	O ××						F							
												Cl ××	S ××	P ×	Si	Al	Mg	Na	Ne ○
Ar ○	K	Ca	Sc	Ti ×	V ×	Cr ××	Mn ××	Fe ××	Ni ×	Co ×	Cu ××								
												Br ××	Se ××	As ×	Ge	Ga	Zn		
Kr ○	Rb	Sr	Y	Zr ×	Nb ×	Mo ×		Ru	Rh	Pd ×	Ag ××								
												J ××	Te ×	Sb ×	Sn ×	In	Cd		
Xe ○	Cs	Ba	La																
																ΣCe ×			
			Yb		Ta	W ×		Os	Ir ×	Pt ××	Au ××								
														Bi ×	Pb ×	Tl ×	Hg ×		
		Ra		Th ×		Ur ××													

Der Temperaturkoeffizient = 1,03 für den flüssigen Zustand. (Th, Ur)

Der Temperaturkoeffizient = 1,40 für den Streifen der photochemischen Absorption in Blauviolett und 1,03 für Ultraviolett in flüssigem Zustand.

Zeichenerklärung:

×× stark lichtempfindlich.
× mittlere und schwache Lichtempfindlichkeit.
○ nicht photoaktiv.

Auch das vorhandene, besonders das von älteren Forschern herrührende Versuchsmaterial, ist in dieser Beziehung sehr mangelhaft; denn die meisten Forscher benutzen entweder Kohlenbogenlicht oder Sonnenlicht. Diese beiden Lichtquellen liefern uns Strahlen, die höchstens bis 290 $\mu\mu$ reichen. Dabei wurde meistens noch mit gewöhnlichen Glasgefäßen gearbeitet, welche nur die Strahlen bis etwa 350 $\mu\mu$ durchlassen. Deshalb kann eine Verbindung, die in der älteren Literatur als lichtunempfindlich angegeben wird, sich bei der Behandlung mit der Quarzlampe dennoch als lichtempfindlich erweisen. Wären wir im Besitz von Lichtquellen, deren Strahlen jenseits des Ultravioletts liegen, so würden wohl auch die Elemente der beiden ersten Gruppen sich als lichtempfindlich erweisen.

Je mehr Valenzelektronen an einem Elemente haften, und je größer sein Atomgewicht ist, desto leichter läßt es sich durch das Licht beeinflussen, d. h. desto größere Wellenlängen und geringere Schwingungszahl werden wirksam sein; tatsächlich sehen wir, daß die schweren und die in der Mitte liegenden Elemente meistens gegen sichtbares Licht empfindlich sind.

Vom Standpunkte der oben auseinandergesetzten Bohrschen Theorie bedeutet das, daß diese Elektronen in weit vom Kernpunkte sich befindenden Bahnen sich bewegen und weniger Energie zur Hebung auf andere Bahnen oder gar zur vollständigen Entfernung aus dem Atomverbande erfordern. Da die Elektronen in der äußeren Schale auf verschiedene Weise gruppiert werden können, so braucht nicht nur ein Absorptionsstreifen vorhanden zu sein, sondern es können auch mehrere sein. Dabei muß nochmals bemerkt werden, daß nicht jeder Absorptionsstreifen photochemisch wirkt, sondern es gibt auch Streifen rein thermischer Absorption. Die photochemisch wirksamen Streifen haben wir als Streifen der „photochemischen Absorption“ bezeichnet. Diese beiden Streifentypen können sich übereinanderlagern, es können sich auch zwei Streifen der photochemischen Absorption übereinanderlagern. Alle diese Kombinationen vom Standpunkte der Bohrschen Theorie zu erklären, ist heutzutage noch unmöglich. Wir können sogar noch nicht den Mechanismus der Lichtabsorption und demzufolge auch der photochemischen Wirkung des Lichtes uns einigermaßen klar vorstellen und müssen daher unsere Theorie noch rein beschreibend und klassifizierend zur Anwendung zu bringen versuchen. Die weit voneinander liegenden Streifen der photochemischen Absorption können mitunter auch entgegengesetzte photochemische Wirkung ausüben, wie wir es an dem Beispiel der HCl-Zersetzung und -Bildung gesehen haben. Die Elemente der vertikalen

Reihen müssen eine große Ähnlichkeit in bezug auf die innere Struktur und demzufolge auch weitgehende Übereinstimmung der photochemischen Eigenschaften haben. In der Tat lassen schon die bis jetzt bekannten Tatsachen auf interessante Gesetzmäßigkeiten schließen, über die weiter unten die Rede sein wird. Es ist nicht ausgeschlossen, daß die freien Valenzelektronen auch die Urheber der Fluoreszenz sind und daß diese als äußeres Merkmal der Photoaktivität angesehen werden können.

Kapitel V.

Die Lichtempfindlichkeit der Verbindungen. Photolyse der Alkohole, Aldehyde, Ketone, Säuren. Polymerisation der ungesättigten Verbindungen. Photochemische Umsetzungen und Synthesen. Demonstrationsversuche.

Die Lichtempfindlichkeit der Verbindungen. Enthält eine Verbindung irgendwelche Elemente, deren Valenzelektronen photochemisch nicht abgesättigt sind, so muß sie lichtempfindlich sein.

Im Wasser, H_2O, ist Sauerstoff mit zwei Valenzen an Wasserstoff gebunden; da Sauerstoff sechswertig ist, also sechs freie Valenzelektronen hat, so bleiben noch vier Valenzelektronen frei. Demnach ist diese Verbindung photochemisch ungesättigt und auch lichtempfindlich. In der Tat zersetzt sich Wasser im ultravioletten Lichte der Quarzlampe in H_2 und O. Dagegen sind im Methan CH_4 alle Valenzen des vierwertigen Kohlenstoffs an einwertigen Wasserstoff gebunden. Diese Verbindung ist vollständig abgesättigt, und demzufolge muß sie in reinem Zustande, also bei Abwesenheit anderer Körper, wie Cl_2, O_2, H_2O usw. und irgendwelcher Katalysatoren, lichtbeständig sein. Tatsächlich konnten Berthelot und Gaudechon keine Zersetzung oder Polymerisation von Methan im ultravioletten Lichte herbeiführen. Die ganze Paraffinreihe muß aus denselben Gründen lichtbeständig sein, desgleichen die Zyklomethylene, wie Zyklohexan usw. In der Literatur liegen noch keine experimentellen Angaben über die Lichtempfindlichkeit dieser Verbindungen vor. Ersetzt man aber bei diesen lichtbeständigen Körpern den Wasserstoff durch Cl, Br, J, O, S oder andere valenzelektronenreiche Elemente oder Radikale, so werden sie photoaktiv. Äthan ist beständig, dagegen Äthyljodid schon nicht mehr, Methan ist beständig und Tetrachlorkohlenstoff CCl_4 nicht usw. usw. Die Silberhaloide, $AgNO_2$, Ag_2CO_3, AgN_3 usw., sind sehr lichtempfindlich, dagegen $AgNO_3$ fast gar nicht. Es ist, ähnlich dem KNO_3, u. a. Nitraten nur im äußersten Ultraviolett schwach lichtempfindlich.

Der Grund dieser merkwürdigen Tatsache ist in der besonderen Koordinierung der Valenzelektronen der Ag-, N- und O-Atome zu suchen, die in diesen Verbindungen weitgehend, wenn auch nicht vollständig, gegenseitig absättigen.

Alle diese Erscheinungen können wir sehr leicht demonstrieren, indem wir die oben erwähnten Körper einmal durch Sonnenlicht oder starke Halbwattlampe und ein andermal mit Quarzlicht belichten; im letzten Falle müssen wir auch Quarzgefäße nehmen. Man kann auch nur mit Quarzlicht arbeiten, dann müssen wir für Prüfung der ersten Versuchsreihe Glasgefäße aus starkem, für Ultraviolett undurchlässigen Glas verwenden. Nehmen wir z. B. CCl_4; dasselbe gibt, wenn es rein ist, mit KJ keine Jodausscheidung. Nach kurzem Belichten mit Quarzlicht scheidet sich J_2 aus, was auf das Vorhandensein des freien Chlors hinweist; die Lösung wird außerdem noch braun.

Die unlöslichen Silbersalze werden dunkelviolett. Die $AgNO_3$-Lösung, wenn sie frei von organischen Staubteilchen ist, bleibt lange Zeit unveränderlich, sogar im Quarzlichte. Die festen Kristalle dunkeln schwach nach, erst nach langer Belichtung mit Quarzlicht. Vermutlich bildet sich erst $AgNO_2 + O$. Das erstere ist sehr lichtempfindlich und wird dunkelviolett.

Die Mischung von reinem $HgCl_2$ und Ammoniumoxalat ergibt eine Kalomelausscheidung nur nach sehr langem Belichten in gewöhnlichem Lichte; im Quarzlichte etwas schneller. Beim Zusatz von $FeCl_3$ erfolgt eine starke Ausscheidung von Kalomel auch bei gewöhnlichem Lichte in kurzer Zeit.

In der letzten Zeit entstand eine Polemik zwischen Winther und Eder in bezug auf die Lichtempfindlichkeit der Ederschen Lösung. Winther behauptet auf Grund seiner Versuche, daß die Edersche Lösung an sich nicht lichtempfindlich sei, sondern nur infolge der vorhandenen Spuren von Eisensalzen. Eder findet wiederum, daß auch die aus reinsten Präparaten hergestellte Lösung im Ultraviolett lichtempfindlich ist, und daß der Zusatz von Eisensalzen die Lichtempfindlichkeit erhöht und die Lichtempfindlichkeitsgrenze bis in den sichtbaren Teil des Spektrums verschiebt. Vom Standpunkte unserer Anschauungen können wir diese Frage zugunsten von Eder entscheiden und zwar aus folgenden Gründen. Die primäre Reaktion besteht im Zerfall des Quecksilberoxalates $2HgC_2O_4$ in $Hg_2C_2O_4 + 2CO_2$. Quecksilber ist hier abgesättigt, dagegen Sauerstoff in dem Oxalatradikal nicht. Deshalb muß diese Verbindung lichtempfindlich sein und zwar im ultravioletten Lichte.

Eisensalze sind auch lichtempfindlich, weil das Eisen nicht vollständig abgesättigt ist und noch freie Valenzen besitzt; es ist gegen das sichtbare Licht empfindlich. Deshalb muß ein Eisensalzzusatz den Spektralbereich der Empfindlichkeit nach dem sichtbaren Ende des Spektrums verschieben, d. h. einen neuen Streifen der photochemischen Absorption einführen und eine Vergrößerung des Zerfalls herbeiführen, was nach Eder auch in der Tat eintritt.

Was die Richtung des Reaktionsverlaufes bei den Lichteinwirkungen anbetrifft, so ist anzunehmen, daß die Tendenz besteht, photochemisch gesättigte Verbindungen zu bilden. In diesem Falle müssen die Vorgänge einseitig verlaufen, d. h. irreversibel sein; ist dies aber nicht der Fall, so können stationäre Gleichgewichtszustände eintreten, die durch das Licht verschiedener Wellenlänge, unter Umständen auch durch Temperatur, nach der einen oder anderen Richtung hin geleitet werden können. Es ist klar, daß die „Angriffsstelle" der Lichteinwirkung an den Stellen liegen muß, wo die „ungesättigten" Elemente oder Radikale sich befinden. An diesen Stellen erfolgt die Lockerung der Verbände, der Eintritt neuer Gruppen unter dem Lichteinflusse oder Zersplitterung des Moleküls in kleinere Bestandteile. Im folgenden sollen nun die obigen Schlußfolgerungen an dem vorhandenen Versuchsmaterial geprüft werden, und zwar wollen wir hier nur die charakteristischsten Reaktionstypen näher behandeln und von dem dargelegten Standpunkte aus betrachten und prüfen.

I. Photolyse. 1. Aldehyde $R \cdot C(H):O$, Ketone $(R_1)(R_2)C:O$ und Alkohole $(R_1)(R_2)CHOH$.

Der Sauerstoff besitzt hier noch vier freie Valenzelektronen. Demzufolge wird an dieser Stelle das Molekül vom Lichte angegriffen, und es wird das Bestreben bestehen, den Sauerstoff samt dem Kohlenstoff aus dem Verbande loszureißen. Da dabei eine vollständig gesättigte Verbindung entstehen kann, so muß die Photolyse, z. B. bei den Ketonen, nach dem Schema verlaufen:

$$R_1 \cdot C:O \cdot R_2 \longrightarrow R_1 \cdot R_2 + CO.$$

So zersetzt sich Azeton auf folgende Weise:

$$CH_3COCH_3 \longrightarrow CH_3 \cdot CH_3 + CO.$$

Ist aber ein anderer Körper zugegen, so wird er die Tendenz haben, an dieser Stelle mit dem einen Teil des Moleküls sich zu verbinden, wobei der andere Teil eine gesättigte Verbindung ergeben muß.

Nimmt man z. B. als Hilfskörper Wasser an, so erhalten wir eine Hydrolyse, die nach folgendem Schema verlaufen muß:

$$R_1 \cdot COR_2 + H_2O \longrightarrow R_1 \cdot C(:O)OH + R_2H,$$

d. h. es muß eine Säure und ein vollständig gesättigter lichtbeständiger Kohlenwasserstoff sich bilden. So wird z. B. Azeton auf folgende Weise hydrolysiert:

$$CH_3COCH_3 + H_2O \longrightarrow CH_3COOH + CH_4.$$

Die Säuren zersetzen sich, wie wir weiter unten sehen werden, unter Bildung von Kohlensäure, so daß diese Reaktion als eine Zwischenstufe angesehen werden muß. Als Endresultat erhalten wir demzufolge:

$$R_1COR_2 + H_2O \longrightarrow R_1H + R_2H + CO_2,$$

d. h. zwei vollständig lichtbeständige Verbindungen. Bei kompliziert gebauten Molekülen sind auch andere Fälle denkbar, nämlich, daß während des Zerfalls noch Umlagerungen und Synthesen stattfinden.

So zerfällt z. B. Pinakolin in Azetaldehyd und Butylen:

$$CH_3 \cdot CO \cdot C(CH_3)_3 \longrightarrow CH_3CHO + CH_3 \cdot C(:CH_2) \cdot CH_3.$$

In diesem Falle entsteht wieder ein ungesättigtes Gebilde, das weiteren Umsetzungen unterliegt.

Die Aldehyde zersetzen sich nach der allgemeinen Formel $R \cdot C(H):O = RH + CO$. Es bildet sich dabei ein lichtbeständiger gesättigter Kohlenwasserstoff RH. So zersetzt sich z. B. Önanthol (Heptanol) in Hexan und Kohlenoxyd:

$$CH_3(CH_2)_5 \cdot CHO \longrightarrow CH_3(CH_2)_4CH_3 + CO.$$

Die Alkohole zerfallen nach denselben Regeln:

1. $R \cdot CH_2OH \longrightarrow RH + CO + H_2.$

2. $R_1 \cdot CHOH \cdot R_2 \longrightarrow \begin{cases} R_1R_2 + CO + H_2 \\ R_1H + R_2H + CO \end{cases}$

Es bilden sich die lichtbeständigen Verbindungen RH, R_1R_2 und H_2. Obgleich CO ungesättigt ist, ist es doch derart beständig, daß das gewöhnliche Licht es nicht zu zersetzen vermag.

2. Organische Säuren $R \cdot C(:O)OH$. Diese enthalten zwei Sauerstoffatome, bei denen nur je zwei Valenzelektronen abgesättigt sind; also bei jedem sind noch vier Valenzelektronen frei, die durch das Licht angegriffen werden. Da sie aber am Kohlenstoff sehr fest haften, so werden sie das Bestreben haben, bei ihrer Loslösung aus

der Verbindung auch das C-Atom mitzureißen. Dies kann um so leichter geschehen, weil nach der Entfernung des CO_2, als Rest eine photochemisch vollständig gesättigte Verbindung übrigbleibt. Demzufolge muß im Lichte die Reaktion stattfinden:

$$RCOOH = RH + CO_2 .$$

Das trifft auch in der Tat zu. Da bei dieser Reaktion eine vollständig gesättigte Verbindung sich bildet, die durch das Licht nicht angegriffen wird, so ist dieser Vorgang irreversibel, z. B. Essigsäure zerfällt in Methan und CO_2:

$$CH_3COOH \rightarrow CH_4 + CO_2 .$$

Kompliziert gebaute Säuren oder solche, die andere ungesättigte Elemente enthalten, bilden noch verschiedene andere einfacher gebaute, aber mitunter auch ungesättigte Verbindungen. So zersetzt sich z. B. a-Phenylmilchsäure nach folgendem Schema:

$$CH_3 \cdot C(OH)(C_6H_5)COOH \longrightarrow CO_2 + H_2 + CH_3 \cdot CO \cdot C_6H_5 .$$

Es bildet sich somit ein Keton, das nach unseren vorherigen Angaben noch weiter zersetzt werden kann. Das Versuchsmaterial über die Photolyse verdanken wir in erster Linie den französischen Forschern Berthelot und Gaudechon. Berechnen wir die Verbrennungswärmen der Ausgangsstoffe und der sich nach der Photolyse bildenden Produkte, so erhalten wir das Resultat, daß das neue System einen größeren Energievorrat besitzt, d. h. daß die „irreversible“ Photolyse ein „arbeitspeichernder“ Vorgang ist.

3. Diazoverbindungen $R \cdot N:NX$. An den Stickstoffatomen der Diazoverbindungen sind je drei Valenzen abgesättigt, also noch zwei Valenzen frei. Demzufolge müssen diese Verbindungen lichtempfindlich sein und ihre Angriffsstelle bei der Doppelbindung haben. Die Reaktion muß nach folgender Gleichung verlaufen:

$$R \cdot N:N \cdot X \longrightarrow R \cdot X + N_2 .$$

Auch diese Reaktionen führen zu gesättigten Verbindungen und sind deshalb irreversibel.

II. Polymerisation. Ungesättigte Kohlenwasserstoffe $(R_1)(R_2)C:C(R_3)(R_4)$.

Hier ist nur der doppelt gebundene Kohlenstoff als ungesättigt anzusehen. Es ist anzunehmen, daß eine vollständige Absättigung zweier Kohlenstoffatome miteinander durch je ein Valenzelektron erfolgt, während die anderen entweder frei oder sehr locker miteinander verbunden sind. Demzufolge wird an dieser Stelle das Molekül angegriffen.

Ein Zerfall in zwei Teile ist hier unmöglich, weil dadurch noch ungesättigtere Gebilde entstehen würden, daher bleibt nur der Weg der gegenseitigen Absättigung der Moleküle untereinander unter Bildung geschlossener Ringsysteme übrig:

$$\begin{array}{c} R_2R_1C:CR_3R_4 \\ \\ R_2R_1C:CR_3R_4 \end{array} \longrightarrow \begin{array}{c} R_2R_1C-CR_3R_4 \\ \quad | \qquad\quad | \\ R_2R_1C-CR_3R_4 \end{array}$$

oder

$$\begin{array}{c} R_2R_1C-C(R_3R_4)\ldots\ldots -CR_1R_2 \\ | \qquad\qquad\qquad\qquad\qquad | \\ R_3R_4C-C(R_1R_2)\ldots\ldots -CR_3R_4 \end{array} \quad \text{usw.}$$

Die Ringe können aus 4·6·8 usw. Kohlenstoffatomen bestehen. Über die Bedingungen, unter denen die eine oder andere Ringform entsteht, läßt sich gegenwärtig noch nichts sagen. Wie ersichtlich, handelt es sich hier um eine große Gruppe Photopolymerisationserscheinungen, die mitunter sehr interessante und technisch sehr wichtige hochmolekulare Produkte, wie Öle, Harze, Kautschuke liefern können. Es ist anzunehmen, daß die Photopolymerisation arbeitsleistende Vorgänge sind. Sind die Radikale R_1 R_2 ... gesättigt, so muß der Vorgang irreversibel sein. Im widrigen Falle könnten auch Gleichgewichte entstehen, die durch verschiedene Wellenlängen nach der einen oder anderen Seite hin verschoben werden.

Ist Sauerstoff zugegen, so wird das Molekül an der Stelle der Doppelbindung zerrissen, und es erfolgt eine Oxydation der beiden oder des einen Teiles des Moleküls. Ähnlich verhalten sich die Verbindungen der Azetylenreihe. Ist die Erschütterung der freien oder locker gebundenen Valenzelektronen nicht stark genug, um eine gesättigte Ringbindung herbeizuführen, so erfolgt eine stereochemische Umlagerung nach der Formel:

$$\begin{array}{c} R_1\cdot C\cdot R_2 \\ \| \\ R_3\cdot C\cdot R_4 \end{array} \longrightarrow \begin{array}{c} R_2\cdot C\cdot R_1 \\ \| \\ R_3\cdot C\cdot R_4 \end{array}.$$

Maleinsäure z. B. erleidet bei nicht zu starker Lichteinwirkung keine Polymerisation, sondern eine Umwandlung in Fumarsäure:

$$\begin{array}{c} H\cdot C\cdot COOH \\ \| \\ H-C\cdot COOH \end{array} \longrightarrow \begin{array}{c} HOOC-C-H \\ \| \\ H-C-COOH \end{array}$$

Für derartige photochemische Umsetzungen sind viele Beispiele bekannt. Die Erscheinung der Phototropie scheint in Mehrzahl zu dieser Klasse zu gehören. Befinden sich die ungesättigten Valenzelektronen der Doppelbindung an anderen Atomen, so kann auch eine intramolekulare Umlagerung stattfinden. So verwandeln sich meistens die Nitroverbindungen in Nitrosoverbindungen:

$$RNO_2C(:O)H \longrightarrow RNOC(:O)(OH).$$

Zusammenfassung: Wir können für den Verlauf der Lichtreaktionen der oben besprochenen Gruppen folgendes Schema aufstellen:

Tabelle 4.

Säuren	R_1COOH	$\longrightarrow$	$RH + CO_2$
Aldehyde	R_2COH	$\longrightarrow$	$RH + CO$
Alkohole	R_1CH_2OH	$\longrightarrow$	$RH + CO + H_2$
Ketone	R_1COR_2	$\longrightarrow$	$R_1R_2 + CO$
Diazoverbindungen	$R_1N_2R_2$	$\longrightarrow$	$R_1R_2 + N_2$
Polymerisationen	$n(R_1C{=}CR_2)$	$\longrightarrow$	$(R_1C{-}CR_2)_n$

Demonstrationsversuche. 1. Wir können die Polymerisation im Lichte durch folgende zwei lehrreiche Versuche demonstrieren. Nehmen wir Styrol $C_6H_5 \cdot HC:CH_2$ (d. h. Vinylbenzol) und belichten es in einem Quarzreagenzzylinder mit dem Lichte der Quarzlampe. Die Flüssigkeit wird immer dickflüssiger und muß stark gerührt werden. Man belichtet so lange, bis man noch rühren kann. Es bildet sich ein hellgelbliches Harz, das beim Erkalten fest glasig wird. Dieselbe besteht aus einer Mischung von festem pulvrigen Metastyrol und Styrol. Die Größe der Ringstruktur des Metastyrols ist noch nicht sicher bestimmt worden. Beim Erhitzen ohne Belichten wird es wieder in Styrol umgewandelt, d. h. daß wir hier mit einem photochemischen Gleichgewicht zu tun haben, in dem durch die äußersten ultravioletten Strahlen ein Produkt gebildet wird, das durch Temperatur wieder zersetzt wird. Bei tieferen Temperaturen und starkem Lichte überwiegt der erste Vorgang. Auch Strahlen anderer Welllenlängen zersetzten das Metastyrol (Stobbe). Dies rührt daher, weil das Radikal C_6H_5 photochemisch ungesättigt ist.

2. Zum zweiten Versuch nehmen wir das Vinylchlorid oder Bromid $CH_2{=}CHCl$, das leicht aus Äthylenchlorid (-bromid) und KOH herzustellen ist. Eine $10\,\%$ige Lösung in Äthyl- oder Methylalkohol wird mit Quarzlicht belichtet. In kurzer Zeit entsteht im Reagenzzylinder aus Quarz eine starke weiße Trübung von dem gebildeten Polymerisationsprodukt, die folgende Formel hat: $(CH_2{-}CHCl)_{16}$ und das

Erythrenkautschukchlorid repräsentiert. Viel besser gelingt dieser Versuch in der von Plotnikow angegebenen Versuchsanordnung. Dazu wird eine neue vertikale Form der Quarzlampe benutzt (vgl. Abb. 19). Sie wird in ein doppelwandiges Quarzreaktionsgefäß eingesteckt. Im inneren Gefäß fließt zur Konstanthaltung der Temperatur destilliertes Wasser durch, in dem äußeren befindet sich die Vinylchloridlösung. In wenigen Minuten ist das ganze Gefäß voll weißer Flocken von Kautschukchlorid (bzw. -bromid). Weiter hat

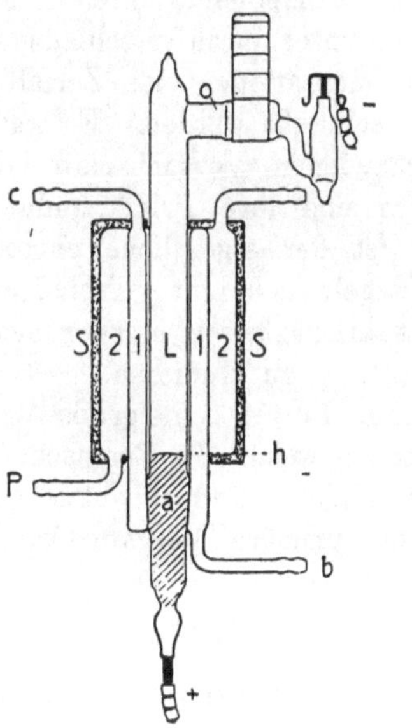

Abbildung 19.

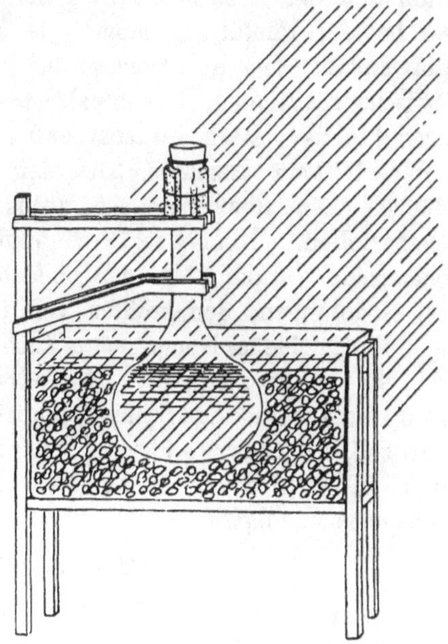

Abbildung 20.

Plotnikow gefunden, daß, wenn man zu Vinylchloridlösung etwa 3 bis $^1/_2$ % Uranylnitrat zusetzt, eine sehr schnelle Polymerisation auch im Sonnenlichte erfolgt. Dieser Versuch ist besonders geeignet zu Demonstrationen, zu welchem Zwecke man einen etwa 5-Literkolben nimmt (Abb. 20). Auch im Kohlenbogenlichte erfolgt sie, aber langsamer, weil das Licht der Kohlenbogenlampe viel schwächer ist. Es beträgt gewöhnlich etwa 4—8000 Hefnerkerzen, und das der Sonne im hellen Sommertage etwa 100000 HK.

3. Als Beispiel für intramolekulare Umlagerung im gewöhnlichen Lichte kann eine Xylollösung von Nitroterephthalaldehyd dienen.

Die sich bildende Nitrosophthalaldehydsäure fällt in Flocken aus. Die Reaktion erfolgt nach dem Schema:

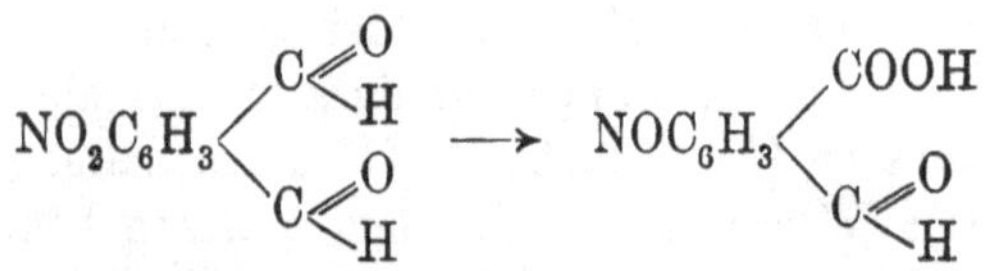

und ist sehr lichtempfindlich.

III. Photochemische Umsetzungen und Synthesen. Hier ist der Stoff und der Reaktionsverlauf viel mannigfaltiger und verwickelter, als bei der Photolyse, indem jede Reaktionskomponente ihren Einfluß ausübt. Der Reaktionsverlauf kann mitunter durch verschiedene Zwischenreaktionen, Nebenreaktionen, Kondensationen der Zerfallprodukte usw. stark verdeckt und auch beeinflußt werden. Es war demnach kein Leichtes, aus dem vorhandenen Versuchsmaterial die gleichen Reaktionstypen abzusondern und ihre Primärstadien festzustellen. Denn das Primärstadium ist der eigentliche photochemische Vorgang, der den einfachen Regeln gehorcht. Trotzdem ist es gelungen, den größten Teil in Reaktionsklassen einzuordnen und ihren Mechanismus, wenn auch qualitativ, zu studieren.

1. Hydrierung und Dehydrierung. Es gibt eine große Anzahl von Verbindungen, hauptsächlich Ketone, welche die Eigenschaft besitzen, im Lichte anderen Verbindungen Wasserstoff zu entziehen und an sich chemisch zu binden. Der primäre Vorgang kann schematisch folgenderweise ausgedrückt werden:

$$—C{:}O + H \longrightarrow \,=\, C\cdot OH.$$

Der Wasserstoff verbindet sich also mit dem Sauerstoff, wodurch beim Kohlenstoff eine Valenz frei wird. Demzufolge muß eine Kondensation, Polymerisation oder irgendwelche sonstige Anlagerung stattfinden. Meistens bilden sich dabei die Pinakone. Der Wasserstoff wird beispielsweise einem Alkohol entrissen, der sich in Aldehyd verwandelt. Diesen Prozeß können wir folgendermaßen veranschaulichen:

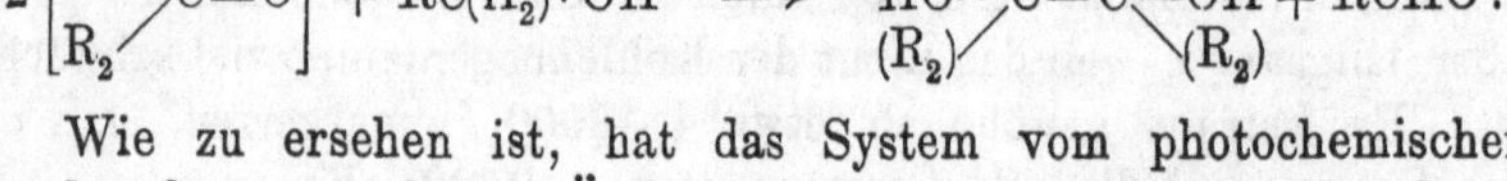

Wie zu ersehen ist, hat das System vom photochemischen Standpunkte aus keine Änderung des ungesättigten Charakters erfahren. Die beiden Systeme enthalten je zwölf freie Valenzelektronen, die am Sauerstoffe haften. Es ist anzunehmen, daß diese Reaktion nur eine Zwischenstufe zu weiteren Umsetzungen bildet. Daß sie überhaupt entsteht, kann man auf diese Weise erklären, daß sich ein energieärmeres Gebilde bildet. Daß die Aldehyde sich unter Bildung von CO und RH zersetzen können, ist uns schon bekannt. Wie die Pinakone sich weiter photochemisch zersetzen können, wissen wir noch nicht, aber wir können vermuten, daß sich unter Abspaltung von CO gesättigtere Verbindungen bilden werden.

Aus Chinon entsteht z. B. unter diesen Umständen Hydrochinon und Aldehyd:

$$O:C_6H_4:O + RCH_2OH \longrightarrow HO \cdot C_6H_4 \cdot OH + RCHO.$$

Ahnlich verhalten sich auch andere zyklische Ketone und auch Aldehyde, die sich nach folgendem Reaktionsschema umsetzen:

$$2RCHO + 2H \longrightarrow RCH(OH)CH(OH)R.$$

Die Doppelbindungen können Wasser addieren, indem sie in Alkohole übergehen:

$$R_1CH{=}CHR_2 + H_2O \longrightarrow R_1CHOH{-}CH_2R_2.$$

In diesem Falle bildet sich ein gesättigteres System, da die Doppelbindung verschwindet.

2. Oxydationen. Auch bei den zahlreichen Photooxydationen wird das Molekül dort angegriffen, wo sich die ungesättigten Elemente befinden.

So werden z. B. die Aldehyde und die Alkohole zu Säuren oxydiert. Das allgemeine Schema ist:

$$RC(H):O + O \longrightarrow RCOOH;$$

$$RCH_2OH + 3O \longrightarrow RCOOH + H_2O_2.$$

Es bildet sich meistens Wasserstoffperoxyd, falls Wasserstoff aus dem Molekül entfernt und oxydiert wird, wie ja bei jeder Oxydation von H_2 zuerst H_2O_2 als Zwischenstufe entsteht. Die Ketone werden an der CO-Stelle gespalten und der Rest zu Aldehyd bzw. weiter zu Säure oxydiert. Die Säuren spalten anfangs CO_2 ab, also es erfolgt anfangs eine Photolyse, und in diesem Moment wird das Molekül zu Aldehyd oxydiert. Das Aldehyd kann natürlich weiter zu Säure oxydiert und diese wieder gespalten werden usw. Das allgemeine Schema ist:

$$RCOOH \longrightarrow R \cdot H + CO_2; \quad RH + O \longrightarrow RHO.$$

Nehmen wir z. B. Zitronensäure; sie zersetzt sich folgendermaßen:

$$COOH \cdot CH_2 \cdot C(OH)(COOH) \cdot CH_2 \cdot COOH + O \longrightarrow$$
$$\longrightarrow 3CO_2 + CH_3COCH_3 + H_2O.$$

Das erste Stadium besteht in der Abspaltung von CO_2, der übrig gebliebene sekundäre Alkohol wird zu Keton weiter oxydiert. Das Keton kann unter Freiwerden von CO zu Äthan zersetzt werden. Die Aminosäuren liefern dabei noch freies NH_3 nach dem Schema:

$$NH_2 \cdot C(R)(H) \cdot COOH + O \longrightarrow CO_2 + NH_3 + RCHO.$$

So zersetzt sich z. B. Alanin folgenderweise:

$$(CH_3)NH_2 \cdot C(H) \cdot COOH + O = CO_2 + NH_3 + CH_3 \cdot CHO.$$

Auch in diesen Fällen ist die Zahl der freien Valenzelektronen auf beiden Seiten dieselbe, d. h. wir erhalten noch keine photochemisch gesättigtere Systeme, aber wahrscheinlich energetisch stabilere.

Der Charakter der Photooxydation kann je nach Versuchsbedingungen ein verschiedener sein. Entweder kann das primäre Stadium in der Photolyse bestehen und die zerfallenen Bestandteile reagieren mit dem Sauerstoff in statu nascendi. Oder es tritt Sauerstoff als photoaktive Komponente auf und greift das Molekül an. Oder es kann beides zugleich geschehen.

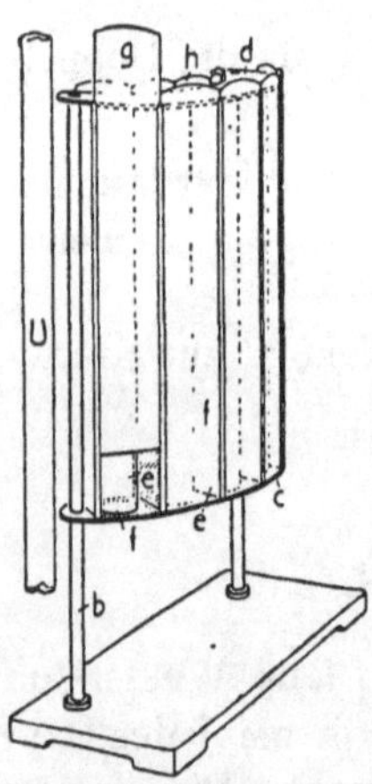

Abbildung 21.

Das zahlreiche Versuchsmaterial über Photosynthesen verdanken wir in erster Linie den italienischen Gelehrten Ciamician und Silber.

Demonstrationsversuche. 1. Als Beispiel für Photooxydation durch reinen Sauerstoff können folgende Beispiele dienen. Belichten wir in dem Belichtungsapparate, der in der Abbildung 21 abgebildet ist, Lösung von Jodoform in Benzol oder Tetrachlorkohlenstoff, oder saure Lösung von KJ, so werden wir in beiden Fällen eine Ausscheidung von Jod konstatieren, in beiden Fällen erfolgt eine Oxydation durch den in dem Lösungsmittel gelösten Sauerstoff der Luft. Die zweite Reaktion erfolgt nach einfachem Schema:

$$2HJ + O = H_2O + J_2,$$

weil aus KJ + HCl sich KCl und HJ bildet. Der Mechanismus der ersten Reaktion ist viel komplizierter.

Die im Dunkeln aufbewahrten Teile dieser Lösungen zeigen uns, daß das Jodoform vollständig unverändert geblieben ist, dagegen die Jodwasserstofflösung Jod, wenn auch bedeutend weniger, ausgeschieden hat. Dagegen verändert sich die schon belichtete Jodoformlösung auch weiter im Dunkeln, aber mit viel geringerer Geschwindigkeit. Bei Jodoform haben wir mit einer sogenannten Nachwirkung zu tun, d. h., daß während der Belichtung sich Dunkelkatalysatoren bilden, die die Reaktion auch weiter nach Abblendung des Lichtes fortgehen lassen. Bei Jodwasserstoff haben wir mit einer Reaktion zu tun, die im Dunkel verläuft und im Lichte nur beschleunigt wird; hört die Belichtung auf, so setzt sich die Reaktion weiter mit der früheren Dunkelgeschwindigkeit fort.

2. Oxydator braucht nicht immer reiner Sauerstoff zu sein, sondern auch photochemisch-aktive sauerstoffreiche Verbindungen, wie z. B. Bichromate oder Chromate können diese Rolle übernehmen. Dies können wir auf folgende einfache Weise demonstrieren. Lösen wir im Alkohol Kaliumbichromat und setzen es dem Lichte aus, so wird kurzer Zeit die klare gelbe Lösung trübe. Es scheidet sich ein kompliziertes Chromchromid von brauner Farbe aus und man spürt den Geruch von Aldehyd. Nimmt man Ammoniumbichromat, so bildet sich noch freier Ammoniak; die Glyzerinlösung wird grün. Die Oxalsäure, Weinsäure, Ameisensäure usw. zersetzen sich. Man kann eine Reihe schöner Versuche mit den Bichromaten zeigen. Nehmen wir z. B. eine ausfixierte photographische Platte, tauchen sie im Dunkeln in eine Bichromatlösung, trocknen sie dann und belichten später unter irgendeiner Schablone aus schwarzem Papier, z. B. einem Kreuz, so wird an dieser Stelle die Gelatine unlöslich. Beim Waschen mit heißem Wasser löst sich die ganze Gelatine, außer der an belichteten Stellen, auf, und wir erhalten ein Reliefkreuz. Tauchen wir die Platte in irgendeinen Farbstoff, so färbt sich das Kreuz. Diese Eigenschaft der Gelatine hat eine große technische Verwendung bei der Lichtreproduktionstechnik erhalten. Reine wäßrige Lösungen von Chromaten oder Bichromaten verändern sich jahrelang nicht.

3. Photochlorierungen und -bromierung. Die Reaktion besteht darin, daß Wasserstoff durch Chlor ersetzt wird und der freiwerdende Wasserstoff mit dem freien Chlor zu Chlorwasserstoff sich verbindet:

$$\underset{}{R} - \underset{6^0}{H} + \underset{6^0}{Cl} - Cl \longrightarrow R - \underset{6^0}{Cl} + H - \underset{6^0}{Cl}.$$

Wie zu ersehen ist, erhält man kein photochemisch gesättigteres System, sondern die Zahl der freien Valenzelektronen bleibt dieselbe, nämlich 12. Das HCl entweicht und die Reaktion schreitet immer weiter. Wie die Reaktion in geschlossenen Gefäßen und unter Einwirkung der Strahlen von verschiedenen Wellenlängen verlaufen würde, ist unbekannt. Es ist anzunehmen, daß in diesem Falle auch eine weitere Zersetzung der Chloride stattfinden würde.

Betrachten wir die Chlorierung von Benzol näher; hier sind zwei Möglichkeiten vorhanden. Entweder wird Chlor addiert und es bildet sich Benzolhexachlorid:

$$\underset{6^0}{C_6H_6} + \underset{36^0}{3\,Cl_2} = \underset{36^0}{C_6H_6Cl_6},$$

wobei die sechs freien Valenzen des Kohlenstoffs abgesättigt werden und ein gesättigteres System entsteht, oder es wird Chlor substituiert:

$$C_6H_6 + Cl_2 \longrightarrow C_6H_5Cl + HCl.$$

In letzterem Falle erfolgt keine Änderung der Zahl der freien Valenzelektronen, aber das HCl entweicht und erleichtert so das Fortschreiten der Reaktion in dieser Richtung. Welche von diesen beiden Reaktionen eintritt, hängt von den Versuchsbedingungen ab. Bei der Chlorierung von reinem Benzol bildet sich vorzugsweise das Hexachlorid; zu gleicher Zeit entsteht auch in geringen Mengen Benzylchlorid. Ähnlich verhält sich Thiophen und seine Derivate, die Chlor vorzugsweise in die Seitenkette substituieren. Die Chlorierung von H_2O verläuft nach folgendem Schema:

$$\underset{20^0}{2\,ClOH} + \underset{12^0}{2\,HCl} \longleftarrow \underset{8^0}{2\,H_2O} + \underset{24^0}{2\,Cl_2} \longrightarrow \underset{24^0}{4\,HCl} + \underset{8^0}{O_2}.$$

In beiden Fällen haben wir 32 freie Valenzelektronen. Die Reaktion kann deshalb, je nach Versuchsbedingungen, nach beiden Richtungen verlaufen. Die Bromierungen verhalten sich ganz ähnlich, wie die Chlorierungen.

Als ein gutes Demonstrationsbeispiel der Photochlorierung kann die Zersetzung des in der Kälte gesättigten Chlorwassers ($Cl_2 + H_2O$) dienen. Bei starkem Belichten erfolgt ein starkes Perlen, infolge des Freiwerdens des Sauerstoffs nach dem Schema:

$$Cl_2 + H_2O \longrightarrow 2\,HCl + O.$$

Zu Demonstrationszwecken sind die Bromierungen besonders geeignet. Belichten wir eine Bromlösung in Benzol oder Alkohol, so bleicht sie sehr schnell im Lichte aus. Am anschaulichsten ist das so zu machen, daß wir als Lichtquelle die Uviollampe nehmen und ihr parallel ein etwa 30—40 cm langes Rohr mit der Lösung aufstellen, oder den Belichtungsapparat Abbildung 22 verwenden. Man kann den Versuch auch auf die Weise modifizieren, daß man die Uviollampe in ein Glasrohr einbringt und das alles in die Reaktionslösung eintaucht, wie es in der Abbildung 22a abgebildet ist. Auf diese Weise erzielt man eine maximale Ausnutzung der Lampen-

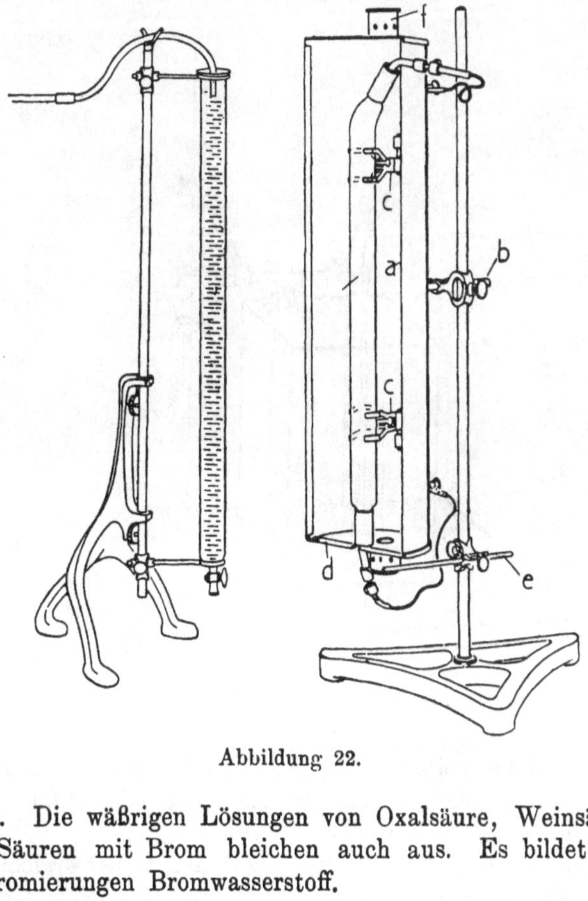

Abbildung 22.

strahlung. Die wäßrigen Lösungen von Oxalsäure, Weinsäure und anderen Säuren mit Brom bleichen auch aus. Es bildet sich bei diesen Bromierungen Bromwasserstoff.

Eine Lösung von Zimtsäure und Brom in CCl_4 gelöst bleicht auch aus. Hier haben wir aber keine Substitution, sondern eine Additionsreaktion. Brom wird vollständig addiert nach dem Schema:

$$C_6H_5CH:CHCOOH + Br_2 = C_6H_5CHBr - CHBrCOOH.$$

Nimmt man aber α-Phenylzimtsäurenitril

$$C_6H_5CH:CC_6H_5CN,$$

so werden wir nur eine Farbabschwächung beobachten, weil hier die Addierung nicht bis zu Ende geht, sondern sich ein Gleichgewicht einstellt; je stärker das Licht und je tiefer die Temperatur ist, desto mehr bleicht es aus. Im Dunkel stellt sich ein anderes Gleichgewicht ein, das im Lichte verschoben werden kann. Durch Einstellen in die Zimtsäure der Radikale CN und C_6H_5 ist die Fähigkeit, Brom zu addieren, stark abgeschwächt worden. Die Ver-

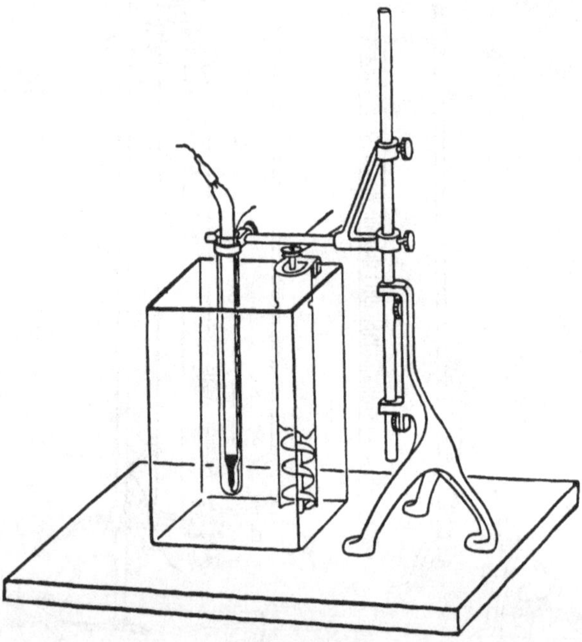

Abbildung 22a.

bindungen Dichlorstilben $C_6H_5ClC:CClC_6H_5$ und Tetrachloräthylen $CCl_2:CCl_2$ addieren im Dunkeln das Brom überhaupt nicht. Im Lichte erfolgt eine sehr geringe Addition.

In beiden Teilen der eben erwähnten Gleichgewichte ist die Zahl der freien Valenzelektronen dieselbe. Darum treten hier die gewöhnlichen energetischen Verhältnisse hervor und die Richtung des Prozesses wird auch durch diese beeinflußt.

4. Gleichgewichte. Die oben beschriebenen Gleichgewichte wurden bisher beim sichtbaren Lichte, d. h. den von Brom absorbierten blauen und violetten Strahlen untersucht. Wie sie sich im äußersten ultravioletten Lichte verhalten werden, wissen wir noch nicht.

Es ist zu erwarten, daß daselbst eine Zersetzung des Dibromides stattfinden wird. Ob dabei nur das Gleichgewicht rückgängig gemacht oder eine tiefgreifende Zersetzung stattfinden wird, kann man nicht voraussagen. Dagegen haben wir eine Reihe von Gasgleichgewichten, die gut experimentell studiert sind und die die theoretischen Forderungen erfüllen. In der Tabelle 5 sind sie zusammengestellt; durch das Licht der längeren Wellen wird das Gleichgewicht nach rechts, durch das Licht der kürzeren nach links hin verschoben.

Tabelle 5.

Es wirken die längeren Wellen		Es wirken die kürzeren Wellen
$H_2 + Cl_2$	$\rightleftarrows$	$2\,HCl$
$H_2 + Br_2$	$\rightleftarrows$	$2\,HBr$
$2\,HJ$	$\rightleftarrows$	$H_2 + J_2$
$SO_2 + O$	$\rightleftarrows$	SO_3
$CO + O$	$\rightleftarrows$	CO_2
$CO + Cl_2$	$\rightleftarrows$	$COCl_2$
$2\,O_3$	$\rightleftarrows$	$3\,O_2$
$2\,H_2 + O_2$	$\rightleftarrows$	$2\,H_2O$
$N_2 + 3\,H_2$	$\rightleftarrows$	$2\,NH_3$

Auf beiden Seiten dieser Gleichgewichte haben wir in Summa dieselbe Zahl der freien Valenzelektronen, so daß es photochemisch eigentlich belanglos ist, nach welcher Richtung der Prozeß geht. Hier entscheiden wieder die energetischen Faktoren. Die Richtung nach rechts ist ein arbeitleistender Vorgang; er erfordert weniger Energie und braucht nur beschleunigt zu werden. Dazu reicht die Energie der längeren Wellen aus. Der umgekehrte Vorgang ist arbeitspeichernd, er erfordert eine größere Energie um stattfinden zu können, und die geben ihm die kürzeren Wellen, weil, wie wir wissen, die Lichtenergie proportional der Frequenz ist.

Diese interessanten Gleichgewichte wurden von Coehn und seinen Schülern eingehend untersucht. Von diesen Gleichgewichten können manche, wie z. B. die SO_3-, Phosgen- ($COCl_2$)-Bildung eine technische Bedeutung gewinnen.

Versuchen wir auf Grund dieser Theorie uns eine Vorstellung über die möglichen Umsetzungen des O-Nitrobenzylidenazetophenons zu verschaffen. Seine Formel ist die folgende:

$$C_6H_4NO_2CH:CHCOC_6H_5 .$$

Wie wir wissen, neigt die NO_2-Gruppe zu Umlagerungen und Reduktionen, die unter Umständen bis NH gehen kann, die CO-Gruppe neigt zum Austritt und zur Spaltung des Moleküls, die Doppelbindung hat die Tendenz, Kondensationen herbeizuführen. Bei Einwirkung aller Strahlenarten können alle diese Reaktionen gleichzeitig auftreten. Und das trifft auch in der Tat zu. Nach Engler und Dorant bilden sich im Lichte Benzoesäure und Indigoblau:

$$2\,C_6H_4NO_2CH:CHCOC_6H_5 = C_6H_4\left\langle\begin{smallmatrix}CO\\NH\end{smallmatrix}\right\rangle C:C\left\langle\begin{smallmatrix}CO\\NH\end{smallmatrix}\right\rangle C_6H_4 + 2\,C_6H_5COOH .$$

Wir haben hier tatsächlich Abspaltung der Benzoesäure, die von einer Umlagerung und Kondensation begleitet wird. Der ganze Vorgang stellt uns eine Photosynthese des Indigo dar. Zum Schluß wollen wir noch auf einen Versuch aufmerksam machen, der möglicherweise in der Zukunft eine praktische Bedeutung gewinnen kann.

5. Lichtakkumulator. Die oben beschriebenen Fluoreszenzzellen (S. 36) und das CuO-Photoelement (S. 18) stellen photogalvanische Elemente dar, von denen das erste nur theoretisches Interesse besitzt, das zweite aber auch praktische Verwendung im Laboratorium finden kann. Man kann aber auch ein derartiges Photoelement konstruieren, welches gestattet, die Lichtenergie aufzuspeichern und später nach Belieben als elektrischen Strom wieder zu gewinnen. Nehmen wir z. B. die Lichtreaktion $Hg^{\cdot\cdot} + \text{Licht} \longrightarrow Hg^{\cdot} + El$ und kombinieren sie mit der Dunkelreaktion $Fe^{\cdot\cdot\cdot} + Hg^{\cdot} \longrightarrow Fe^{\cdot\cdot} + Hg^{\cdot\cdot}$. Falls die erste Reaktion schnell verläuft und die andere langsam, so können wir den zweiten Prozeß elektromotorisch ausnutzen und den Ausgleich der Ladungen durch einen Draht herbeiführen. Erläutern wir das an einem konkreten Beispiele. Nehmen wir eine Mischung von Sublimat und Ferrochlorid; im Lichte erfolgt eine Bildung von Kalomel und Ferrichlorid $FeCl_2 + HgCl_2 \rightleftarrows HgCl + FeCl_3$. Im Dunkel erfolgt aber eine langsame Reaktion in umgekehrter Richtung; dieselbe können wir elektromotorisch ausnutzen. Zu diesem Zwecke wird folgende Versuchsanordnung (Abb. 23) angewandt, die von Winther zuerst angegeben wurde. In einem unten geschlossenen Glastrichter wird eine durchlöcherte Platinplatte eingekittet, die mit

einem Platindraht, der nach außen geht, verbunden ist. Auf der Platinplatte liegt eine Schicht von platiniertem Asbest. Darauf wird eine Lösung von $FeCl_2 + HgCl_2$ (etwa 3—4 cm) aufgegossen und von oben in sehr naher Entfernung mit einer Quarzlampe belichtet. Es scheidet sich dabei Kalomel als feste Kruste ab. Beim Rühren (durch CO_2-Strom) fällt der Niederschlag nieder und lagert sich als feste Schicht auf der Asbestschicht auf. Senkt man nach der Belichtung in die obere Flüssigkeit eine blanke Platinelektrode

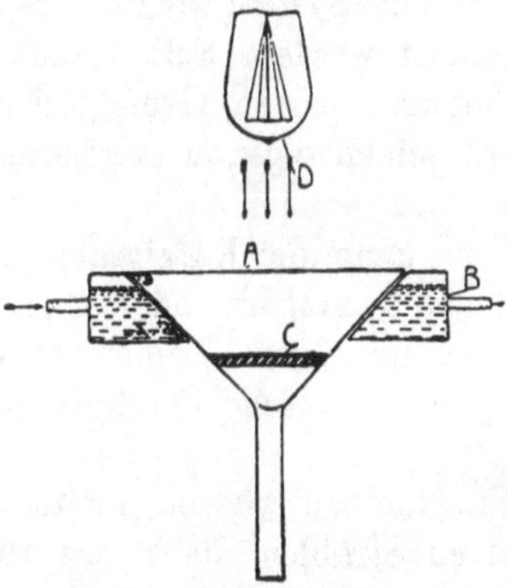

Abbildung 23.

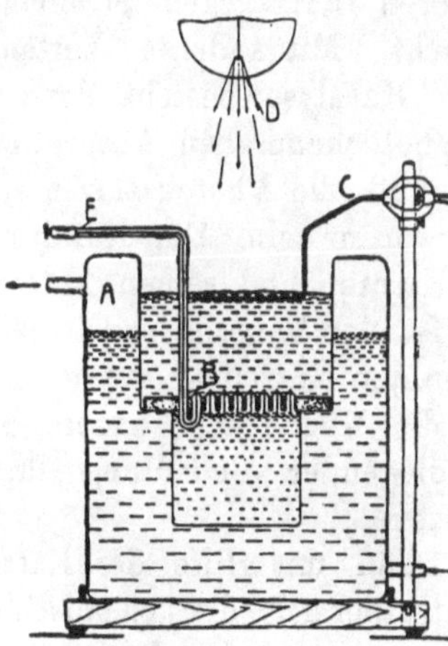

Abbildung 23a.

ein und verbindet die beiden Elektroden mit einem sehr empfindlichen Galvanometer, so erhält man einen elektrischen Strom. Die Spannung dieses Lichtakkumulators beträgt etwa 0,01 Volt; er besitzt vorläufig nur ein theoretisches Interesse. Hier sind nur die äußersten ultravioletten Strahlen wirksam. Selbstverständlich werden für die Technik nur die Lichtakkumulatoren von Bedeutung sein, die uns gestatten, die Sonnenenergie in größerer Menge aufzuspeichern. Die Abb. 23a stellt eine nach Winther modifizierte Form dar.

Kapitel VI.

Lichtkatalyse. Kontaktkatalyse. Übertragungskatalyse. Filterkatalyse. Assimilationsvorgang. Polymerisation von Vinylchlorid. Demonstrationsversuche.

Die Lichtkatalyse. Fügen wir in ein photochemisch indifferentes System valenzelektronenreiche und photochemisch ungesättigte Elemente oder Verbindungen ein, so wird dadurch das

System photochemisch ungesättigt gemacht und demzufolge wird es lichtempfindlich werden. Es ist klar, daß die photoaktivsten Elemente, nämlich Ur, Fe, Cl, Br, J usw. auch die stärksten katalytischen Wirkungen ausüben müssen. Ebenso stark wirksam müssen auch die Verbindungen sein, welche diese Elemente schwach abgesättigt und stark angehäuft enthalten. Das System braucht aber nicht unbedingt indifferent zu sein, sondern es kann auch selbst lichtempfindlich sein, dann wird es durch das Hinzufügen der Katalysatoren nur gegen Strahlen anderer Wellenlängen empfindlich gemacht. Mit anderen Worten, das innere Wesen der photochemischen Katalyse besteht darin, daß in ein System neue Streifen der photochemischen Absorption eingeführt werden. Selbstverständlich muß die Photokatalyse allen photochemischen Grundgesetzen unterworfen sein. Der Katalysator wird seinen eigenen Temperaturkoeffizienten und seinen Nutzeffekt besitzen.

Ist der Vorgang arbeitspeichernd, so kann der Katalysator entweder den Nutzeffekt des ganzen Systems vergrößern, oder es ergibt sich die Möglichkeit, andere Strahlen auszunutzen. Beides ist von grundlegender Bedeutung für die photochemische Technik und Industrie.

Denn mit Hilfe der Katalysatoren können wir einerseits den Spektralbereich der chemisch wirksamen Strahlen stark erweitern und anderseits die Reaktionen, die in reinem Zustande nur in äußersten ultravioletten Strahlen stattfinden und künstliche Lichtquellen erfordern, im sichtbaren Teile des Spektrums vor sich gehen lassen und Sonnenlicht ausnutzen. Auf diese Weise könnte unter Umständen die Benutzung der Lichtquellen für Ultraviolett vermieden und dieselben durch das Kohlenbogenlicht oder das kostenlose Sonnenlicht ersetzt werden. Bei den organischen Photosynthesen und Photolysen wird man voraussichtlich von diesen wertvollen Eigenschaften der Lichtkatalysatoren ebenfalls viel Gebrauch machen können.

Die sogenannte negative Katalyse besteht darin, daß manche Strahlen eine Reaktion verzögern; die letzte Wirkung kann dadurch erklärt werden, daß durch das Licht vorhandene positive Dunkelkatalysatoren in ihrer Wirkung durch das Licht abgeschwächt werden.

Wir können die photochemische Katalyse in folgende Klassen einteilen:

1. Kontaktkatalyse, wo der Katalysator an der indifferenten Verbindung lose anhaftet, dieselbe photoaktiv macht und nach vollzogener Umsetzung wieder ausscheidet, um an ein anderes Molekül sich anzuklammern. Als Beispiele können die Sensibilisierung von

Ozon durch Chlor, die Assimilation von CO_2 in Gegenwart von Chlorophyll, der Ederschen Lösung durch Eisensalze, photographischer Platten durch Farbstoffe, der organischen Säuren und anderer Verbindungen durch Uranylsalze, Eisensalze, die Bildung von Kautschukchlorid aus Vinylchlorid in Gegenwart von Uranylsalzen usw. dienen.

Den Mechanismus der Katalyse auf Grund des Bohrschen Modells können wir uns ebensowenig vorstellen, wie den Mechanismus der Lichtwirkung selbst; nur leise Vermutungen könnten wir aussprechen. Nehmen wir an, daß der Katalysator sich lose an das Molekül angliedert. Dann erhalten wir ein photoaktives Molekül, dessen Elektronenbahnen sich koordinieren und bei Lichteinwirkung eine Spaltung eintritt, während welcher der Katalysator abfällt. Es ist aber auch der Fall denkbar, daß der Katalysator sich nicht angliedert aber durch das von ihm absorbierte Licht er seine Elektronen derart kräftig verschieben oder erschüttern kann, daß sie auf die in der Nachbarschaft sich befindenden Moleküle des Reaktionskörpers einwirken, indem sie bei diesen die Elektronen ebenfalls aus ihren Bahnen verdrängen oder anderswie beeinflussen und dem Molekül, man möchte sagen, eine Quantenanregung, verleihen. Dadurch wird der Körper photoaktiviert und ist imstande, chemische Umsetzungen zu vollführen. Entsteht ein Katalysator während der Reaktion, so haben wir die photochemische Autokatalyse, die positiv oder negativ sein kann.

2. Übertragungskatalyse, wo durch Zusatz eines fremden Körpers die Reaktion in eine Reihe von Teilreaktionen zerlegt wird, deren Geschwindigkeit größer als die der Grundreaktion ist. Als Beispiel kann hier die Oxydation der phosphorigen Säure dienen, bei der der Jodwasserstoff als photochemischer Übertragungskatalysator dient, indem er dieselbe in zwei Teilreaktionen:

1. $2HJ + O = H_2O + J_2$ (lichtempfindlich),
2. $H_2O + J_2 + H_3PO_3 = H_3PO_4 + 2HJ$

zerlegt, deren Geschwindigkeiten viel größer als die der Grundreaktion $H_3PO_3 + O = H_3PO_4$ sind.

3. Chemische Katalyse, wo der dem Reaktionssystem zugeführte fremde Körper für die angewandten Strahlen als nicht lichtempfindlicher Körper auftritt und keine neuen Streifen der photochemischen Absorption einführt. Er beeinflußt nur die Geschwindigkeit der Lichtreaktion, indem er den chemischen Widerstand verändert. Als Beispiel kann z. B. der beschleunigende Einfluß der Feuchtigkeit auf die meisten Lichtreaktionen, Einfluß des Mediums, negative Wirkung des Sauerstoffs auf die meisten Photo-

chlorierungen, positive Wirkung von Anethol auf das Ausbleichen der Farbstoffe bei der Farbenphotographie usw. dienen.

4. Optische oder Lichtfilterkatalyse, wobei manche Körper — auch Lösungsmittel — oder aus einer Reaktion sich bildende Produkte, oder auch photochemisch inaktive Komponenten, die photochemisch aktive Strahlen thermisch absorbieren und auf diese Weise die Absorptionsverhältnisse bei der Reaktion ändern. Als Folge kann eine Verzögerung oder Beschleunigung der Reaktion eintreten.

Assimilation. Als ein Beispiel der Kontaktkatalyse kann die Assimilation der Kohlensäure in den grünen Pflanzenblättern durch Chlorophyll angeführt werden. Die Kohlensäure zersetzt sich unter dem Einfluß der äußersten ultravioletten Strahlen in 2CO und O_2. Ist Wasserstoff zugegen, so erfolgen verschiedenartigste Synthesen; diese Synthesen haben aber mit den in den grünen Blättern sich vollziehenden nichts Gemeinsames. Denn in der Natur erfolgt die Spaltung der CO_2 unter dem Einfluß der von Chlorophyll absorbierten sichtbaren Strahlen, und das Chlorophyll ist hier der photochemische Hauptfaktor, der den Prozeß einleitet und reguliert. Da es selbst unverändert bestehen bleibt, so spielt es eine rein photokatalytische Rolle, und die Kohlensäure muß sich an Chlorophyll anlagern; die entstandene labile Verbindung muß im Lichte derart zersetzt werden, daß die CO_2 eine chemische Umsetzung erleidet, das Chlorophyll aber sich regeneriert und an ein neues CO_2-Molekül anlagert. Jetzt fragt es sich weiter, welcher Art diese labile Verbindung sein muß. Die Antwort darauf gibt uns der Charakter des Zerfalls, nämlich die Bildung des freien Sauerstoffs. Der freie Sauerstoff bildet sich photochemisch nur beim Zerfall der Peroxyde, wie z. B. bei H_2O_2-Zersetzung im Lichte usw. Demzufolge muß aus der CO_2 und dem Chlorophyll eine peroxydartige Verbindung entstehen, die den Sauerstoff abspaltet. Ob diese Verbindung direkt oder nur unter dem Einflusse des Lichtes entsteht, können wir nicht entscheiden. Diese theoretischen Schlußfolgerungen decken sich wunderbarerweise mit den experimentellen Ergebnissen von Willstätter und Stoll. Diese Forscher konnten direkt nachweisen, daß tatsächlich eine labile Verbindung zwischen CO_2 und Chlorophyll sich bildet und die folgende Struktur hat:

Wie zu ersehen ist, spielt hier das Magnesium eine vermittelnde Rolle und seine Anwesenheit ist deshalb für die Assimilation von grundlegender Bedeutung. Diese Verbindung soll sich im Lichte in eine energiereichere Formaldehydperoxydverbindung von der Form:

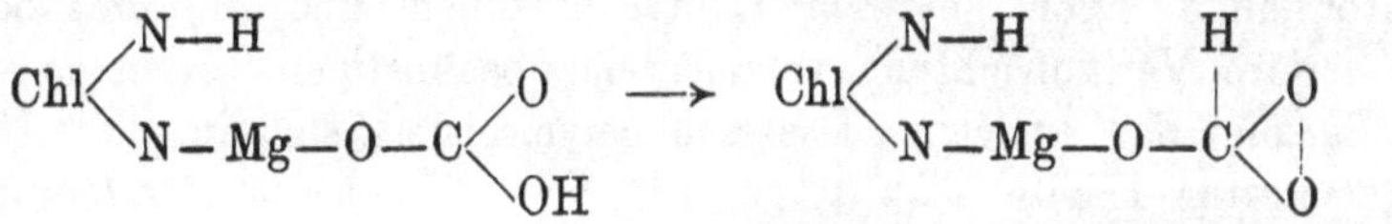

Chlorophyllformaldehydperoxyd

umlagern, die den Sauerstoff infolge der weiteren Lichtwirkung oder dunkelkatalytischen Einflüsse, unter Bildung des Formaldehyds und Chlorophylls, nach der Gleichung:

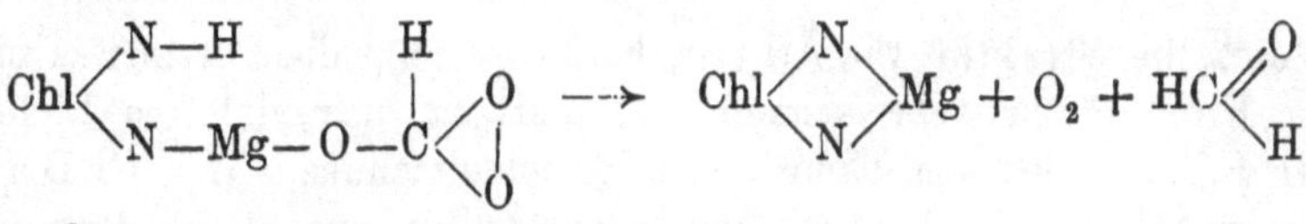

abspaltet.

Die Sauerstoffabspaltung kann auch stufenweise vor sich gehen. Formaldehyd kondensiert sich weiter zu Zuckerarten und Stärke. Es muß hier noch auf folgende wichtige Tatsache aufmerksam gemacht werden, daß die Assimilation nur in Chlorophyllkörnern, die in dem Protoplasma sich befinden, vor sich gehen kann. Eine alkoholische Lösung von Chlorophyll gibt keine Assimilation. Was für eine Rolle hier das Plasma spielt, ob es sich auch an das Molekül anlagert, kann heutzutage nicht entschieden werden. Das Chlorophyllmolekül enthält Magnesium; zu seiner Existenz braucht es noch Eisen; ohne Eisen kann das Chlorophyll sie nicht bilden. Wahrscheinlich spielt das Eisen die Rolle eines photochemischen Katalysators. Außerdem hat man in Pflanzen noch Kobalt, Nickel, Mangan, Kupfer gefunden. Welche Rolle sie spielen ist wohl nicht bekannt. Merkwürdig ist jedenfalls, daß es sich hier um die photoaktivsten Elemente der acht Gruppen handelt. In der letzten Zeit wurde die labile Verbindung C_3O_2-Kohlenstoffsuboxyd in reinem Zustande hergestellt; sie ist sehr reaktionsfähig. Es wäre von Interesse, zu untersuchen, ob sie bei der Assimilation als Zwischenprodukt entstehen kann.

Die bisher betrachteten Fälle der photochemischen Katalyse bestanden darin, daß ein fremder Körper, in ein System eingeführt, die photokatalytischen Wirkungen ausübt. Wir können uns aber auch solche Fälle vorstellen, wo photoaktive Elemente oder Radikale, in ein lichtempfindliches Molekül selbst eingeführt, die Lichtempfindlichkeit desselben noch erhöhen, ohne direkt an der Reaktion teilzunehmen oder irgendwelche spezielle Veränderungen selbst zu erleiden. Verläuft die Reaktion nach verschiedenen Stufen oder Richtungen, so kann selbstverständlich ein derartiger innerer Katalysator auch einen gewissen Einfluß ausüben und die eine oder die andere Verlaufrichtung vorzugsweise begünstigen. Nehmen wir als Beispiel das Äthylen. Dasselbe polymerisiert sich im äußersten ultravioletten Lichte sehr träge und seine Kondensationsprodukte, (verschiedene Ringstrukturen) sind nicht einheitlich zusammengesetzt. Führt man in sein Molekül Chlor oder Brom ein, so erhalten wir die Verbindungen Vinylbromid oder -chlorid:

$$CH_2 = CHBr,$$

das dieselbe Struktur wie Äthylen hat, so erfolgt die Polymerisation unter Ringbildung sehr schnell und glatt im ultravioletten Lichte unter Bildung des sog. Chlor- oder Bromkautschuks $(CH_2—CHBr)_{16}$, einer gesättigten Verbindung mit Ringstruktur aus 32 Kohlenstoffatomen:

$$\begin{array}{l} CH_2—CHBr—CH_2—CHBr \ldots\ldots CH_2 \\ | \qquad\qquad\qquad\qquad\qquad\qquad\qquad\quad | \\ CHBr—CH_2—CHBr \ldots\ldots\ldots CHBr \end{array} .$$

Dies kann nur dadurch erklärt werden, daß das stark photochemisch ungesättigte Halogen, das in solcher Nähe von der Doppelbindung sich befindet, ihre Zerreißung und die bestimmte Ringbildung begünstigt. Dementsprechend ist zu erwarten, daß der Einfluß des Lichtes und des Halogens auch bei anderen Verbindungen desselben Typus:

$$\begin{array}{l} R_1 \diagdown \\ \quad\quad C = CHBr \\ R_2 \diagup \end{array}$$

ein ähnlicher sein wird. Chemisch wirksam muß hier der zweite Streifen der photochemischen Absorption, der bei 220 $\mu\mu$ liegt, sein. Dagegen kann die Wirkung des Lichtes auf die Verbindungen vom Typus:

$$\begin{array}{l} BrR_1 \diagdown \\ \quad\quad\quad C = CH_2, \\ R_2 \diagup \end{array}$$

wo das Halogen von der Doppelbindung weit entfernt ist, eine andere sein.

Fügt man zu Vinylchlorid Uranylsalze hinzu, so erfolgt die Polymerisation auch im sichtbaren Lichte und führt zu demselben

Endprodukt. Hier haben wir vermutlich eine Kontaktkatalyse, die zu demselben Effekt in sichtbarem Lichte führt, wie die innere Chlorkatalyse, in äußerem Ultraviolett. In beiden Fällen wird der Prozeß durch das von den Katalysatoren absorbierte Licht hervorgerufen. Den ersten Vorgang der inneren Katalyse können wir noch verstehen. Da ist der Katalysator mit der inneren Struktur des Vinylmoleküls eng verbunden und wirkt auf den Prozeß derart richtend, daß vorzugsweise das eine Ringmolekül sich bildet. Daß aber auch der zweite Katalysator ebenso wirkt, obgleich das von ihm absorbierte Licht mit dem zweiten Absorptionsstreifen von Chlor nicht zusammenfällt, ist rätselhaft und bedarf weiteren Studiums, weil vom theoretischen Standpunkte aus diese Frage sehr interessant ist. Man kann die Vermutung aussprechen, daß das Uranylsalz sich an das Chlormolekül anlagert und dasselbe für sichtbares Licht sensibilisiert. Dadurch ist auch die Wirkung dieselbe. Jetzt fragt es sich, ob dabei nur der Streifen der photochemischen Absorption von Uranyl allein, oder auch der erste von Chlor, der auch in Blauviolett liegt, die Wirkung hervorruft? Diese Frage kann man nur durch sorgfältige quantitative Messungen entscheiden. Denn es ist nicht ausgeschlossen, daß das Uranyl sich nicht anlagert, sondern nur, wie es auf der Seite 67 erwähnt wurde, quantenanregend auf das Vinylmolekül wirkt, indem es entweder die Elektronen des Streifens der äußersten ultravioletten Absorption der Haloide anregt; oder auch die des sichtbaren Streifens, dessen Wirkung normalerweise vielleicht deshalb ausbleibt, weil er das Licht entweder gar nicht oder zu schwach absorbiert; dieser Mangel wird durch den Katalysator aufgehoben.

Nehmen wir noch als Beispiel das Ferritrichlorazetat:

$$2(CCl_3COO)_3Fe = 2Fe(CCl_3COO)_2 + C_2Cl_6 + 2CO_2 .$$

Hier haben wir drei photoaktive Gruppen: CO_2, Cl_3 und Fe. Jede hat ihre eigenen Streifen der photochemischen Absorption. Bei Cl im sichtbaren und äußersten Ultraviolett, bei Fe— im sichtbaren, bei CO_2 im Ultraviolett. Demzufolge muß diese Verbindung in sehr großem Spektralbereich lichtempfindlich sein. Das trifft auch in der Tat zu. Es ist anzunehmen, daß die Primärreaktion in der Abspaltung von CO_2 besteht, und daß Cl und Fe diesen Prozeß innerkatalytisch begünstigen.

Versuchen wir die lichtkatalytischen Wirkungen an einer Reihe von Beispielen zu demonstrieren.

1. Wenn wir eine 10—30 %ige Lösung von H_2O_2 belichten, so erfolgt keine Veränderung. Fügen wir aber der Lösung ein Gemisch von rotem und gelbem Blutlaugensalz zu, so erfolgt ein lebhaftes Entwickeln von Sauerstoff, welches beim Abblenden mit derselben Geschwindigkeit sich fortsetzt. Dies rührt daher, daß die Blutlaugensalze im Lichte sich verändern, und kolloidale Dunkelkatalysatoren bilden, die eine Zersetzung von H_2O_2 hervorrufen. Da dieser Vorgang schon keine Lichtreaktion ist, so setzt er sich auch beim Verdunkeln ungestört weiter fort. Im Ultramikroskope kann man die Bildung der kolloidalen Katalysatoren leicht nachweisen und demonstrieren. Den sich entwickelnden Sauerstoff konstatiert man mit Hilfe des glühenden Spanes. Dieser Versuch kann als ein Beispiel für reine Nachwirkungserscheinung dienen und kann in dem Belichtungsapparat (Abb. 21) ausgeführt werden.

2. In demselben können wir auch die Photolyse der organischen Säuren durch Uranylsalze zeigen; am geeignetsten ist die Oxalsäure und als Katalysator Uranyloxalat. Die reine Säure zersetzt sich nur im äußersten Ultraviolett; im gewöhnlichen Lichte zersetzt sie sich nicht. Fügt man aber Uranylsalz hinzu, so erfolgt nach kurzer Zeit eine lebhafte Entwicklung von CO_2. Die Oxalsäure wird oxydiert zu H_2O und CO_2. Beim Abblenden des Lichtes hört auch die Zersetzung auf. Hier haben wir ein Beispiel einer reinen Lichtkatalyse.

3. Noch ein Beispiel für diese Art Katalyse kann die oben erwähnte Polymerisation von Vinylbromid oder -chlorid sein. Käufliches Vinylbromid löst man in Methyl- oder Äthylalkohollösung bis zur Sättigung (etwa 10 % bei 0°), fügt soviel Uranylnitrat hinzu, daß eine etwa 2—3 %ige Lösung sich bildet und stellt es in einem großen Kolben (Abb. 19), der sich auf dem Eise befindet, dem starken Sonnenlichte aus. In wenigen Minuten wird der ganze Kolben mit weißem quarkartigen Niederschlag gefüllt; denselben filtriert man ab und trocknet auf Filterpapier offen. Dies Präparat werden wir für spätere Versuche noch brauchen.

4. Wir können auch ein Beispiel einer Übertragungskatalyse demonstrieren. Zur sauren Lösung von $KJ + H_2SO_4$ fügt man noch phosphorige Säure H_3PO_3 hinzu und belichtet in starkem Bogen- oder Uviollicht. Man kann dazu wieder den Belichtungsapparat benutzen. Anfangs beobachtet man eine sich steigernde Färbung der Lösung durch das sich infolge der Oxydation von HJ durch O_2 ausscheidende Jod. Die Färbung erreicht ein Maximum und bleicht

dann allmählich ganz aus. Die Oxydation von HJ ist ein autokatalytischer Vorgang, in dem das Ion J_3' als Katalysator auftritt.

5. Man kann auch die gelbe Lösung von p-Nitrosodimethylanilin mit Ferrozyankalium belichten; sie wird grün. Beim Erwärmen im Dunkeln wird sie wieder gelb; beim Belichten wieder grün usw.; dieser Farbwechsel kann beliebig oft wiederholt werden.

6. Als ein schönes Beispiel der photokatalytischen Wirkung kann die von Cario und Franck untersuchte Sensibilisierung des Zerfalls des Wasserstoffmoleküls H_2 in 2H durch Hg-Dampf. Wasserstoff H_2 absorbiert Licht unter 120 $\mu\mu$, d. h. im Schumannschen Gebiete, ist auch photochemisch abgesättigt, also nicht lichtempfindlich. Setzt man aber etwas Hg-Dampf bei 45° hinzu und belichtet das Gemisch mit der von Quecksilber absorbierten Linie 253 $\mu\mu$, so kann man die Spaltung von H_2 in 2H auf verschiedene Weise nachweisen. Hier werden die beiden freien Valenzelektronen von Quecksilber durch das absorbierte Licht angeregt und diese Anregung übergibt sich dem Wasserstoffmolekül, das dissoziiert. Ob hier nur eine Quantenanregung eine Rolle spielt, oder vorübergehend hier Quecksilberhydride sich bilden, ist noch unbestimmt.

Kapitel VII.

Die Ungültigkeit des Einsteinschen photoelektrischen Gesetzes für die Lichtreaktionen.

Die in den vorigen Kapiteln entwickelte Theorie von Plotnikow über die photochemische Valenz ergibt uns die Möglichkeit, über die Lichtempfindlichkeit der Elemente und Verbindungen, katalytische Eigenschaften derselben und die Richtung des Verlaufs der Lichtreaktionen uns Rechenschaft zu geben. Es fehlt aber die quantitative Seite vollständig. In erster Linie wäre erwünscht, ein Maß für die Photoaktivität zu gewinnen und das Grotthuß-van't Hoffsche Absorptionsgesetz quantentheoretisch auf Grund der letzten Kenntnisse über das Bohrsche Atommodell zu interpretieren.

Das zu erreichen wären wir nur dann imstande, wenn uns die energetischen Verhältnisse bei der Bohrschen Atomstruktur für alle Elemente in quantitativer Form schon bekannt wären. Das ist aber nicht der Fall. Es fehlte nicht an Versuchen, eine Beziehung zwischen der umgesetzten Stoffmenge und der absorbierten Lichtenergie, die quantentheoretisch berechnet wurde, zu ergründen, aber ohne nennenswerte Erfolge, wie es auch nach dem Ebengesagten nicht anders sein konnte. Den Anstoß dazu gab das photoelektrische Gesetz von Einstein, das uns besagt, daß die Bewegungsenergie des durch das Licht losgetrennten Elektrons mit den Lichtquanten in folgender Beziehung stehen muß:

$$\tfrac{1}{2} m v^2 = h \nu ,$$

wo m die Masse des Elektrons bedeutet.

Die Bewegung des Elektrons kann durch ein elektisches Feld gehemmt werden; wenn dazu die Spannung von V Volt nötig ist, so heißt das, daß die Energie $EV = \tfrac{1}{2} m v^2 = h\nu$ ist, so daß wir die Elektronengeschwindigkeit auch in Voltmaß angeben können. Diese Beziehung gilt für die photoelektrischen Effekte an Metalloberflächen, d. h. für die freien Leitungselektronen, die die elektrische Leitung in Metallen besorgen. Sie sind an der Oberfläche sehr locker gebunden. Ein Teil der Lichtenergie $h\nu$ muß zur Austrittarbeit EV' und der andere EV für die freie Bewegungsenergie verwendet werden, so daß die Einsteinsche Formel praktisch folgenden Ausdruck haben muß:

$$h\nu = EV' + EV.$$

Diese Formel ist fast in allen ihren Konsequenzen experimentell bestätigt worden. Es gibt auch merkwürdige Ausnahmen. So hat z. B. Marx gefunden, daß bei Alkalimetallen ein winziger Teil von $h\nu$ genügt, um ein Elektron loszutrennen.

Die Metalle erweisen bekanntlich eine starke Absorption des Lichtes, wodurch ihr Metallglanz bedingt wird. Diese selektive Absorption ist auch mit einem photoelektrischen Effekt verbunden, bei dem aber die Einsteinsche Formel schon nicht mehr gilt.

Wenn wir ein Gas nehmen, so muß das Licht von demselben absorbiert und ein Elektron losgetrennt werden und die sogenannte Ionisation eintreten. Die Absorption allein genügt noch nicht, um eine Ionisation hervorzurufen. Das Energiequantum der Strahlung muß eine bestimmte Grenze überschreiten, damit ein Elektron abgetrennt wird, d. h. sie muß so groß sein, daß ein Elektron aus seiner Grundbahn direkt in unendliche Entfernung vom Atom (außerhalb der rückziehenden Atomkräfte) gebracht werden kann. Da aber diese rückziehenden Atomkräfte bei verschiedenen Atomen verschieden sind, so muß dieser Effekt von der Atomstruktur, d. h. dem Chemismus des betreffenden Atoms abhängig sein. Bei verdünnten Gasen konnte man in manchen Fällen die Einsteinsche Beziehung in Einklang mit dem Experiment bringen, bei Metalldämpfen aber nicht mehr, ebensowenig auch bei den Flüssigkeiten.

Kürzlich hat Boos (1922) durch seine sorgfältigen Versuche gezeigt, daß die Abhängigkeit der Ionisation von der absorbierten Energie der Röntgenstrahlen von den Wellenlängen $\lambda = 0{,}325$ und 0,56 A⁰ der Einsteinformel nicht gehorcht. Nach ihr müßten bei gleicher Absorption die kürzeren Wellen eine größere Ionisation hervorrufen, als die längeren. In der Tat trifft aber das Umgekehrte ein, die kürzeren Wellen üben eine viel kleinere ionisierende Wirkung aus, weil sie vermutlich einen größeren Teil ihrer Energie in Wärme umwandeln.

Auch bei lichtelektrischer Leitfähigkeit des Diamanten haben Gudden und Pohl keine Übereinstimmung mit der Einsteinschen Formel erhalten, indem die Zahl der sich bildenden freien Elektronen immer kleiner war als die Zahl der absorbierten Lichtquanten.

Wir könnten mit Hilfe dieser Beziehung auch die Grenze des Röntgenspektrums bestimmen. Denn man nimmt an, daß in der Natur keine Geschwindigkeit größer als die Lichtgeschwindigkeit existieren kann. Wenn wir also in der oberen Beziehung statt v die Lichtgeschwindigkeit $c = 3 \cdot 10^{10}$ cm/sek einsetzen, so müssen wir die Grenzfrequenz einer Strahlung, die überhaupt existieren kann, erhalten. Bei dieser Berechnung ist außer acht gelassen worden, daß die Masse des Elektrons mit wachsender Geschwindigkeit sich verändert und bei Lichtgeschwindigkeit unendlich groß sein muß. Wenn wir das berücksichtigen, so muß auch ν unbegrenzt groß werden, d. h. daß wir keine Grenze erreichen. Es wäre von Interesse, diese Frage näher zu erforschen, um nachzuprüfen, ob praktisch sich eine Grenze doch ergibt und dies dann auch theoretisch zu begründen versuchen. Eigentlich müßte auch der Lichtquant, als ein Energiezentrum, dieser Regel gehorchen, und darum ist es unverständlich, wie er laut der Lichtquantentheorie von Einstein mit der Lichtgeschwindigkeit sich fortpflanzen kann.

Kehren wir aber zur Besprechung unserer Hauptaufgabe, eine quantentheoretische Beziehung zwischen umgesetzter Stoffmenge und absorbierter Lichtmenge festzustellen, zurück. Die Absorption soll in der Aufnahme der Lichtquanten bestehen, wobei die verschiedenen Elektronen auf verschiedenen Bahnen verschoben oder eventuell auch losgetrennt werden. Ein Teil der absorbierten Lichtmenge wird in Wärmeenergie, d. h. in Molekularbewegung verwandelt, ein Teil in Fluoreszenzstrahlung umgewandelt, ein Teil in freie Bewegung der Elektronen, d. h. Ionisation und photoelektrischen Effekt und ein Teil (nach Plotnikow nur bei ungesättigten Valenzelektronen) in photochemische Arbeit. Die Verhältnisse sind, wie zu ersehen, sehr kompliziert und werden von einem Atom zum anderen stark variieren müssen. Bei ähnlich gebauten Atomen, z. B. die zu einer vertikalen Reihe des periodischen Systems gehören, müssen sich auch Ähnlichkeiten ergeben. Neuerdings wurde von Wawilow (1922) experimentell gefunden, daß das Fluorerszenzlicht unabhängig von der Wellenlänge der absorbierten Lichtmenge proportional ist, d. h. daß hier die Einsteinsche Formel ungültig ist. Ebenso auch bei photogalvanischen Zahlen aus fluoreszierenden Körpern, wie es Goldmann nachgewiesen hat (Seite 36).

Da, wie es schon hier betont wurde, die Lehre über die Atomstruktur noch im Anfangsstadium ihrer Entwicklung sich befindet und der Mechanismus der Lichtabsorption uns noch ganz unbekannt ist, so haben wir eigentlich keine Anhaltspunkte zur Aufstellung irgendwelcher quantitativen Beziehungen zwischen der absorbierten Lichtenergie und dem photochemischen Effekte. Ungeachtet dessen hat Einstein die Annahme gemacht, daß das oben beschriebene photoelektrische Gesetz auch für die photochemischen Vorgänge gelten muß, d. h. daß für „alle Atome, Moleküle, Reaktionstypen, in allen Medien, bei allen Temperaturen", um eine photochemische Umsetzung hervorzurufen, ein und dieselbe Energie $h\nu$ notwendig ist. Mit anderen Worten, es wurde der Chemismus aus den photochemischen Reaktionen ausgestrichen, was natürlich mit der Tatsache nicht in Einklang stehen konnte. Und tatsächlich, die zur Prüfung dieser Formel angestellten Versuche haben auch keine Übereinstimmung ergeben, wie es aus den in der Tabelle 6 zusammengestellten Resultaten deutlich zu ersehen ist.

Tabelle 6.

Die Einsteinsche photoelektrische Formel hat

bei Photolyse von:

1.	H_2O_2	bei Wellenlängen	207, 230, 256, 280	(Warburg, Kornfeld)
2.	$PtCl_4(OH)_2H_2$	„ „	238, 254, 320, 546	(Warburg)
3.	$K_3Co(C_2O_4)_3$	„ „	366, 405, 436	„
4.	KNO_3	„ „	207, 253, 282	„
5.	O_3	„ „	253	„
6	NH_3	„ „	209	„

bei Katalyse von:

7.	O_3	durch Brom im sichtbaren Teil	(Bonhoeffer)

bei Vereinigungen von:

8\. $H_2 + Br_2$ bei Wellenlängen 500 (L. Pusch)
9\. $H_2 + Cl_2$ blauvioletten Strahlen (Nernst)
10\. $CO + Cl_2$ in blauvioletten Strahlen (Bonhoeffer)

bei Polymerisation von:

11\. $O_2 \longrightarrow O_3$ bei Wellenlängen 209, 253 (Warburg)

vollständig versagt; der Befund Bonhoeffers, daß bei der Katalyse von O_3 durch Chlor auf ein $h\nu$ zwei, statt eins, Ozonmoleküle gleichzeitig zerfallen, kann auch nicht als Bestätigung angesehen werden;

bei Substitution von:

12.	$Cl_2 + CCl_3Br$	bei Wellenl. 410	eine Abweich. v.	$+11\%$	(Noddak)
		„ „ 449	„ „ „	$+22\%$	„
13.	Br_2 + Hexahydrobenzol	„ „ 469	„ „ „	-8%	„
		„ „ 476	„ „ „	$+9\%$	„

eine mangelhafte Übereinstimmung ergeben.

Bei ultravioletten Strahlen wurden diese Reaktionen nicht untersucht. Bei der Reaktion 12 sind bei Zusatz von CCl_4 als Verdünnungsmittel die Abweichungen bis 90% gestiegen. Das kann man auch so deuten, daß das CCl_4 mit Chlor reagiert und so den Reaktionsverlauf stört. Weiter muß darauf aufmerksam gemacht werden, daß bei dieser Reaktion Chlor und Brom, wie im freien Zustande, so auch im Molekül selbst photoaktiv sein können.

Nur in zwei Fällen, nämlich bei Photolyse von:

14.	HJ	bei Wellenlängen 207	eine Abweichung von	-1%	(Warburg)
		„ „ 253	„ „ „	$+4\%$	„
		„ „ 282	„ „ „	$+3\%$	„
15.	HBr	„ „ 209	„ „ „	-4%	„
		„ „ 253	„ „ „	$-3{,}3\%$	„

hat sich eine befriedigende Übereinstimmung ergeben.

Dabei muß aber betont werden, daß bei Einwirkung der sichtbaren Strahlen, die auf diese Reaktionen im entgegengesetzten Sinne wirken, dies Gesetzte für $H_2 + Br_2$ (Reaktion 8) nicht stimmt und $H_2 + J_2$ ist noch nicht untersucht worden.

Ebenso ist nicht untersucht der Zerfall von HCl im äußersten Ultraviolett. Bei der Bildung von HCl ist das Gesetz ungültig. Da Chlor, Brom, Jod zu derselben 7. Gruppe des periodischen Systems gehören, so muß ihr photochemisches Verhalten sehr ähnlich sein.

Sie sind alle sehr photoaktiv und wirken auch stark photo- und autophotokatalytisch. Man kann mit Sicherheit annehmen, daß wir hier mit sehr komplizierten photo- und autophotokatalytischen Reaktionen zu tun haben, was von den Forschern nicht berücksichtigt wurde. Ehe wir den Reaktionsverlauf nicht genau untersucht haben, können wir nicht behaupten, ob die Übereinstimmung keine zufällige ist. Wie wir aus dem nächsten Kapitel sehen werden, besitzen die Halogene im sichtbaren Teile des Spektrums den Temperaturkoeffizienten 1,40, d. h. daß bei tieferen oder höheren Temperaturen die Übereinstimmung, die aus eben angegebenen Gründen als eine zufällige angesehen werden muß, nicht mehr vorhanden sein wird.

Für ein photochemisch umgesetztes Mol muß die verwendete Energie laut der Formel gleich sein:

$$Q = Nh\nu$$

(N bedeutet die Avogadro-Loschmidtsche Konstante gleich $6{,}1 \cdot 10^{23}$).

Rechnen wir diese Energie in große Kalorien um, so erhalten wir für jede Wellenlänge eine bestimmte Zahl von Kalorien, die dem Körper vom Lichte zugeführt wird und von ihm aufgenommen und zur photochemischen Arbeit verwendet werden muß. Zur Anschaulichkeit stellen wir diese Verhältnisse in Form eines Diagramms (Abb. 24) dar. Auf der Abszisse sind die Q-Werte in großen Kalorien (s. Tabelle 7) und auf der Ordinate die Wellen-

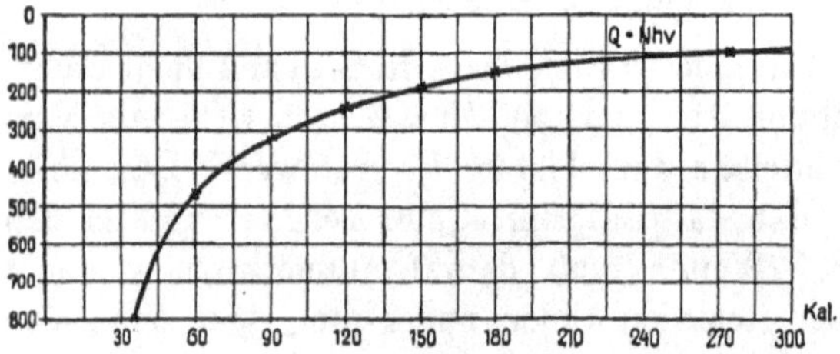

Abbildung 24.

Tabelle 7.

Wellenlänge in $\mu\mu$	$Q = Nh\nu$ (in große Kal. abgerundet)
800	35
700	40
600	47
500	56
400	70
300	93
200	140
100	279
1	$3 \cdot 10^4$
0,1	$3 \cdot 10^5$
0,01	$3 \cdot 10^6$
0,001	$3 \cdot 10^7$

längen angegeben. Wir erhalten eine hyperbolische Kurve, die asymptotisch sehr schnell der Unendlichkeit zustrebt.

Das äußere Ultraviolett von der Wellenlänge etwa 100 $\mu\mu$ gibt für 1 Grammol eine Energie von etwa 300000 Kalorien und die Röntgenstrahlen von etwa 3000 Millionen Kalorien. Wir müssen demzufolge eine in der Richtung der kleineren Wellenlängen immer steigende photochemische Wirkung erwarten, und im Gebiete der Röntgenstrahlen müßte sie so groß sein, daß keine Moleküle standhalten könnten und einfach zertrümmert werden müßten. In der Tat liegen die Verhältnisse aber nicht so, sondern die Intensität der photochemischen Wirkung wächst zwar nach dem Ultraviolett hin, aber später fällt sie wieder ab.

Selten hat man eine Reaktion in ihrem ganzen Empfindlichkeitsbereich untersucht. Man kann aber voraussagen, daß dann die Unhaltbarkeit der Einsteinformel nur noch deutlicher hervortreten wird. Man hat zur Prüfung auch so komplizierte Reaktionen, wie die Silbersalzzersetzung in der photographischen Platte herangezogen (Eggert, Noddak, Weigert) und einander derart widersprechende Resultate erhalten, daß man sie hier nicht zu erwähnen braucht. Man versuchte die Situation dadurch zu retten, daß man behauptet, daß diese Formel nur für primäre Vorgänge anwendbar ist. Nebenreaktionen, sekundäre Reaktionen verdecken den primären Verlauf und darum stimme die Formel nicht mit den Tatsachen überein. Aber die Versuche von Volmer und Riggert über Anthrazenpolymerisation haben auch für die Primärstadien die Gültigkeit des Grotthus-van't Hoffschen Gesetzes, und nicht der Einsteinformel, bewiesen. Es wurde direkt die Zahl der abgespaltenen Elektronen gemessen und mit der absorbierten Lichtenergie verglichen. Aber es gibt genug Reaktionen, deren Mechanismus vom chemischen Standpunkte aus nicht kompliziert sein kann, so z. B. die H_2O_2-Zersetzung. Das Gesetz stimmt auch hier nicht. Oxydationen mit $K_2Cr_2O_7$; Polymerisation von Vinylchlorid, Styrol und anderen intramolekularen Umlagerungen, Photolyse der Säuren usw. usw.

In der Tabelle 6 sind absichtlich nur die Reaktionen, welche speziell für die Prüfung des Gesetzes angestellt wurden, angegeben. Bodenstein und Winther haben (1913) versucht, das vorhandene Material zur Prüfung des Gesetzes umzurechnen und in noch größerem Umfange hat es Nernst (1922) gemacht. Die Nichtübereinstimmung verschiebt sich noch mehr zu ungunsten der Einsteinformel, was Nernst gezwungen hat, dieselbe auch als unzureichend anzusehen. Um den Weg der quantentheoretischen

Interpretation der photochemischen Vorgänge nicht ganz aufzugeben, schlägt Nernst vor, die Bohrsche Anschauung anzuwenden. Bohr nimmt an, daß $h\nu$ bei Absorption vom Moleküle aufgenommen wird und seine Energie vergrößert. Das Molekül geht in einen sog. „Quantenzustand" über, der das Molekül reaktionsfähiger macht. Diese Energievergrößerung ist aber bei demselben $h\nu$ bei verschiedenen Molekülen verschieden. Somit wird der Chemismus in diese Frage eingeführt, aber die Sache selbst wird noch komplizierter; denn wir können heutzutage über diesen Quantenzustand überhaupt nichts Bestimmtes sagen. Der Grund, daß die bisherigen Bemühungen die Quantentheorie für photochemische Vorgänge anzuwenden, erfolglos geblieben sind, liegt im komplizierten Wesen der Erscheinung selbst. Denn solange uns der innere Mechanismus der Lichtabsorption in allen seinen Details nicht bekannt ist, können wir auch nichts Bestimmtes über den Teil dieser absorbierten Lichtenergie sagen, der zur Auslösung der photochemischen Vorgänge verwendet wird. Daß er kompliziert sein muß und nicht so planmäßig aufgebaut, wie bei der Emission der Linienspektra sein kann, zeigte uns das komplizierte und verwaschene Aussehen der Absorptionsspektra. Und wie gesagt, hier gesellt sich noch die Erscheinung der thermischen Absorption, Fluoreszenz usw. dazu. Es ist nicht ausgeschlossen, daß in sehr wenigen Fällen und in sehr beschränktem Spektralgebiete und unter bestimmten Versuchsbedingungen diese einfache Formel annähernd gültig sein wird. Solche Fälle müssen aber als Ausnahmefälle oder Grenzfälle betrachtet werden und das wahre quantentheoretische Gesetz muß eine viel kompliziertere Funktion von $h\nu$ als das einfache lineare photoelektrische Gesetz sein.

Und solange der Lichtabsorptionsmechanismus nicht erfaßt ist, was allem Anscheine nach noch eine geraume Zeit erfordern wird, ist es zweckmäßiger, die Reaktionsverlaufe, wie möglichst vieler Lichtvorgänge, auf dem Grotthus-van't Hoffschen Gesetze fußend, gründlich quantitativ und vielseitig zu erforschen. Denn dieses Gesetz, das aus dem Wesen der Lichtreaktionen, als stationärer Vorgänge, hervortritt, widerspricht den Tatsachen nicht und die aus ihm abgeleiteten Reaktionsgleichungen geben den Reaktionsverlauf vollständig wieder, lassen das chemisch Individuelle jeder Reaktion ungehindert hervortreten und gestatten auch die energetischen Verhältnisse quantitativ zu bestimmen. Die quantentheoretische Interpretation des auf diese Weise gesammelten Versuchsmaterials kann dann später erfolgen, wenn die Quantentheorie selbst festere

Grundlagen erhält. Und wo das Grotthus-van't Hoffsche Gesetz keine Übereinstimmung ergibt, so bedeutet das nicht, daß das Gesetz ungültig ist, sondern daß wir es nicht mit einem einfachen Streifen der photochemischen Absorption, sondern mit einer Übereinanderlagerung zweier oder mehrerer Streifen, wie thermischer so auch photoaktiver, zu tun haben. Sie zu trennen und ihre Wirkung einzeln zu untersuchen, ist experimentell immer eine sehr schwierige Aufgabe. Bei sehr tiefen Temperaturen lassen sich z. B. die komplizierten Absorptionsstreifen in einzelne Streifen teilen, wie es z. B. Lasareff bei Pynacyanol gefunden hat (1912). (Vgl. die geschichtliche Betrachtung über diese Frage in Kap. XII.)

Kapitel VIII.

Einfluß der Temperatur auf die photochemischen Reaktionen und ihr Temperaturkoeffizient.

Da die photochemischen Reaktionen, als stationäre Vorgänge einerseits und als innere lichtelektrische Prozesse andererseits, sich von den gewöhnlichen Dunkelreaktionen ihrem inneren Wesen nach unterscheiden, so müssen auch alle ihre Eigenschaften und ihr innerer Mechanismus von denen der Dunkelvorgänge verschieden sein. Verlaufen z. B. die beiden Reaktionen — die Dunkelreaktionen und die Lichtreaktion gleichzeitig, so können wir auf verschiedene Weise konstatieren, daß ihr Mechanismus ein verschiedener ist. Sogar die Endprodukte können mitunter verschieden sein.

So verläuft z. B. die Zersetzung von HJ im Dunkel nach der zweiten Ordnung, d. h. nach dem Schema $2\,HJ \longrightarrow H_2 + J_2$ und im Lichte, wie es Bodenstein gezeigt hat, nach der ersten Ordnung $HJ \longrightarrow H + J$. Die Chlorierung des Benzols im Lichte ergibt vorzugsweise Benzylchlorid und im Dunkel Hexachlorbenzol. Das $CuSO_4$ wirkt auf die Oxydation von HJ im Lichte verzögernd und im Dunkel beschleunigend, wie es Plotnikow gezeigt hat usw. usw. Man könnte viele derartige Beispiele vorführen, die uns die Verschiedenheit der Mechanismen der beiden Reaktionsarten und die Wichtigkeit der Anwendung des Additionsgesetzes beweisen.

Auch der Temperatureinfluß muß demzufolge auf die Lichtreaktionen ein anderer sein. Da das Primärstadium des photochemischen Vorganges, wie wir gesehen haben, einen inneren photoelektrischen Charakter besitzt, und diese Erscheinung ihrerseits von der Temperatur in hohem Grade unabhängig ist, so war schon von vornherein zu erwarten, daß die Temperatur auf die Lichtreaktionen keinen, eventuell einen sehr geringen Einfluß ausüben werde. Vergleicht man die Wirkung der kurzen Lichtwellen (mit großer Schwingungszahl) auf ein Elektron mit der Temperatureinwirkung auf dasselbe, so kommt man zum Schluß, daß nur enorm hohe Temperaturen von vielen Hunderttausenden Graden dieselbe Energie zur Lostrennung eines Elektrons mit der entsprechenden Geschwindigkeit, wie es die Lichtstrahlen von großer Schwingungszahl tun, liefern können. Danach können wir erwarten, daß der Temperatureinfluß auf die Lichtreaktionen demjenigen auf die gewöhnlichen Reaktionen bei sehr hohen Temperaturen bis zu gewissem Grade ähneln wird. Wenden wir uns nun zu den Versuchen, um nachzuprüfen, ob unsere Schlußfolgerungen richtig seien. Der Temperaturkoeffizient der gewöhnlichen Dunkelreaktionen hat sich als eine Funktion der Temperatur erwiesen. Bei den tiefsten Temperaturen wurde bisher nur eine Bestimmung des Temperaturkoeffizienten (das Verhältnis zweier Reaktionsgeschwindigkeiten im Temperaturintervall von 10°), nämlich von J. Plotnikow (1905), gemacht. Er fand ihn bei einem Temperaturintervall von —100° bis —120° für die Bromaddition des Äthylens gleich 6,2; der größte bisher bekannte Wert.

Im normalen Temperaturintervall von etwa 0—100°, in dem die meisten Reaktionen untersucht werden, hat sich der durchschnittliche Wert für den Temperaturkoeffizienten der Dunkelreaktionen gleich 2,5 ergeben. Bei hohen Temperaturen, etwa bei 1000° und höher, hat sich der Temperaturkoeffizient bei einer Reihe von Gasreaktionen gleich 1,6—1,3 durchschnittlich ergeben. Somit erhält man eine deutliche Veränderung des Temperaturkoeffizienten mit der Temperatur, die durch das vorstehende Diagramm (Abb. 25) veranschaulicht wird. In der Richtung nach den höheren Temperaturen strebt die Kurve asymptotisch dem Werte Eins zu. Also muß tatsächlich bei sehr hohen Temperaturen auch die Dunkelreaktion von der Temperatur unabhängig und in dieser Beziehung der Lichtreaktion ähnlich

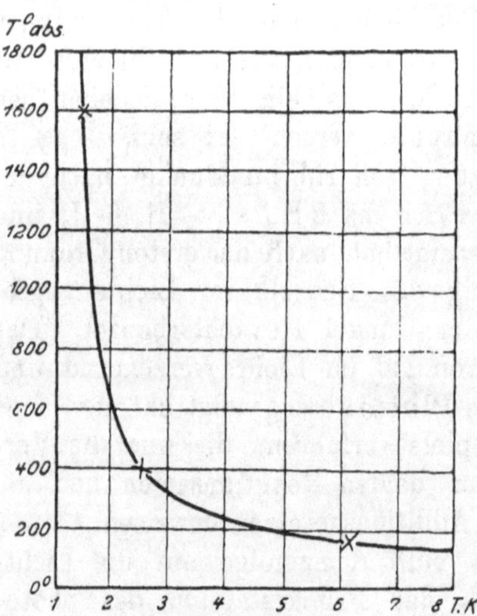

Abbildung 25.

sein. Wie wir weiter unten sehen werden, ist der Temperaturkoeffizient der bisher untersuchten Lichtreaktionen nahe Eins und somit stimmen unsere theoretischen Schlußfolgerungen mit den Tatsachen überein.

Ehe wir aber zu den weiteren Betrachtungen über den photochemischen Temperaturkoefzienten übergehen, ist es zweckdienlich, noch einige Betrachtungen über den Einfluß der Temperatur auf die chemischen Prozesse im allgemeinen anzustellen.

Fragen wir uns, was passiert bei sehr hohen Temperaturen? Allem Anscheine nach erreichen bei gewisser Temperatur die Reaktionen den Temperaturkoeffizienten Eins, d. h. die Reaktionen sind von der Temperatur unabhängig und da verliert der Begriff Temperatur seinen Sinn. Denn wir können die Veränderung der Temperatur durch Veränderung des Zustandes wahrnehmen. Erfolgt keine Veränderung des physikalischen oder chemischen Zustandes mit der Temperaturänderung, so haben wir eine obere Temperaturgrenze erreicht, ähnlich wie der absolute Nullpunkt die untere Temperaturgrenze darstellt.

Stellen wir weiter die Frage auf, wohin strebt der andere Zweig der Kurve? Strebt er einem bestimmten, wenn auch großem Wert, oder asymptotisch der Unendlichkeit zu? Das sind sehr wichtige Fragen, auf die wir zurzeit infolge der Abwesenheit des entsprechenden Versuchsmaterials keine Antwort geben können. Es müssen noch Bestimmungen der Temperaturkoeffizienten bei noch tieferen Temperaturen ausgeführt werden. Wir haben einen Körper, nämlich das Fluor, das mit einer ganzen Reihe anderer Substanzen, wie Schwefel und Phosphor, bei Temperatur von -253^0 sehr heftig reagiert; demzufolge könnten wir eine Reihe Reaktionen, die bei verschiedenen tiefen Temperaturen meßbar verlaufen, wählen. Mitunter reagiert das Fluor mit Wasserstoff bei der Temperatur des flüssigen Wasserstoffs unter starker Luminiszenz. Die Technik der Herstellung tiefer Temperaturen ist schon so weit vorgeschritten, daß wir verschiedene flüssige Gase in großen Mengen herzustellen imstande sind. Wir können flüssig auch Helium in genügenden Mengen herstellen und somit eine Temperatur von 4^0 abs., also ganz nahe am absoluten Nullpunkte, erreichen. Somit ist die prinzipielle Möglichkeit der Bestimmung der Temperaturkoeffizienten bei sehr tiefen Temperaturen gegeben.

Die technischen Schwierigkeiten, die im Wege stehen, sind natürlich sehr groß, aber nicht unüberwindlich. Gelänge es uns, den Temperaturkoeffizienten bis zu der Temperatur des flüssigen Heliums zu bestimmen, so könnten wir wagen, die Kurve bis zum absoluten Nullpunkte zu extrapolieren und somit die eben aufgestellte Frage beantworten. Ergibt sich ein endlicher Wert, so bedeutet es, daß auch beim absoluten Nullpunkte chemische Prozesse, wenn auch ungewöhnlich langsam, stattfinden können, und es steht uns nichts im Wege, durch einen Katalysator dieselben zu beschleunigen. Wird die Kurve asymptotisch der Unendlichkeit zustreben, so können keine chemischen Prozesse vor sich gehen, und es wird ein völliger Ruhestand für die gewöhnlichen Dunkelreaktionen bei absolutem Nullpunkte eintreten. Da die Lichtreaktionen einen sehr kleinen Temperaturkoeffizienten besitzen und dabei stationäre Vorgänge sind, hindert uns nichts anzunehmen, daß sie auch bei Abwesenheit der Wärmeenergie, d. h. beim absoluten Nullpunkte, vor sich gehen können. Ebenso müssen auch dabei die photoelektrischen und radioaktiven Erscheinungen stattfinden können. Aus dem eben gesagten können wir den Schluß ziehen, daß der absolute Nullpunkt, bei dem keine Wärmeenergie vorhanden ist, noch keine absolute Ruhe im allgemeinen bedeutet, sondern es können dabei eine Reihe von Prozessen, wie photochemische, lichtelektrische und radioaktive vor sich gehen. Auch in bezug auf die gewöhnlichen Dunkelreaktionen bleibt diese Frage, wie wir eben gesehen haben, noch unentschieden und nur die weiteren Versuche können uns darüber Aufschluß geben. Ebenso wie für die anorganische Welt beim absoluten Nullpunkte allem Anscheine nach kein vollständiger Stillstand, d. h. Tod, eintritt, so scheint es auch bei der organischen Welt der Fall zu sein. Es waren schon längst Versuche bekannt, nach denen Frösche, Fische und viele andere lebende Organismen im Eise einfrieren können, um beim Erwärmen wieder aufzuleben. Hierbei wird durch die Erniedrigung der Temperatur die Funktion des Organismus nicht zerstört, sondern sozusagen „arretiert". Gibt man ihm durch Erwärmen einen Stoß, so funktioniert er wieder. Die Abkühlung darf nicht plötzlich geschehen, sondern muß langsam vor sich gehen. Bei den niederen Organismen ist es besser, sie vorher austrocknen zu lassen oder, wie man zu sagen pflegt, in „Trockenstarre" zu bringen. Auch höhere Organismen (Warmblütler) können in einen solchen Zustand des Scheintodes (Anabiose) versetzt werden. Nach den letzten Versuchen von Rahm ist der Widerstand gegen Temperatureinfluß desto größer, je einfacher der Organismus ist (was schon seinerzeit von Piktet vermutet wurde). Die Frösche halten eine Temperatur von -28°, die Infusorien -90°, Schnecken -120°, die Eier der Insekten -180°, Bakterien und Kieselalgen -200°, Bärtierchen, Fadenwürmer und Rädertierchen halten sogar die Temperatur des flüssigen Heliums − 271,5 ohne ausgetötet zu werden, aus. Somit haben wir keine untere Temperaturgrenze für Lebewesen und für sie existiert scheinbar kein Kältetod. Wir können daraus den Schluß ziehen, daß auf jedem Gestirn, das genügend erkaltet ist und die normale Temperatur 20—40° auf seiner Oberfläche besitzt, ein Leben sich entwickeln kann. Denn die kleinen Lebewesen können nach Arrhenius durch Lichtdruck im Weltenraume überall herumgetragen werden. Obgleich die Temperatur desselben sehr nahe am absoluten Nullpunkte ist, so muß sie laut dem eben Gesagten kein Hindernis sein, damit das Lebewesen, wenn es einmal in günstige Umgebung kommt, sich weiter entwickelt. Eines könnte nur schädlich wirken und das sind die ultravioletten Strahlen, die im Weltraum in größerer Menge vorhanden sein müssen, als auf der Oberfläche der Erde und die tötend wirken können; der Weltraum ist nicht dunkel, wie man es gewöhnlich annimmt, sondern von verschiedenster Strahlung erfüllt, hell. Ist so ein Lebewesen zufällig in eine lichtabsorbierende Hülle eingekapselt, so kann es im Weltraum unbeschadet herumfliegen, bis es von irgendeinem Planet aufgefangen wird. Auf diesem kann es mit Zuhilfenahme der längeren sichtbaren Strahlen sich weiter entwickeln, falls da die günstigen Temperaturverhältnisse herrschen.

Die Druckkräfte des Lichtes sind ihrem absoluten Betrage nach zwar sehr gering, das Sonnenlicht übt auf eine auf der Erde sich befindende Platte von 1 qm einen Druck von $^2/_3$ mg aus. Wir wissen, daß je kleiner ein Körperchen ist, desto größer auch die Oberfläche im Verhältnis zu dem Volum, d. h. zu dem Gewicht ist. Überschreiten wir eine bestimmte Grenze, so überwiegt der Strahlendruck die Schwere und das Körperchen wird sich in der Richtung der Strahlen fortbewegen. Einen hübschen Versuch haben Nichols und Hull erdacht; man schließt in ein evakuiertes Sanduhrgefäß Schmirgelpulver mit verkohlten Sporen von Bovista Likoperdon gemischt ein. Fällt ein konzentriertes Licht einer Bogenlampe auf den feinen Pulverstrahl, so werden die leichten Kohlenkügelchen (etwa 0,002 mm Durchmesser und 0,1 mittlerer Dichte) abgestoßen, während die schweren Schmirgelteilchen lotrecht niederfallen. Durch den Lichtdruck werden auch die Kometenschweife abgestoßen. Diese Druckkräfte des Lichtes können bei hohen Temperaturen von Millionen von Graden auch große Dimensionen erhalten. Nach Eddington kann deshalb ein Gestirn keine unbegrenzte Dimension und Temperatur haben, sondern bei bestimmter Temperatur wird der Lichtdruck im Innern derart groß, daß das Gestirn auseinanderfliegen muß.

Kehren wir wieder zu dem photochemischen Temperaturkoeffizienten zurück. E. Goldberg war der erste, der im Jahre 1902 darauf aufmerksam machte, daß die photochemischen Temperaturkoeffizienten einen kleinen, nahe an Eins liegenden, Wert besitzen. Die Zahl der damals bekannten Lichtreaktionen war eine sehr geringe und man konnte nichts bestimmtes darüber sagen.

Im Jahre 1911 wurden von Plotnikow die Werte der bekannten Temperaturkoeffizienten tabellarisch zusammengestellt, und dabei hat sich das merkwürdige Resultat ergeben, daß alle Werte sich in drei Gruppen, die in den Tabellen 8, 9, 10 angegeben sind, einordnen lassen.

Die Mehrzahl der bisher bekannten Lichtreaktionen hat einen sehr kleinen, nahe an Eins liegenden Wert des Temperaturkoeffizienten: 1,03 mit $\mp 0{,}03$ (s. Tabelle 8). In die zweite Gruppe sind die eingeordnet, die den Wert 1,20 mit $\pm 0{,}03$, und in die dritte, die den Wert 1,40 $\pm$ 0,03 besitzen. ($\pm$ 0,03 bedeutet nicht die Genauigkeit der Messungen verschiedener Autoren, sondern Schwankungen der Werte von dem mittleren Wert für jede Gruppe.)

Die Klassifikation zeigt uns, daß hier eine uns noch unbekannte Regelmäßigkeit vorliegt. Besonders merkwürdig verhält sich die dritte Gruppe. Für die drei Elemente Cl, Br und J der siebenten Gruppe des periodischen Systems der Elemente hat sich in flüssigem Zustande und für sichtbare Strahlen derselbe Wert 1,40 ergeben. Die innere Struktur ihrer Atome aus den Elektronen muß weitgehend ähnlich sein. Die Lichtabsorption und die mit ihr verbundene photochemische Wirkung müssen mit dem inneren Bau der Atome im engen Zusammenhange stehen. Demzufolge müssen wir erwarten, daß auch der Temperaturkoeffizient mit diesen Faktoren zusammenhängt und eine charakteristische photochemische Konstante repräsentiert. Dieser Temperaturkoeffizient ist für den sichtbaren Streifen der photochemischen Absorption bestimmt, bei dem anderen, bei 220 $\mu\mu$ liegenden, wird er vermutlich auch einen anderen, nämlich kleineren Wert 1,03 haben. Die Photopolymerisation von Vinylchlorid scheint das zu bestätigen. Die in der Tab. 3, S. 46, angegebene Einordnung der Elemente gibt uns die Möglichkeit, weitere Schlüsse zu ziehen, daß auch die andere Triade der sechsten Gruppe S, Se, Te gleiche Werte ergeben wird. Ob diese Werte auch gleich 1,40 sein werden, läßt sich vorläufig nicht voraussagen. Auch die andere Gruppe der Elemente der sechsten Gruppe O, Cr, Mo, W und Ur müssen gleiche Temperaturkoeffizienten ergeben; da manche von ihnen, wie z. B. Cr und Ur den Wert 1,03 besitzen, so müssen

Die Klassifikation der photochemischen Temperaturkoeffizienten nach J. Plotnikow.

Tabelle 8.

Erste Gruppe.

Reaktion	Autor	Temp.-Intervall	T.-K.
Photographische Platten	Lumière	-190^0 bis $+20^0$	1,03
„ „	Schellen	-32^0 „ 90^0	1,00
„ „	Padoa-Mervini	-85^0 „ 15^0	1,05
„ „	Dalezki	$+4^0$ „ 64^0	1,06
„ „	„	$+4^0$ „ 64^0	1,04
„ „	Abney, Dewar	bis 200^0	1,08
Oxalsäure + $FeCl_3$ in wäßr. Lös. .	Lemoine	3^0 bis 44^0	1,02
„ „ „ „ „ .	D. Berthelot	21^0 „ 61^0	1,01
Oxalsäure + Uranylsalz in wäßr. Lös.	Bruner-Kozak	4^0 „ 80^0	1,00
Wasserbildung ($H_2 + O_2$)	J. Andrejeff	—	1,08
„ „	Coehn u. Grote	150^0 bis 240^0	1,04
Zyanin (Kollodiumhaut) + O_2 (gasf.)	Schwezoff	20^0 „ 80^0	1,07
Pinachrom „ „ „	„	20^0 „ 80^0	1,07
Pinaverdol „ „ „	„	20^0 „ 80^0	1,07
Pynazyanol „ „ „	„	20^0 bis 80^0	1,04
Lepidinzyanin „ „ „	Wawiloff	20^0 „ 80^0	1,04
Chininsulfat + CrO_3 (wäßr. Lös.) .	Goldberg	20^0 „ 70^0	1,04
$(NH_4)_2Cr_2O_7$ + Alkohol	Plotnikow	20^0 „ 30^0	1,00
$(NH_4)_2CrO_4$ + Alkohol	„	20^0 „ 30^0	1,02
Anthrazenpolymerisation	Weigert	—	1,04
$HgCl_2 + FeCl_2$ in Wasser . . .	Ch. Winther	20^0 bis 60^0	1,04
NaOCl-Zerfall	Spencer	—	1,06
Lävulose-Dimerisation	D. Berthelot	40^0 bis 70^0	1,04
Phototropie von O-Tolyl-piperyl-osazon	Padoa-Tabellini	-90^0 „ -10^0	1,06
Phototropie von Benzaldehydphenyl-hydrosazon	„	-10^0 „ $+10^0$	1,00
Phototropie von p-diamido-Stilben-o disulfonsäure	Padoa-Zazzaroni	-10^0 „ 20^0	1,07
Chlorknallgasbildung ($H_2 + Cl_2$) . .	Denison, Roscoe	—	1,00
Kaliumkobaltioxalat $K_3Co(C_2O_4)_3$.	Vranék	—	1,06
Fehlingsche Lösung	Bolin-Lindner	25^0 bis 15^0	1,00
Polymerisation von Vinylchlorid .	Plotnikow	15^0 „ 25^0	1,03
Benzophenon + Alkohol	Cohen	—	1,00
Sehpurpurausbleichen	Hecht	—	1,00

die übrigen auch denselben Wert ergeben. Was das Verhalten der anderen Elementengruppen anbetrifft, so wäre es verfrüht, jetzt schon, ohne entsprechendes Versuchsmaterial, irgendwelche Schlüsse oder Voraussetzungen zu ziehen.

Tabelle 9.

Zweite Gruppe.

Reaktion	Autor	Temp.-Intervall	T.-K.
Ozonzers. in Gegenwart von Cl_2 als Katalysator.	Weigert	15° bis 25°	1,17
*Anthrazenpolymerisation. . .	Luther-Weigert	154° „ 167°	1,21
*Oxalsäure + $HgCl_2$ in wäßr. Lös.	Eder-Valenta	9° „ 80°	1,19
*Chlorknallgasbildung ($H_2 + Cl_2$)	Bevan, Bunsen	11° „ 16°	1,21
SO_2 + O (im gasfreien Zustand)	Coehn-Becker	50° „ 160°	1,20
*Photogalvanische CuO-Zelle .	Goldmann-Brodsky	—	1,20
*Fehlingsche Lösung . . .	Bolin-Linder	27° bis 17°	1,20
*H_2O_2-Zersetzung.	Tian	10° „ 30°	1,15

Diese Gruppe ist die kleinste und auch die unsicherste, denn sie enthält Werte, die auch in anderen Gruppen enthalten und die mit Sternchen bezeichnet sind. Für die Anthrazenpolymerisation ist der Wert von Weigert 1,04 wahrscheinlicher. Die Oxalsäure und $HgCl_2$-Zersetzungen geben auch den Wert 1,04. Vielleicht ist der hiesige Wert 1,19 den möglichen katalytisch wirkenden Verunreinigungen zuzuschreiben.

Was Chlorknallgas anbetrifft, so sind das Werte, die älteren Arbeiten entnommen sind; es ist nicht ausgeschlossen, daß genauere Messungen den Wert 1,40 ergeben werden. Der photogalvanischen Zelle und der Fehlingschen Lösung ist auch eher der Wert 1,01 zuzuschreiben. Die H_2O_2-Zersetzung hat drei verschiedene T.-K.; es wäre erwünscht, ihren Wert noch einmal genau zu bestimmen. Der Wert von 1,40 kommt mehr in Betracht, aber da diese Reaktion gegen katalytische Einflüsse sehr empfindlich ist und dabei auch im Dunkeln Zersetzung stattfindet, so müssen alle diese Werte mit Vorsicht aufgenommen werden. Es bleiben also zwei Reaktionen — Ozonzersetzung und SO_3-Bildung —, zwei Gasreaktionen übrig. Im Gaszustande ist der Reaktionsmechanismus ein anderer; es bilden sich nämlich infolge der Belichtung Gasionen, die als Kondensationskerne wirken; in diesen Kondensationskernen erfolgt die Reaktion. Die Reaktionskomponenten müssen durch diese

Gashäutchen diffundieren, um zum Ion zu gelangen, so daß hier eigentlich die Diffusionsgeschwindigkeit gemessen wird. Ihr T.-K. ist gleich 1,20. Aller Wahrscheinlichkeit nach ist der hier erhaltene T.-K. ein Diffusions-Temperaturkoeffizient. Somit kommt man unwillkürlich zu dem Schluß, daß ein photochemischer T.-K, vom Werte 1,2 nicht existiert, sondern man nur die Werte 1,04 der ersten und 1,40 der nächsten Gruppe hat.

Tabelle 10.

Dritte Gruppe.

Reaktion	Autor	Temp.-Intervall	T.-K.
$2HJ + O$ (in wäßriger Lösung) . .	Plotnikow	5° bis 50°	1,39
$CHJ_3 + O$ (in alkohol. Lösung) . .	„	3° „ 51°	1,42
$CHJ_3 + O$ (in Benzollösung) . . .	„	3° „ 51°	1,42
Br_2 + Zimtsäure in Benzollösung .	„	6° „ 19°	1,37
Br_2 + Zimtsäure in CCl_4 Lösung .	„	1,5° „ 19°	1,41
Br_2 + Benzol	„	6° „ 19°	1,40
Cl_2 + Wasser	Benrath-Tuchel	5° „ 30°	1,40
Cl_2 + Benzol	Slator	6° „ 20°	1,50
Cl_2 + Zimtsäure in CCl -Lösung .	Nasarow	10° „ 40°	1,40
Styrol ⟶ Metastyrol (fest) . . .	Lemoine	3° „ 35°	1,37
H_2O_2-Zersetzung	Mathews-Curtis	21° „ 36°	1,45
„ „	Kornfeld	21° „ 34°	1,32
Phototropie von Salizyliden β-Naphthylamin	Padoa-Minganti	0° „ −10°	1,40

Zum Schluß sind noch die T.-K. für die Dunkelprozesse derselben Reaktionen in Tab. 11 angegeben. Sie haben alle den normalen großen T.-K. Da hat man einen direkten Beweis, daß die Mechanismen im Lichte und im Dunkeln verschieden sind; um die genauen Werte für die Lichtreaktionen zu erhalten, muß man von dem Additionsgesetz Gebrauch machen und die Dunkelwerte von den summarischen Werten abziehen. Dieser Wert 1,40 für die Atome Cl, Br und Jod ist sehr charakteristisch und besitzt einen tieferen Sinn. Es wäre von Interesse, ihn theoretisch auf Grund der Struktur dieser Elemente abzuleiten. Möglicherweise ist das ein Zeichen dafür, daß manche Elektronenkonfigurationen derart labil sind, daß sie auch von der Temperatur verhältnismäßig stark beeinflußt werden. Daß die erste Gruppe nicht den T.-K. Eins, sondern über Eins hat, könnte man auch auf diese Weise deuten. Mit anderen

Worten, daß der primäre photochemische Vorgang von dem idealen photoelektrischen mehr oder weniger entfernt ist.

Tabelle 11.
Dunkelvorgänge.

Reaktion	Autor	Temp.-Intervall	T.-K.
Zyanin-Oxydation durch O_2 . . .	Wawiloff	76° bis 112°	3,30
Pinachrom-Oxydation durch O_2 . .	„	—	—
Pinaverdol-Oxydation durch O_2 . .	„	79° bis 111°	3,30
Pinazyanol-Oxydation durch O_2 .	„	—	—
Lepidinzyanin-Oxydation durch O_2	„	85° bis 113°	3,00
Chinaldinzyanin-Oxydation durch O_2	„	86° „ 116°	3,30
Phototropie von o-Tolyl-piperyl-osazon	Padoa-Tabellini	−96° „ −10°	2,00
Phototropie von Benzaldehydphenylhydrosazon	Padoa-Minganti	−10° „ +10°	1,70
Phototropie von Salizyliden-β-naphthylamin	„ „	0° „ −10°	2,00
2 HJ + O (in wäßriger Lösung) . .	Plotnikow	5° „ 50°	2,07
CHJ_3 + O (in Benzollösung) . . .	„	6° „ 51°	2,61
Kaliumkobaltioxalat $K_3Co(C_2O_4)_3$.	Vranĉk		4,56

Am krassesten ist der Unterschied bei der Zersetzung von Kaliumcobaltioxalat, wofür im Dunkeln der enorm große Wert 4,56 und im Lichte der Wert 1,05 gilt.

Kapitel IX.

Luminiszenzerscheinungen. Opaleszenz und Tyndallphänomen. Fluoreszenz. Phosphoreszenz. Chemiluminiszenz. Tribo-Kristalloluminiszenz. Demonstrationsversuche. Allgemeine Betrachtungen.

Opaleszenz und Tyndalleffekt. Wenn wir ein paar Tropfen einer alkoholischen Kolophonium- oder Gummigutlösung oder irgendeiner anderen Harzlösung ins Wasser gießen, so erhalten wir eine fast durchsichtige Lösung, die aber, seitwärts betrachtet, bläulich schimmert. Deutlicher werden wir diese Erscheinung des Selbstleuchtens wahrnehmen können, falls wir die Versuchsanordnung (Abb. 26) wählen. Im großen Glaszylinder befindet sich die Lösung. Von oben mittels des Spiegels *S* fällt von der seitwärts stehenden Bogenlampe ein sich zusammenschnürender Lichtbündel, der, seitwärts betrachtet, einen bläulichen Lichtkegel ergibt. Beim Austreten des Strahlenbündels aus dem Gefäße trifft er einen weißen Karton oder eine Milchglasscheibe *W* und das Licht erscheint uns orange gefärbt. Es ist belanglos, ob wir Kolophonium, Harze, verdünnte Milch, kolloidale Kohle oder kolloidales Platin nehmen, immer werden wir dieselbe Erscheinung beobachten. Betrachten wir dieses Lichtbündel seitwärts durch ein Nikolprisma, so werden wir beim Drehen desselben Maxima und Minima der Helligkeiten konstatieren, was ein Zeichen ist, daß das Licht polarisiert ist. Diese Erscheinung ist unter dem Namen des Tyndalleffektes bekannt und das Leuchten selbst wird als Opaleszenz bezeichnet. Bei reinem Wasser tritt sie nicht auf, da werden wir keinen leuchtenden Kegel beobachten. Man kann den Tyndalleffekt auch an Teilchen zeigen, die mit dem Ultramikroskop fast nicht zu sehen sind, also die ganz nahe der molekularen Größe sind. Zu diesem Zweck stellt man nach Traube und Klein eine fein kristallisierte Suspension von Bleikarbonat auf folgende Weise her. Zu je 100 cm³ einer $^1/_{30000}$-norm. $Pb(NO_3)_2$ fügt man unter Rühren tropfenweise etwa 6—10 Tropfen einer $^1/_2$-norm. Na_2CO_3-Lösung. Bei Tageslicht sieht die Lösung ganz klar aus; im Ultramikroskop sehen wir fast nichts. Beim seitwärtigen Belichten mit starkem Bogenlicht erscheint die ganze Flüssigkeit gefüllt mit beweglichen, in Silberglanz leuchtenden Sternchen. Wenn man das Licht in dem eben beschriebenen Apparat zu einem Bündel zusammenschnürt, so erscheint das Leuchten noch heller; man sieht die Sternchen mit unbewaffnetem Auge, mit der Lupe noch besser. Im Nikol zeigt sich das oben beschriebene Tyndallphänomen. Erklärt wird diese eigenartige Erscheinung dadurch, daß Bleikarbonat in Form feiner Kristalle sich ausscheidet, die eine starke Reflexion ergeben und die durch die Bewegung der Krystalle uns derart verbreitert erscheint, daß wir die Kristalle als einzelne leuchtende Zentren wahrnehmen. Die Erscheinung der Opaleszenz beruht bekanntlich darauf, daß wir es hier mit feinen Suspensionen zu tun haben, die das Licht zerstreuen. Die Intensität der Zerstreuung J ist nach Rayleigh umgekehrt proportional der vierten Potenz der Wellenlänge λ:

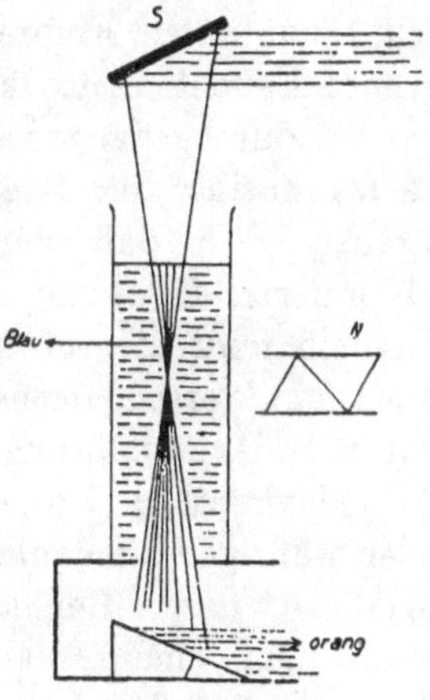

Abbildung 26.

$$J = \frac{\alpha}{\lambda^4},$$

d. h. sie wächst rapid dem mit violetten Ende des Spektrums. Die violetten Strahlen werden etwa 19 mal so stark zerstreut, wie die roten; daher kommt es, daß, seitwärts betrachtet, die Lösung blauviolett gefärbt erscheint und im Durchgang rötlich-gelb. Da die kleinen Suspensionen zugleich auch als kleine Spiegelchen wirken, so müssen sie das Licht auch als solche polarisieren, was wir mit dem Nikol auch konstatieren können. Diese Erscheinung ist eine rein physikalische, die mit dem Chemismus nichts zu tun hat und nicht mit der äußerlich sehr ähnlichen Erscheinung der Fluoreszenz verwechselt werden darf. Wenn wir ein anderes Gefäß mit einer sehr verdünnten Fluoreszeinlösung nehmen, so bekommen wir ein grünes Leuchten, das aber keine Polarisation des Lichtes zeigt und dessen durchgegangenes Licht die Komplementärfarben des Farbstoffes ergibt; im Spektroskop bekommen wir seine Absorptionsstreifen, d. h. daß hier die Erscheinung durch das vom Farbstoffe absorbierte Licht verursacht wird und kein zerstreutes Licht ist. Deshalb fehlt hier die Polarisation und verschiedene Körper werden auch ein verschiedenes individuelles Leuchten ergeben. Nehmen wir z. B. Äskulinlösung, so erhalten wir ein blaues Leuchten, bei Triphenylmethan ein violettes, bei alkoholischer Chlorophyllösung oder wäßriger Rhodaninlösung ein blutrotes Leuchten, bei Eosin ein gelbliches usw. Bei manchen Farbstoffen, wie z. B. Eosin, kann man auch eine Polarisation beobachten; das rührt daher, daß dieser Farbstoff, wie auch manche andere, teilweise koaguliert sind und als kolloidale Körper das Tyndallphänomen ergeben, dessen Leuchten sich dem Fluoreszenzlicht zugesellt.

Trotzdem die Opaleszenz eine reine physikalische Erscheinung ist, so ist sie für uns doch von Bedeutung, weil der Himmel seine blaue Farbe hauptsächlich dieser Erscheinung verdankt. Denn die Sonnenstrahlen müssen, ehe sie in unser Auge gelangen, eine dicke Schicht der Atmosphäre, die von fein verteilten Suspensionen aller Art gefüllt ist, passieren. Im Laufe dieses Durchganges werden die Strahlen längerer Wellen, also die roten, orangen, gelben, fast ungehindert durchgehen. Die Folge ist jene Sonnenröte, die wir beim Erwachen des Tages und vor der Abenddämmerung wahrnehmen, wo die Strahlen den längsten Weg in der Atmosphäre zurücklegen. Somit müssen die rot-orangen Strahlen einerseits und blau-violetten andererseits auf das Leben auf der Erdoberfläche von entscheidendem Einflusse sein. Dies trifft auch zu, denn die Assimilation der Pflanzen wird hauptsächlich durch die gelb-roten Strahlen bewirkt, die blau-violetten wirken viel schwächer und die Pflanzen sind gerade in Grün gefärbt, in der Farbe, die am schwächsten am Himmel ausgeprägt ist. Und da die Assimilation eine der wichtigsten photochemischen Reaktionen für uns ist, so war es auch für uns von Interesse, diese physikalische Erscheinung kennen zu lernen. Wir können die Zerstreuung der Strahlen noch auf folgende einfache Weise demonstrieren. Werfen wir auf ein Milchglas ein Bild einer Kohlenfadenglühlampe; es erscheint etwas verwaschen. Stellen wir eine Rotglasscheibe vor, so wird es schärfer, bei blauem Glase verschwindet das Bild; das rührt daher, daß das Milchglas ein stark trübes Medium (ZnO in der Glasmasse) darstellt, dessen Teilchen sehr konzentriert sind. Deshalb erhalten wir bei dieser dünnen Platte dieselben Erscheinungen, wie bei einer großen Flüssigkeitsschicht oder Atmosphäre. Auf diesen Versuch wurde ich von Scheffer aufmerksam gemacht; diese Zerstreuungsphänomene spielen eine große Rolle bei Fliegerphotographie. Um bei Nebel Aufnahmen machen zu können, müssen wir vor dem Objektiv Äskulinfilter vorschieben, um das zerstreute blaue und violette Licht unschädlich zu machen und deutliche Bilder zu erhalten.

Fluoreszenz. Die Fluoreszenz ist eigentlich eine Begleiterscheinung der Absorption, bei der nicht die ganze absorbierte Energie in Wärme, Elektronenstrahlung, photochemische Arbeit umgewandelt, sondern ein Teil in Form des Lichtes zurückgewonnen wird. Die Lichtausstrahlung ist wiederum verbunden mit der Verschiebung der Elektronen von einer Quantenbahn in die andere. Die Grundgedanken der Bohrschen Theorie können hier wieder in Anwendung kommen, ähnlich wie es bei der Emission der Linienspektra der Fall war. Man hat auch versucht, in dieser Richtung vorzugehen, nur hat sich hier, wie es auch zu erwarten war, die Sache viel komplizierter erwiesen; man hat vorläufig nur qualitative Übereinstimmungen erhalten. Der eingeschlagene Weg ist vielversprechend und kann uns das Studium des molekularen Baues sehr erleichtern. Aber auch hier kann man positive Resultate erst dann erwarten, wenn uns der Mechanismus der Lichtabsorption in allen Details bekannt sein wird. Vermutlich wird eine einfache Beziehung zwischen dem absorbierten und ausgestrahlten Lichte bestehen, möglich, daß ähnlich dem Grotthus-van't Hoffschen photochemischen Absorptionsgesetze sich eine einfache Proportionalität ergeben wird. Die letzten Versuche von Wawiloff (1922) scheinen diese Vermutung auch zu bestätigen. Jedenfalls wird die Einsteinsche photoelektrische Formel hier wohl kaum stimmen können aus denselben Gründen, aus denen sie bei den photochemischen Reaktionen nicht stimmen kann. Wie auf S. 36 betont wurde, muß die Fluoreszenz auch mit den lichtelektrischen Erscheinungen eng verbunden sein, was auch in der Tat zutrifft.

Die erste Literaturangabe über die Fluoreszenz datiert vom Jahre 1575. Ein venezianischer Arzt namens Niccolò Monardes erzählt in seiner Schrift von der Tinktur eines weißen Holzes, die bei Tageslicht „comincia a divenire di un colore azuro molto chiaro“. Es fehlen aber die näheren Angaben über dieses Holz.

Kircher berichtet im Jahre 1668 auch von einer solchen Holztinktur, die im Lichte „Blaufärbung“ zeigt. Scheinbar handelt es sich hier um das in jeder Zeit als Heilmittel sehr bekannte nephritische Holz. Auch Grimaldi beschreibt einen Versuch mit dieser Holztinktur; er läßt einen Lichtkegel fallen, der „blauleuchtend“ wird. Ähnliche Versuche stellen auch Boyle, Newton, Hooke, Mariotte, Wolf u. a. an.

Ein Apotheker aus Erlangen namens Frischmann gibt an, daß eine Lösung von der Rinde der Roßkastanie blau leuchte (1780). Diese Erscheinung entdeckte Goethe wieder, untersuchte sie näher (1798) und stellte die Lösung als Äskulinlösung fest. Herschel (1845) fand die Fluoreszenz des Chinins und Brewster die des Chlorophylls (1846). Zu der gleichen Zeit waren schon die Fluoreszenz des Flußspats, der Tinktur von Sandel-, Brasilia-, Quassia- und anderer Hölzer, des Uranglases und anderer Substanzen bekannt. Man experimentierte auch ziemlich viel in dieser Richtung, aber im allgemeinen ist in dieser Zeitperiode von fast 300 Jahren, die seit Monardes verflossen ist, nichts nennenswertes, besonders in bezug auf die theoretischen Erklärungen und Auffassungen dieses Phänomens erreicht worden; man versuchte diese Erscheinung durch „Lichtzerstreuung“ zu erklären. Der Anfang der Entwicklung dieser Disziplin fällt erst in das Jahr 1852, in dem der Engländer Stokes seine ersten Versuche über die Fluoreszenz in die Öffentlichkeit brachte. Seine gewissenhaft ausgeführten Experimente, die er gleichzeitig scharfsinnig zu interpretieren wußte, sind für die weiteren Forschungen grundlegend geworden.

Stokes fand, daß die Fluoreszenz kein zerstreutes oder innen reflektiertes Licht, sondern ein durch Eigenschwingungen der Moleküle bedingtes Selbstleuchten ist. Diesem Selbstleuchten hat er auch zuerst den Namen Fluoreszenz beigelegt. Ihre Ursache liegt in der Absorption hauptsächlich der kurzwelligen ultravioletten Strahlen; es findet also eine Art Transformation der kurzwelligen Strahlen in die langwelligen sichtbaren, oder, wie Stokes sich ausdrückt, von stark brechbaren in weniger brechbare Strahlen statt (die Regel von Stokes).

Bei starken Konzentrationen ist das Leuchten schwächer als bei den mittleren, und bei größerer Verdünnung wächst es bis zu einem Maximum und nimmt im weiteren Verlauf wieder ab, bis es ganz erlischt. Aber wie die Versuche ergeben haben, hört das Leuchten erst bei enorm geringen Konzentrationen auf: so ergeben z. B. Äscorzein und Tetrajodfluoreszein noch ein sichtbares Leuchten in der Verdünnung von etwa $3 \cdot 10^{-7}$ mg in cm^3. In manchen Fällen ist der Fluoreszenzträger irgendein Ion der dissoziierten Verbindung, dann ändert sich die Intensität des Fluoreszenzlichtes mit der Dissoziation derselben, wie aus Buckinghams Beweisen hervorgeht.

Eine ganze Reihe von Forschern unternahmen, angeregt durch die Untersuchungen von Stokes, die nähere Erforschung dieses Gebietes und schenkten ihre besondere Aufmerksamkeit dabei der Stokesschen Regel. Man bezweifelte ihre Gültigkeit, und es entstand ein langjähriger Streit zwischen den Anhängern derselben und den Gegnern. Dieser Streit war sehr fruchtbringend für die weitere Entwicklung der genannten Disziplin, und besonders wirkte er günstig auf die Verfeinerung und Vervollkommnung der experimentellen Methoden.

Erst 1904 konnten Nichols und Merrit die Ungültigkeit dieser Regel endgültig beweisen, und damit war der langjährige Streit beigelegt. Sein Beginn läßt sich wohl auf das Jahr 1862 festsetzen, in dem zuerst in einer Arbeit von Pierre Tatsachen beschrieben wurden, die dieser Regel widersprachen.

Der Grund dieses langen Streites liegt in den großen experimentellen Schwierigkeiten, die bei der Untersuchung der Fluoreszenz der Forschung sich entgegenstellten und die auch jetzt noch viel Schwierigkeiten bereiten. Wir wollen hier nicht die einzelnen Stufen der Entwicklung verfolgen, sondern in kurzen Zügen nur die gewonnenen Resultate besprechen.

Wie Lommel zuerst gefunden hat, fluoresziert der Joddampf orangegelb; das Fluoreszenzspektrum besteht aus roten, orangefarbenen, gelben und grünen Linien, die maximale Intensität liegt im Orange. Im Vakuum ist das Leuchten nach Wiedemanns und Schmidts Angaben viel intensiver. Genauer untersucht wurde das Leuchten des Joddampfes erst von Wood im Jahre 1906; es hat sich dabei erwiesen, daß das Absorptions- und Fluoreszenzspektrum koinzidieren.

Der Quecksilberdampf leuchtet grün (Hartley 1904), der Thalliumdampf stark grün (Wood), der Natriumdampf hellgrün, der Kaliumdampf rötlich.

Von den organischen Verbindungen zeigen Fluoreszenz die Dämpfe des Retens, Phenanthrens, Anthrazens, Antrachinons, Chrysens, Indigo, Naphthalins usw. Bei den Dämpfen fallen die beiden Spektra der Absorption und der Fluoreszenz zusammen, ebenso in sehr vielen Fällen bei der Fluoreszenz in Lösungen. Nur die maximale Intensität ist in der Richtung zu den längeren Wellen verschoben, dieselbe wird aber durch Erregung mit verschiedenen Wellen nicht verschoben, wie es Burke, Nichols, Merrit, Miss Wick nachgewiesen haben; ebenso wurde von den letzteren drei Gelehrten noch gezeigt, wie sich die Lichtabsorption während der Fluoreszenz vergrößert und mit der Schichtdicke abnimmt.

Die Abhängigkeit der Fluoreszenz von dem Aggregatzustand hat man bisher auch noch nicht genügend untersucht. Sehr viele Substanzen, wie z. B. Anthrazen- (blau Fl.), Benzol- (ultraviolette Fl.) geben, wie im Dampfzustande, so auch im gelösten oder flüssigen Zustande, das gleiche Spektrum, andere tun es wieder nicht. Ein ähnliches Verhalten kann auch bei dem flüssigen und festen Zustande beobachtet werden. Was eben den festen Zustand anbetrifft, so ist bei der Beurteilung besondere Vorsicht zu beachten, weil hier oft verschiedene Verunreinigungen der Substanz eine große Rolle spielen; ebenso können auch hier wieder Phosphoreszenzerscheinungen zum Vorschein kommen und die Resultate falsch gestalten. Wiedemann und Schmidt haben manche fluoreszierende Körper in Gelatine gelöst und dabei gefunden, daß die Gelatine ein Nachleuchten gezeigt hat. Ähnliche Wirkung haben das Agar-Agar, das Eiweiß und anderer Kolloide; aber sie leuchten auch ohne Zusatz der fluoreszierenden Körper. Das Nachleuchten ist auch sehr abhängig von der Gelatinesorte. Es bilden sich hier verschiedene feste Lösungen, die phosphoreszieren.

Auch von Lösungsmitteln ist die Fluoreszenzfarbe sehr abhängig, wie es schon Stokes und Pierre beobachtet haben.

Als gutes Beispiel (auch für Demonstrationszwecke) kann der von O. N. Witt hergestellte organische Farbstoff Dimethylnaphthuredin gelten, dessen Struktur die folgende ist:

$$C_{18}H_{15}N_3 = C_{10}H_6\langle{}^{N}_{N}\rangle C_6H_3N(CH_3)_2;$$

er zeigt folgendes Leuchten in den angegebenen Lösungsmitteln:

Tabelle 12.

Lösungsmittel	Leuchtet	Dielektrizitätskonstante des Lösungsmittels
Ligroin	grün	1,86
Benzol	grünlichgelb	2,26
Äther	—	4,36
Oxalsäurediäthylester . . .	—	4,95
Benzoesäureäthylester . . .	gelb	6,04
Pyridin	—	8,08
Azeton	orangegelb	20,1
Äthylalkohol	orange	21,7
Methylalkohol	rotorange	32,5

Dementsprechend ändert sich auch die Absorption dieses Farbstoffes in den oben angeführten Lösungsmitteln. Ähnliches ergeben auch Resorufin, Aminophenylphentriazon (Kehrmann und Messinger 1872) und viele andere Stoffe. Die Ursachen dieser Erscheinung können verschieden sein. Es können sich nämlich einesteils die Absorptionsstreifen verschieben, anderenteils auch verschiedene chemische Umsetzungen stattfinden, oder sich allerlei Assoziationsprodukte bilden usw. Nicht immer findet eine solche einfache Beziehung zu der Dielektrizitätskonstante, ähnlich der Kundtschen Regel für Absorption, wie in dem angegebenen Falle statt. Wie die letzten Untersuchungen von Stark und Meyer und Steubing gezeigt haben, ist die ultraviolette Fluoreszenz eine sehr verbreitete Erscheinung, dagegen die ultrarote Fluoreszenz sehr selten zu beobachten.

Liebermann war der erste, der (1880) für eine ganze Reihe organischer Verbindungen auf ihren Zusammenhang mit der chemischen Konstitution hinwies. Die erste eingehende Untersuchung auf diesem Gebiet rührt jedoch von Meyer her; er beschäftigte sich mit den Verbindungen der Fluoreszein-, Anthrazen-, Xanthen-, Akridin- u. a. Reihen und entdeckte eine ausgeprägte Abhängigkeit der Fluoreszenz von der Konstitution. So fand er u. a., daß es gewisse Gruppen gibt, deren Vorhandensein die Fluoreszenz bedingt; diese Gruppen bezeichnet er als „Fluorophore". Danach ist bei der Akridin-, Fluoreszein- und Xanthongruppe als Fluorophor die

Pyrongruppe 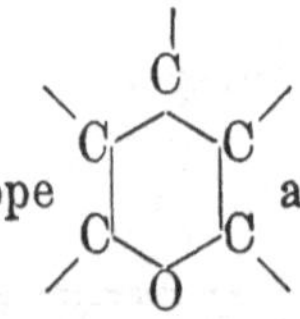 anzunehmen, bei der Anthrazenreihe die Gruppe 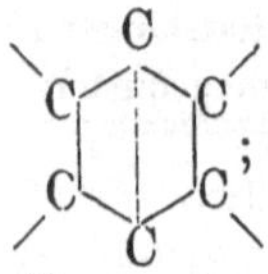 ; die Diketongruppe 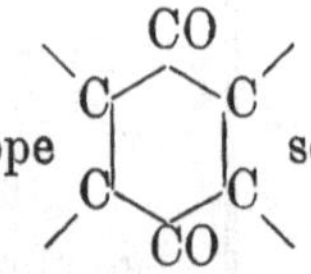 soll aber nach Meyer kein Fluorophor sein, und deshalb fluoresziert die Anthrachinonreihe nicht; bei der Akridingruppe ist die Gruppe 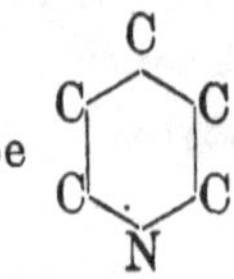 als Fluorophor anzusehen usw.

Im allgemeinen handelt es sich beim Fluorophor also hauptsächlich um einen sechsgliedrigen (einfachen oder heterozyklischen) Ring, der auf irgendwelche Weise zwischen dichteren Atomkomplexen gelagert ist. Nun muß aber bemerkt werden, daß Meyer nur die sichtbare Fluoreszenz in Betracht gezogen hat, wie es auch zu jener Zeit die meisten Forscher getan haben, z. B. Hewitt und Armstrong u. a. Auch in der neuen Zeit wird leider die ultraviolette Fluoreszenz noch zu wenig berücksichtigt, und deshalb haben auch alle auf Grund solcher einseitiger Versuchsanordnung und Betrachtung gezogenen theoretischen Schlüsse einen verminderten Wert. Viel später hat Meyer zusammen mit Stark diese Stoffe und auch andere Benzolderivate nochmals untersucht, aber mit der Berücksichtigung des ultravioletten Teiles, und dementsprechend auch ganz andere Resultate erhalten; viele Stoffe, die er früher als nicht fluoreszierend angesehen hatte, leuchteten im Ultraviolett.

Es hat sich nun erwiesen, daß alle Benzolderivate fluoreszieren, und daß sie dabei alle ein und dasselbe gemeinsame Fluorophor besitzen, nämlich den Benzolkern. Durch mannigfaltige Verkettungen, Annellierungen und Substitution verschiedener Gruppen wird das Absorptions- und Fluoreszenzspektrum nach einer oder der anderen Richtung verschoben.

Eine ganz andere Ansicht vertritt Hewitt; er erklärt die Fluoreszenz durch Tautomerie, d. h. der fluoreszierende Stoff existiert in zwei Zuständen, die unter dem Lichteinflusse ineinander übergehen, und einer von diesen Vorgängen ist mit Lichtausstrahlung verknüpft. Es können aber auch assoziierte Moleküle in einfachere zerfallen und dann sich wieder vereinigen. Diese Theorie, die allen fluoreszierenden Körpern die Forderung stellt, alle tautomer zu sein, hat sich als einseitig erwiesen und auch viele Ausnahmen ergeben.

Weiter untersuchte Hugo Kaufmann zahlreiche Fälle und stellte seine eigene Theorie auf. Ähnlich wie Meyer konstatiert er die Existenz gewisser Gruppen, welche die Fluoreszenz bedingen, und denen er den Namen „Luminophore“ beilegt. Diese alle genügen noch nicht für das Hervorbringen der Fluoreszenz, es müssen noch andere Radikale und Gruppen substituiert werden, und diese nennt Kaufmann „Fluorogene“. Wie man sieht, entspricht seine Einteilung derjenigen Meyers in „Fluorophore“ und „dichtere Atomkomplexe“. Sein großes Versuchsmaterial ergibt folgendes: die aliphatische Reihe fluoresziert fast gar nicht; bisher sind auch nur wenige Fälle bekannt, unter denen ein Körper als stark fluoreszierend bezeichnet werden kann, der von Wislicenus dargestellt ist und nach ihm folgende Konstitution besitzt:

$$\begin{array}{l} NC-CH_2-CH-CN \\ \qquad\qquad\quad | \\ \qquad\qquad\quad CO-CO_2C_2H_5 . \end{array}$$

Es ist aber möglich, daß er auch eine andere Struktur besitzt.

Die aromatischen Verbindungen leuchten mit wenigen Ausnahmen fast alle. Verschiedene Verkettungen, Annellierungen der einfachen und heterozyklischen Ringe, Substitution einzelner Gruppen und Radikale, besonders der Doppelbindung, befördern die Fluoreszenz. Kaufmann gibt eine ganze Reihe von Regelmäßigkeiten an, aber leider nur solche, die sich auf die sichtbare Fluoreszenz beziehen, während er die ultraviolette ganz unberücksichtigt gelassen hat. Es wäre von Interesse, auch jenen Teil heranzuziehen und von diesem Standpunkte die Theorie zu bearbeiten.

Es sei noch erwähnt, daß nach Kaufmanns Ansicht die Luminophoreigenschaft mit einem besonderen Zustand des Körpers verbunden ist, den er als D- oder Grenzzustand bezeichnet; dieser verleiht den Stoffen eine maximale Reaktionsfähigkeit, eine große Neigung zur Oxydation und anomale magnetische Rotation.

Als fluoreszenzverstärkend haben sich folgende Fluorogene erwiesen: COOH Carboxylgruppe, $CH = CH \cdot COOH$ Akrylsäurerest, $CH = CH$ Äthylenbindung, C_6H_6 Benzolkern und auch andere Ringe.

Fluoreszenzschwächend dagegen sind: Cl, Br, J, NO_2, Azetylierung und viele andere Gruppen, SO_2OH, die Sulfogruppe, wirkt verschieden.

Nach Kaufmann sind noch Francesconi, Barghellini und Formanek zu nennen, die sich mit diesem Problem viel beschäftigt haben; ihre Anschauungen stehen in naher Beziehung zu den Ansichten von Meyer und Kaufmann.

Francesconi und Barghellini teilen auch die verstärkend und schwächend wirkenden Gruppen und Radikale in „Auxoflore“ und „Batoflore“ (in der Analogie der „Auxochrome“ und „Batochromen“-Gruppen bei der Absorption). Als Auxoflore geben sie folgende Gruppen an: NH_2, $NH \cdot CH_3$, $N(CN)_2$, OH, CN, COOH, $COOC_2H_5$, $CH = CH$; als Batoflore $N = N$, NO_2, Cl, Br, J, CO, CH_3.

An diese Ansichten von Kaufmann, Francesconi, Barghellini schließt sich auch Formanek eng an. Er untersuchte eine große Menge von Substanzen (500) und zog daraus theoretische Schlüsse, die sich den Ansichten der oben erwähnten Forscher sehr nähern. Heutzutage haben alle diese beschreibenden und klassifizierenden Theorien ihren Wert eigentlich verloren; vielleicht könnten sie noch einen pädagogischen Wert besitzen. Denn der Schwerpunkt liegt jetzt in der Erforschung der Fluoreszenzspektra, die uns Aufschluß über den Molekularbau geben müssen. Luminophor wird jeder Körper sein, der leicht seine Elektronen mit Hilfe des absorbierten Lichtes auf andere Quantenbahnen überführen läßt. Ob dabei nur die photochemischen Valenzelektronen tätig sind, kann man mit Sicherheit noch nicht behaupten. Kennt man alle diese Bahnen und alle herrschenden Energieverhältnisse, so kennt man auch die Zusammensetzung des ausstrahlenden Lichtes und die Änderung desselben mit der Struktur.

Die Fluoreszenz ist als Begleiterscheinung der Absorption eine Eigenschaft der reinen Körper und ist von der Temperatur wenig abhängig; in manchen Fällen bekommen wir, wie wir gesehen haben, eine volle Umkehrung des Absorptions- und Fluoreszenzspektrums, in anderen wiederum nicht. Ganz genau untersucht sind diese Beziehungen noch nicht, aber es scheint, daß man in der nächsten Zeit hier entscheidende Schritte zu erwarten hat. Die Fluoreszenz dauert so lange, wie die Belichtung dauert und deshalb hat man sie von einer anderen Erscheinung, der sogenannten Phosphoreszenz unterschieden. Die letztere besteht bekanntlich darin, daß manche Erdalkalisulfide, die mit sehr geringen Mengen von Schwermetallsalzen, wie Bi, Cu, Mn, Sb, Ag zusammengeschmolzen sind, nach dem Belichten ein langdauerndes Nachleuchten ergeben. Die Farbe der Phosphoreszenz wechselt mit dem Schwermetall. Beleuchtet man eine Sammlung von verschiedenen Phosphoren, so kann man ein Farbenspektrum zusammenstellen. So leuchtet z. B. ein Bi-Phosphor blauviolett (der sog. Balmainsche Phosphor), Cu-Phosphor grün Mn-Phosphor gelb. Nach Tiede leuchtet auch MgS, wenn man ihm seltene Erden hinzufügt.

Dieser Zweig der Photochemie hat auch seine Geschichte.

Phosphoreszenz. In dem Märchen von „Tausend und einer Nacht“ und in alten indischen Sagen hören wir oft von leuchtenden Edelsteinen erzählen, die natürlich damals als etwas Zauberhaftes und Wunderbares angesehen wurden. Auch in den Schriften des Theophrast und Benvenuto Cellini wird darüber gehandelt, aber eine genauere Beschreibung dieses Phänomens rührt erst von van Helmont im Jahre 1600 her. Aller Wahrscheinlichkeit nach hatte er damals diese Beobachtung an Flußspat gemacht. Kurz darauf, in den Jahren 1602/03, fand ein Schuhmacher Vincentius Casciarolus, der seine freie Zeit der Alchimie widmete, in der Nähe von Bologna am Mons Padermus einen Stein (Schwerspat $BaSO_4$), der, nachdem er geglüht war, beim darauffolgenden Belichten ein rotes Nachleuchten ergab, das eine lange Zeit währte. Das war der erste künstlich hergestellte Leuchtkörper, der seit jener Zeit unter dem Namen Bologneser Phosphor (Lapis Bononiensis) bekannt geworden ist. Es war wohl nichts anderes als BaS.

Auch Canton (1763) gibt eine Methode der künstlichen Darstellung eines Leuchtsteines aus Austernschalen und Schwefel an (Cantonscher Leuchtstein; es bildet sich dabei CaS).

Es wurden nun eine ganze Reihe von Stoffen auf ihr Leuchtvermögen hin geprüft und auch zahlreiche Beispiele dabei gefunden. So waren z. B. bis Mitte des 19. Jahrhunderts unter vielen anderen auch folgende phosphoreszierende Körper bekannt: Zinkblende (hexagonale Kristalle von ZnS, die sogenannte Sidotsche Blende), Chlorophan (besonders der aus Nertschtinsk), Flußspat, Diamant, Korund, Eis, Quarz, Rubin, Saphir, Tonerde, Topas. Dann wuchs die Zahl der Leuchtkörper immer nach, bis sie in unseren Tagen ungeheuer groß geworden ist. Diese Stoffe, die das Leuchten ergeben, sind von verschiedener Zusammensetzung; aber für die Untersuchungen haben sich besonders geeignet die Sulfide der Erdalkalimetalle, wie BaS, SrS, CaS, ZnS, welche die Eigenschaft besitzen, leicht Polysulfide MeS bis MeS_5 zu bilden, erwiesen.

Schon in früherer Zeit hat man mit den Leuchtkörpern eifrig experimentiert, aber alle diese Versuche waren nichts anderes als ein grobes, planloses Herumprobieren. Den ersten Schritt einer zielbewußten und wissenschaftlichen Untersuchung dieses Phänomens unternahm Edmond Becquerel im Jahre 1839. Mit ihm begann erst, wie man mit Recht sagen kann, die Geschichte des wissenschaftlichen Erforschens dieses Gebietes. Ihm verdanken wir auch hauptsächlich unsere heutige Kenntnis auf diesem Gebiete. Ein ganz besonderer Vorzug muß dem berühmten französischen Forscher zugesprochen werden, ein Vorzug, der nicht genug hervorgehoben werden kann, nämlich, daß er während seinen langjährigen Studien sich immer nur an das Experimentelle hielt, sich nicht durch allerlei theoretische Spekulationen fortreißen ließ, wodurch er alle Verwirrungen in seinen Arbeiten vermied. Auch nach ihm arbeiteten noch andere tüchtige Forscher und besonders der Physiker Lenard an diesem Problem und fügten viele interessante Tatsachen hinzu. In aller Kürze erwähnen wir die Resultate, die uns bisher bekannt sind.

Edmond Becquerel hatte gefunden, daß das Evakuieren keinen Unterschied in diesen Prozeß hineinbringt, daß aber die Temperatur wohl von größtem Einflusse ist. Je niedriger diese bei der stattfindenden Belichtung war, desto intensiver war das Nachleuchten bei der darauffolgenden Erwärmung. Bei hoher Temperatur wird das Nachleuchten schwach und nimmt an Dauer ab. Die Erwärmung eines phosphoreszierenden Körpers bedingt eine Vergrößerung der Intensität des emittierenden Lichtes, zugleich aber wird auch die Dauer des Leuchtens verkürzt; sie kann sogar bis zum kurzen Aufleuchten gebracht werden. Mit anderen Worten, durch Temperaturerhöhung gelangt der Leuchtkörper schneller zum Auslöschen. Umgekehrt, eine Temperaturerniedrigung schwächt das Phosphoreszenzlicht und kann die Dauer der Ausstrahlung enorm vergrößern. Dies kann man auf folgende Weise demonstrieren. Auf einem Stativ (Abb. 27) sind drei kleine Dewarsche Gefäße befestigt; in alle drei gießt man Wasser von Zimmertemperatur, kochendes und eiskaltes, ein. Über jedem Gefäß hängt ein flaches Röhrchen, das mit Leuchtpulver gefüllt ist; belichtet man die Röhrchen und taucht ein, so wird im kochenden Wasser ein Aufleuchten und im eiskalten Wasser eine Verdunkelung beobachtet. Taucht man erst ein und belichtet dann, so wird beim Herausnehmen das Umgekehrte beobachtet. Man kann diese Versuche auf verschiedene Weise variieren. Stoffe, die bei gewöhnlicher Zimmertemperatur leuchten, unterlassen diese Erscheinung bei sehr tiefen Temperaturen. Viele Stoffe wiederum, die bei gewöhnlicher

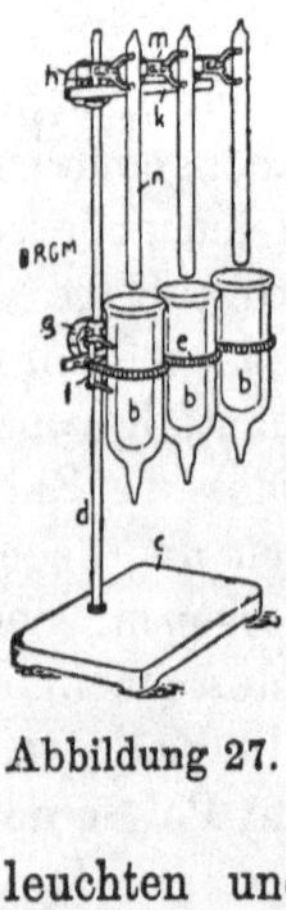

Abbildung 27.

Temperatur nicht leuchten, ergeben eine schöne Phosphoreszenz, wenn sie in flüssige Luft gebracht werden, z. B. Papier, Holz, Kohle, Stearin, Zucker, Elfenbein, Paraffin, Horn, Petroleum, Gelatine, Zelluloid, Alkaloide, Alkohole, Kohlenwasserstoffe, einfache, zyklische und aromatische usw. Ganz besonders hell und schön leuchtet Kognak. Am einfachsten ist dieser Versuch so anzustellen, daß man in ein kleines Dewargefäß, das mit flüssiger Luft gefüllt ist, einige Tropfen Kognak eingießt. Kognak schwimmt an der Oberfläche in fester Form und nach dem Belichten leuchtet er intensiv grün. Wieder viele Stoffe, die bei gewöhnlicher Temperatur nicht leuchten, ergeben eine Phosphoreszenz beim Erwärmen. Diese Erscheinung ist unter dem Namen Thermophosphoreszenz bekannt und beruht darauf, daß die Geschwindigkeit des Lichtemissionsvorganges bei gewöhnlicher Temperatur sehr gering ist und bei Steigerung derselben stark vergrößert wird. Es gibt auch andere Ursachen der Lumineszenz bei Temperaturerhöhung, aber diese sollen erst weiter unten besprochen werden. Rote und ultrarote Strahlen wirken ähnlich, wie eine Temperaturerhöhung, indem sie ein kurzes Aufleuchten bedingen und dann die Phosphoreszenz ganz auslöschen. Da aber das Aufleuchten von so kurzer Dauer ist, daß es meistens kaum bemerkbar ist, so gewährt es den Eindruck, als löschten die langwelligen Strahlen das Phosphoreszenzlicht aus. Am geeignetsten für Demonstrationszwecke ist die Sidotsche Blende, deren Phosphoreszenz sogar durch ultrarote Strahlen ausgelöscht wird, die vordem durch eine dünne Ebonitplatte durchgegangen sind. Diese auslöschende Wirkung wurde zuerst von Ritter im Jahre 1701, dann von Seebeck beobachtet, wie man in der Farbenlehre von Goethe nachlesen kann. Draper hat dann, diese Eigenschaft berücksichtigend, eine Methode zum Photographieren des ultraroten Teiles des Spektrums gefunden, indem er die photographische Platte an die phosphoreszierende Schicht andrückte. Fromm hat diese Methode weiter ausgearbeitet, das Sonnenspektrum von Ultraviolett bis Ultrarot vermittelst des Balmainschen Leuchtkörpers fixiert und dabei die Beobachtung gemacht, daß auch ultraviolettes Licht auslöschend wirken kann.

Das erregende Licht ist meistens kurzwellig, und wie es sich herausgestellt hat, steht es auch in keinem Zusammenhange mit dem emittierenden Lichte, woraus deutlich hervorgeht, daß es sich hier um zwei ganz verschiedene Vorgänge handelt. Das emittierte Licht besteht aus breiten und schmalen Banden: ja sogar Linien in wechselnder Lichtstärke. Die Lichtquellen, z. B. ultraviolettes

Licht, Röntgenstrahlen, Funkenlicht, Kathodenstrahlen haben verschiedene Wirkung, was wohl darauf zurückzuführen ist, daß je nach der Strahlenart auch andere Vorgänge im ersten Stadium hervorgerufen werden.

Dauer und Temperatur der Erhitzung, die bei der Darstellung der Leuchtkörper angewandt werden, sind von großem Einfluß.

Die Intensitätsmessungen der schnell abklingenden Phosphoreszenz werden in einem von E. Becquerel gebauten Apparate (Abb. 28) ausgeführt, der den Namen „Phosphoroskop" trägt. Dieser besteht aus folgenden Teilen: In einem metallischen Kasten *d* rotieren mit willkürlich verstellbarer Geschwindigkeit um eine Achse *O* zwei Kreise. Auf beiden Kreisen sind vier Sektoren in jedem herausgeschnitten, und zwar so, daß die Sektoren eines Kreises mit den Sektoren des anderen sich in Kreuzstellung befinden. Bei *e* befindet sich der Leuchtkörper; rechts befindet sich das Auge; links tritt das erregende Licht ein. In dem Augenblick nun, wo der Leuchtkörper von dem Licht bestrahlt wird, ist er dem Auge des Beobachters durch den ersten Kreis unsichtbar, im nächsten Zeitintervall wird er jedoch dem Auge sichtbar und von der Lichtquelle abgeschnitten. Durch die Änderung der Rotationsgeschwindigkeit der Kreise können die Zeitintervalle, die zwischen der Belichtung und der nachfolgenden Beobachtung bestehen, beliebig variiert werden. Mit diesem Apparate kann auch die nur eine kurze Spanne Zeit anhaltende Phosphoreszenz genau beobachtet werden. Die Intensitätsmessung erfolgt dann mit einem Polarisationsphotometer.

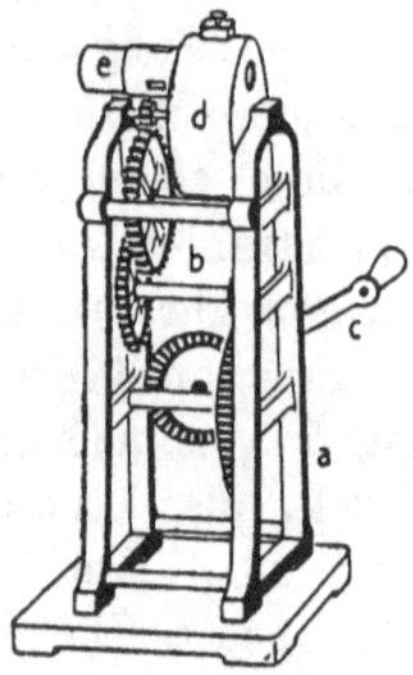

Abbildung 28.

Mit diesem Apparate hat nun Becquerel bei verschiedenen Substanzen die Geschwindigkeit des Abklingens gemessen und gefunden, daß diese bei rasch abklingenden Körpern dem logarithmischen Gesetze folgt (ähnlich den Reaktionen erster Ordnung), also die Intensitätsänderung des Lichtes nach der Formel:

$$I_t = I_0 e^{-at} \qquad \text{I}$$

stattfindet (I bedeutet Lichtintensität zur Zeit t, I_0 Anfangsintensität). Bei langsam abklingenden Stoffen nähert sie sich der hyperbolischen Formel:

$$I \cdot t = \text{konst.} \qquad \text{II}$$

(also ähnlich den Reaktionen zweiter Ordnung).

Daneben hat er noch gefunden, daß bei ein und demselben Leuchtkörper verschiedene Banden des emittierten Spektrums mit verschiedener Geschwindigkeit abklingen. Leider hat Becquerel die einzelnen Banden nicht genau untersucht, sondern nur immer das gesamte Licht gemessen. Dieser Fehler erfährt aber dadurch eine Linderung, daß die von ihm untersuchten Stoffe vorwiegend eine Bande von stärkerer Intensität zeigten. Infolge dieser verschiedenen Abklingungsgeschwindigkeiten erfolgt bei der Temperaturveränderung ein Wechsel in der Lichtintensitätsverteilung verschiedener Banden, d. h. es entsteht ein scheinbarer Farbenwechsel des emittierenden Lichtes. Glas z. B. phosphoresziert bei gewöhnlicher Temperatur und bis 180° grün und von 200° an blau. Auch manche Sulfide zeigen diesen Farbenwechsel.

Besonders schön ist er bei SrS (Becquerel) wahrzunehmen. Dieses leuchtet bei — 20° violett, bei + 20° blauviolett, bei 40° blau, bei 70° grün, bei 90° gelbgrün und bei 100° gelb. Aber selbstverständlich wird nicht jedes SrS diese Erscheinung haben, sondern nur auf besondere Weise präpariertes.

Bei manchen phosphoreszierenden Stoffen, die sehr schnell abklingen und dementsprechend nur ein kurzes Aufleuchten ergeben, kann dieses verlängert werden, indem man den Leuchtkörper in ein Medium bringt, welches den Vorgang des Leuchtens verlängert. So haben z. B. Wiedemann und Schmidt gezeigt, daß Eosin bei gewöhnlicher Temperatur sehr kurz phosphoresziert und ein kaum wahrnehmbares Nachleuchten hervorruft, in Gelatine ziemlich lange nachleuchtet, aber nur bis 140°, bei 140° und höher wird das Nachleuchten wieder so kurz, daß es einem Fluoreszenzlichte ähnelt. Becquerel dachte sich die Fluoreszenz und Phosphoreszenz als Vorgänge von gleicher Art, die nur zeitlich voneinander unterschieden sind, indem die Fluoreszenz eine sehr kurz dauernde Phosphoreszenz ist.

Er hat nun eine ganze Reihe von Substanzen vermittelst seines Phosphoroskops von diesem Gesichtspunkte aus geprüft und die Bestätigung der oben erwähnten Angabe nicht gefunden. Es hat sich erwiesen, daß viele fluoreszierende Substanzen im Phosphoroskop bei jeder Rotationsgeschwindigkeit immer dunkel bleiben; er konnte also den zeitlichen Verlauf nicht fassen. Die zweite Kategorie der Stoffe ergab nur den zeitlichen Vorgang, also stellen sie die reine Phosphoreszenzerscheinung dar. Viele ließen sich in zwei Vorgänge trennen, einen, der im Phosphoroskop nicht nachweisbar war, und einen zeitlichen, bei dem aber ein Farbwechsel stattfand. Das bedeutet aber nichts anderes, als daß bei diesen Stoffen die beiden Luminiszenzvorgänge gleichzeitig zum Vorschein kamen. Darum soll bei den Untersuchungen solcher Körper besonders darauf achtgegeben und alle Mühe angewandt werden, sie zu zergliedern. Wiedemann und Schmidt waren die ersten, die den Gedanken klar erfaßt haben, daß es sich bei Phosphoreszenz um zwei Vorgänge handelt, einen, der unter der Einwirkung des Lichtes vor sich geht, und den anderen, der sich unter der Lichtaussendung vollzieht.

Die Geschwindigkeit des Abklingens wurde außer von Becquerel noch von vielen anderen Forschern gemessen. Im allgemeinen haben sich die Befunde Becquerels bestätigt; hinzugefügt wurde nur noch, daß manche Körper, die sich nicht nach der ersten oder zweiten Formel berechnen lassen, vermittelst einer Zwischenformel (nach Nichols und Merrit):

$$\sqrt{I} \cdot (a + b\,t) = 1 \qquad \text{III}$$

befriedigt werden können.

So hat Darwin für den Balmainschen Leuchtkörper (CaS mit Bi-Salz verunreinigt) eine annähernde Übereinstimmung mit der Formel II, Henry für die Sidotsche Blende nach der Formel I (aber in Pulverform in dünner Schicht auf Papier gebracht nach der Formel II) gefunden, Micheli für CaS nach der Formel II usw.

Für jede Lichtstärke tritt ein Maximalleuchten auf, d. h. es stellt sich ein stationärer Zustand ein. Mit Vergrößerung der Lichtstärke vergrößert sich auch dieses Maximum, aber nicht auf einfache Weise. Denn hier kommen noch in Betracht die Reflexionen des Lichtes von der Oberfläche, sein Vermögen, in die Körper einzudringen, die Absorption des Phosphoreszenzlichtes in den tiefer liegenden Schichten von den oberen, die Temperatur, die Größe der Pulverkörper usw. Genau hat man diese Seite der Strahlenforschung noch nicht festgestellt.

Was den Chemismus der Leuchtkörper betrifft, so hat Becquerel in dieser Hinsicht fast gar nichts ergründet. Der erste, der diese Frage zu untersuchen in Angriff nahm und auch eine ziemlich klare Vorstellung darüber gewann, war Lecoq de Boisbaudran (1886). Er hat nämlich bewiesen, daß reine Sulfide von Ca, Ba, Sr fast gar nicht leuchten und erst beim Zusammenschmelzen mit winzigen Mengen von Mn, Cu, Bi, Co Leuchtfarben ergeben, wobei jedem der zugesetzten Metalle seine eigene Farbe zukommt. Bei dieser Gelegenheit hat er auch den Begriff fester Lösungen ausgesprochen. Zu gleicher Zeit versuchte auch Verneuil, dieses Problem zu lösen und fand, daß reine Substanzen nicht phosphoreszieren, sondern daß sie diese Erscheinung erst nach Verunreinigung mit verschiedenen Metallsalzen hervorrufen. Er entdeckte auch, daß das Leuchtvermögen durch Zusatz von Schmelzmitteln (z. B. Na_2CO_3) gesteigert werden kann. Sehr grundlegende Untersuchungen in dieser Richtung machten darauf Lenard und Klatt. Sie haben die Befunde früherer Forscher bestätigt gefunden und noch hinzugetan, daß bei Kombinationen verschiedener Metallsalzinhalte eine Steigerung der Helligkeit stattfindet, aber nur bis zu einer gewissen Grenze. Ein weiterer Zusatz dagegen vermindert die Helligkeit, d. h. die Phosphoreszenz besitzt, wie man zu sagen pflegt, ein Optimum. Beim CaS ist es z. B. 0,00008 für CuO, 0,0013 für Bi_2O_3, 0,03 für MnO (auf CaS = 1 berechnet). Jedem zugefügten Metallsalz entspricht eine Farbe, die aber von dem angewandten Schmelzmittel auch abhängig ist. Hier folgen einige Beispiele von Lenard und Klatt:

CaS + Cu-Salz + Na-Salz	(als Schmelzmittel) phosphoresziert	blaugrün
CaS + Cu-Salz + K-Salz	„ „ „	blau
CaS + Pb-Salz + Na-Salz	„ „ „	gelbgrün
CaS + Pb-Salz + K-Salz	„ „ „	blau
CaS + Mn-Salz + Na-Salz	„ „ „	goldgelb
CaS + Bi-Salz + Na-Salz	„ „ „	blau
SrS + Cu-Salz + Na-Salz	„ „ „	gelbgrün
SrS + Pb-Salz + Na-Salz	„ „ „	goldgelb
SrS + Pb-Salz + Li-Salz	„ „ „	violett
SrS + Pb-Salz + K-Salz	„ „ „	blauviolett
SrS + Ag-Salz + Na-Salz	„ „ „	rosaviolett
SrS + Mn-Salz + Na-Salz	„ „ „	gelbgrün
SrS + Bi-Salz + Na-Salz	„ „ „	blaugrün
BaS + Cu-Salz + Na-Salz	„ „ „	gelbgrün
BaS + Cu-Salz + Na-Salz	„ „ „	orangerot
BaS + Pb-Salz + Na-Salz	„ „ „	orangegelb

Die hellsten sind die Bi- und Cu-haltigen Leuchtkörper.

In der letzten Zeit hat Thiede starke Phosphore mit Borsäure, die mit verschiedenen organischen Körpern verunreinigt wird, hergestellt.

Aus dieser Tatsache, daß nur bei einer Verunreinigung eine Phosphoreszenz möglich ist, läßt sich der Schluß ziehen, daß jeder Leuchtkörper eine oder mehrere Metallsalze in sich aufgelöst birgt, wenn auch dieselben nicht direkt nachzuweisen sind. So wurde z. B. vorgezeigt, daß die Tonerde ihr Licht dem Cr verdanke, und

Urbain wies nach, daß das Leuchten des Flußspats auf seltene Erden zurückzuführen sei. Ferner sind Dauer und Temperatur beim Abkühlen, die Abkühlungsgeschwindigkeit der Schmelzmittel von größtem Einfluß auf die Helligkeit. Ein zu starkes Zerreiben hebt wieder das Leuchtvermögen auf. Aus den Arbeiten dieser beiden Gelehrten geht klar hervor, daß es sich hier um feste Lösungen handelt und die günstigsten Bedingungen der Herstellung eines schön leuchtenden Körpers mit der Herstellung einer stark konzentrierten festen Lösung zusammenfallen. Waentig hat diese Arbeiten wieder fortgeführt und die günstigsten Bedingungen der Darstellung stark phosphoreszierender Leuchtkörper ausgearbeitet. Waentig ist von Anfang an von der Ansicht ausgegangen, daß wir es hier mit festen Lösungen zu tun haben, und diese Annahme hat er auch überall bestätigt gefunden. Er konnte folgende Sätze dabei aufstellen: Die Temperatursteigerung vergrößert die Löslichkeit des Metalls, läßt das überschüssige Metall verdampfen; lange Erhitzung macht die Lösung und auch die Verdampfung des Überschusses vollständiger. Der Zusatz von Schmelzmitteln beschleunigt den Lösungsvorgang und verzögert die Ausscheidung des Metalls beim Abkühlen (die feste Lösung wird dadurch gesättigter). Die rasche Abkühlung bewirkt auch eine Übersättigung; alle diese Umstände, die also die Konzentration der Übersättigung vergrößern, verstärken auch das Phosphoreszenzlicht. Umgekehrt wirkt dagegen alles, was die schnelle Ausscheidung des Metalls, mangelhafte Lösung und Übersättigung, Verminderung der Konzentration, Oxydation desselben herbeiführt, ungünstig auf die Darstellung der Leuchtkörper. Über den eigentlichen Mechanismus des Leuchtens haben die letztgenannten Forscher jedoch noch keine näheren Aufschlüsse gegeben.

Die Leuchtdauer ist auch eine verschiedene; sie kann einige Sekunden betragen und auch einige Tage und Wochen dauern, und zwischen diesen Extremen können wir beliebige Variationen herstellen. Auch die Intensität und Farbennuancen des Leuchtens lassen sich variieren; diese hängen von der Herstellungsart ab, d. h. von der Dauer des Erhitzens, von der Art der Salzzusätze, von der Höhe der Temperatur, von der Reinlichkeit der Körper usw. usw.

Da aber der Leuchteffekt im allgemeinen von sehr schwacher Intensität ist, so erschwert dieser Umstand die spektrale Untersuchung des emittierten Lichtes enorm. Denn die spektrophotographischen Apparate erfordern eine ziemlich starke Intensität, um genügend starke Abdrücke in kurzer Zeit zu bekommen. Trotzdem ist es gelungen, manches in diesem Gebiete zu erforschen und ziemlich reichliches Versuchsmaterial anzusammeln; besonders viel haben wir, wie gesagt, dem Physiker Lenard zu verdanken. Seine Untersuchungen gestatten auch uns, manche wichtigen Schlußfolgerungen zu ziehen.

Von ihm wurde an den Phosphoren das Gesetz der konstanten Lichtsummen, das für die Chemilumineszenz auf Seite 117 interpretiert wird, geprüft und bestätigt gefunden, wie es aus der folgenden Tabelle 13 klar hervorgeht.

Tabelle 13.

	Nr.	Temperatur des Aufleuchtens	Ausgestrahlte Lichtenergie in willkürlichen Einheiten
ZnS-Phosphor	1	von 30 bis 70°	61
	2	bei 250°	59
	3	bei 1300° (Dauer $^1/_{10}$ Sek.)	62

Angenähert wird die gesamte absorbierte Lichtenergie als Lumineszenzstrahlung wieder emittiert.

Es muß hervorgehoben werden: die bisherigen Beobachtungen beschränken sich fast ausschließlich auf die sichtbare Phosphoreszenz. Es ist jedoch gewiß, daß ein nicht minder großes Gebiet der unsichtbaren ultraroten und ultravioletten Phosphoreszenz existiert, von der wir noch sehr wenig wissen. So emittiert z. B. der CaAgK-Phosphor nur ultraviolettes Licht bis 300 $\mu\mu$ und der SrNiKCa-Phosphor nur ultrarotes Licht bis 915 $\mu\mu$.

Das Phosphoreszenzlicht wird auch von freiwerdenden Elektronen begleitet. Elster und Geitel haben bei den Erdalkalileuchtkörpern den Hallwachsschen Effekt nachgewiesen; eingehend wurde aber diese Erscheinung erst von Lenard nnd Saemland untersucht. Diese fanden, daß der lichtelektrische Effekt durch dieselben Strahlen verursacht wird, welche die Phosphoreszenz erregen, und mit dem Aufhören der Belichtung verschwindet auch das Phänomen. Die Untersuchung wurde im Vakuum gemacht. Diese Forscher haben weiter noch folgende bemerkenswerte Beobachtung gemacht, daß die langwelligen, auslöschend wirkenden Strahlen eine sogenannte dielektrische Verschiebung verursachen, die in einer vergrößerten Leitfähigkeit zum Ausdruck kommt. Diese beiden Forscher versuchen, auch auf dieser Erscheinung fußend, ihre eigene physikalische Theorie der Phosphoreszenzerscheinung zu geben.

Aus allem oben Gesagten wird nur das eine deutlich klar: trotz des umfangreichen Beobachtungs- und Versuchsmaterials wissen wir von dem Mechanismus dieser Erscheinung noch sehr wenig.

Der Physiker hat das Bestreben, alles physikalisch zu erklären, und der Chemiker alles chemisch. Das ist selbstverständlich. Heutzutage, wo die Physik so große Triumphe feiert und die Chemie ihr mit ebenbürtigen Leistungen nicht die Wage halten kann, prävaliert die physikalische Auffassungsweise und das rein Chemische wird sehr oft mit Unrecht beiseite geschoben. Wir haben das schon deutlich bei der Einsteinschen Formel gesehen, wo man zwangsweise ein rein physikalisches Gesetz auf rein chemische Vorgänge anzuwenden bestrebt ist. Ähnlich steht es mit der Fluoreszenz und Phosphoreszenz. Diese beiden Erscheinungen wurden hauptsächlich von Physikern studiert und der physikalische Charakter dieser Studien tritt deshalb deutlich zutage. Mag man aber auch rein physikalische Vorstellungen über die innere Struktur der Atome haben, mit dem Momente, wo sich ein neues chemisches Individuum gebildet hat, hat man mit der Chemie zu tun und ihr gebührt das erste Wort. Den Mechanismus der Lichtabsorption selbst kann man physikalisch erklären, aber die Änderung der Lichtabsorption mit der Struktur gehört schon in die Chemie hinein, und die mit der Lichtabsorption eng verbundene photochemische Wirkung um so mehr. Solange man den Mechanismus der Lichtemission bei der Fluoreszenz als einen Teilvorgang der Lichtabsorption betrachtet, gehört die Erscheinung in physikalisches Kapitel; wo es sich aber um die Änderung derselben mit der Struktur handelt, muß sie in die Chemie eingeordnet werden. Ebenso steht es mit der Chemilumineszenz. Der Grundvorgang ist eine chemische Reaktion; die Lumineszenz ist eine Folgeerscheinung derselben, die unter bestimmten Umständen auftreten kann. Darum muß sie von allen Faktoren, die den chemischen Prozeß beeinflussen, wie Temperatur, Konzentration, Katalyse, Medium abhängig sein. Die Lichtabsorption und Fluoreszenz hängen von diesen Faktoren nicht ab, weil dabei keine chemische Umsetzung zugrunde liegt. Nun fragt es sich, wohin sollen wir die Phosphoreszenz einreihen? Der Physiker betrachtet sie als eine langdauernde Fluoreszenz, oder umgekehrt, die Fluoreszenz als kurz dauernde Phosphoreszenz. Diesem kann der Chemiker nicht zustimmen und zwar aus folgenden Gründen. Die Phosphoreszenz tritt nicht bei reinen Stoffen auf, wie die Fluoreszenz, sondern nur bei Mischungen, die auf besondere Weise chemisch hergestellt sind. Sie ist einerseits abhängig vom Chemismus dieser

Mischung und von der Temperatur und anderseits von dem Charakter der Lichteinwirkung. Es liegt deshalb nahe, diese Erscheinung als einen Vorgang, der aus zwei Teilvorgängen zusammengesetzt ist, aufzufassen. Der erste Vorgang ist ein rein photochemischer, der zweite ist eine reine Chemilumineszenz.

Die Sulfidphosphore können wir als feste Lösung der Metallpolysulfide betrachten, die durch die Lichteinwirkung eine chemische Zersetzung erleiden. Dieser Vorgang muß von der Lichtintensität, der einwirkenden Wellenlänge und den photochemischen Eigenschaften der photoaktiven Komponenten, in erster Linie des Schwefels und der schweren Metalle, abhängig sein; von der Temperatur muß dieser Prozeß dagegen in hohem Grade unabhängig sein, weil die Lichtreaktionen einen sehr kleinen Temperaturkoeffizienten besitzen. Walter (1912) hat das Absorptionsspektrum der Erdalkalisulfide gemessen und gefunden, daß die Phosphoreszenz durch dies absorbierte Licht hervorgerufen wird. Ob die Metatsulfide bei diesem Prozeß als photochemische Katalysatoren oder als Reaktionskomponente auftreten, ist noch unbekannt. Der zweite Vorgang der Lichtemission ist ein rein chemischer. Ob es sich hier um ein Gleichgewicht handelt, das nach Aufhören des Belichtens in den früheren Zustand zurückkehrt, oder der Prozeß weitergeht, aber in anderer Richtung, z. B. das entstandene Produkt durch Sauerstoff oxydiert wird usw., darüber können wir heutzutage nichts Bestimmtes sagen. Nur eins wissen wir, daß dieser chemische Prozeß von einer Lichtemission begleitet wird, und deshalb von allen Faktoren, von denen die Chemilumineszenz abhängt, wie Temperatur, Medium, Reaktionskomponenten abhängig sein muß. Und das trifft auch in der Tat zu, wie wir gesehen haben. Diese scharfe Trennung der beiden Erscheinungen voneinander und von der Fluoreszenz wird sehr durch die Schwierigkeit der Untersuchung selbst erschwert. Denn es handelt sich um schwache Lichteffekte, die schwer quantitativ zu untersuchen sind, um geringe Beimengungen, die schwer zu fassen sind, um feste Lösungen, mit denen zu hantieren wir noch nicht genug eingeübt sind. Das gleichzeitige Auftreten der beiden Phänomene, der Fluoreszenz und der Phosphoreszenz, erschwert noch mehr die Untersuchung und führt manchmal zu der falschen Schlußfolgerung, daß es sich um dieselben Erscheinungen handelt. Man muß noch die Möglichkeit in Betracht ziehen, daß während der Belichtung im Körper selbst geringe Umsetzungen stattfinden können, die eine Phosphoreszenz oder Fluoreszenz hervorrufen können, die sich dem vorhandenen Effekte beimengen; besonders kann das bei tiefen Temperaturen geschehen. Diese chemische Auffassung der Phosphoreszenz als kombinierter Vorgang aus Licht- und Leuchtreaktionen kann die Trennung dieser äußerlich weitgehend ähnlichen Effekte und das Klassifizieren der Vorgänge und das weitere Studium sehr erleichtern. Um dies besser verstehen zu können, müssen wir uns ein wenig mit den Eigenschaften der Leuchtreaktionen (Chemilumineszenz) beschäftigen.

Leuchtreaktionen. Es sind schon lange gewisse chemische Reaktionen bekannt, die mit einem Leuchten verbunden sind; als erste dieser beobachteten Reaktionen ist wohl das Leuchten des Phosphors an der Luft anzusehen. Diese Beobachtung machten schon die Entdecker desselben, Brand und Kunkel im Jahre 1699. Auch Brugnatelli berichtet bereits im Jahre 1800 von einer Reihe solcher Reaktionen. In der nachfolgenden Literatur finden sich gleichfalls viele Beobachtungen über derartige Erscheinungen, oder, wie die meisten genannt werden, Chemilumineszenzen. Größtenteils stehen sie jedoch ohne jeden Zusammenhang nebeneinander. Erst in den letzten Jahren hat mit dem Wachsen des Interesses für die Photochemie ein mehr oder weniger zielbewußtes Studium dieser Erscheinung begonnen, wobei sich hauptsächlich die Forscher Radziszewsky, Bandrowsky, Schorigin und besonders Max Trautz hervorgetan haben.

Aus dem recht zahlreich vorhandenen Beobachtungsmaterial geht deutlich hervor, daß das Leuchten eine Funktion der Reaktionsgeschwindigkeit ist. Es wird bei der Auslösung des chemischen Vorgangs der größte Teil der potenziellen Energie in Wärme und ein geringer Teil in Licht verwandelt. Deshalb hängt das Leuchten von allen den Faktoren ab, die auf irgendeine Weise die Geschwindigkeit beeinflussen. So wird durch Temperaturerniedrigung, durch den Zusatz negativer Katalysatoren oder durch Konzentrationsverminderung reagierender Komponenten die Geschwindigkeit verringert und dementsprechend auch das Leuchten geschwächt. Und umgekehrt: alle Umstände, die zur Vergrößerung der Geschwindigkeit beitragen, bedingen ein intensives, aber mit kurzer Dauer verknüpftes Leuchten, ja, in manchen Fällen nur ein momentanes Aufflammen. Im allgemeinen spielt die Temperatur eine Hauptrolle bei diesen Vorgängen. Mit ihrer Hilfe kann man bei beliebigen Reaktionen das Luminiszieren vom kaum wahrnehmbaren Effekt bis zum hellen Aufleuchten steigern. — Betrachten wir die interessantesten Beispiele näher.

Eine Reihe schöner Versuche können mit Phosphor angestellt werden. Unter die Glocke der Vakuumpumpe gebracht, bei allmählicher Druckabnahme, was mit der Verringerung der Sauerstoffkonzentration gleichbedeutend ist, nimmt das Leuchten rasch ab. Bei Zuführung der Luft hellt es wieder auf. Dämpfe von Terpentin, Äthylenbromid, Benzol und besonders von Methyl-, Äthyl-, Allyljodiden wirken negativ katalytisch auf diesen Vorgang und vermindern stark die Intensität des Leuchtens, ja, können es sogar vollständig aufheben. Viele Forscher haben den Mechanismus dieser Oxydation des Phosphors genau studiert, aber er erwies sich als sehr kompliziert, und eine einwandfreie Erklärung aller beobachteten Erscheinungen ist bisher noch nicht möglich gewesen. Die Lösung von Phosphor in Schwefelkohlenstoff und Chloroform leuchtet an der Oberfläche, also dort, wo ein Zutritt des Sauerstoffs stattfindet; eine Lösung in Eisessig, wenn man 30%iges Wasserstoffsuperoxyd zufügt, leuchtet jedoch intensiv grün in der ganzen Masse.

Kocht man eine Eisessiglösung, in der Phosphor aufgelöst ist, in einem Kolben, so leuchten die austretenden Dämpfe grün und verbreitern sich im Auditorium wie schwere Leuchtwolken.

Die meisten bisher bekannten lumineszierenden Reaktionen sind Oxydationsvorgänge. So ergeben z. B. alle Aldehyde, Phenole, Alkohole in alkoholischer Lösung eine starke Lumineszenz mit 30%iger H_2O_2, mit Brom-, Chlorwasser und mit alkoholischer Jodlösung. Es genügt sogar in manchen Fällen ein Schütteln der alkoholischen Lösung an der Luft, um eine ziemlich starke Lumineszenz zu erzeugen (wie z. B. Lophin). In der folgenden Tabelle ist eine Reihe leuchtender Reaktionen angegeben:

Tabelle 14.

Azetylen (gasf.) mit Cl, Br (gasf.) ergibt ein fahles gelbgrünes Licht,

Schwefelkohlenstoff mit Luft ergibt beim Erwärmen ein fahles Leuchten,

Ammoniak (Gas) mit Br, Cl (gasf.) ergibt ein fahles gelbgrünes Leuchten,

NH_3 (konz. Lösung) mit Bromwasser ergibt ein helles Leuchten,

Chlormonoxyd in wäßriger Lösung bei verschiedenen Oxyden ergibt ein mittelhelles Leuchten,

Frische Flächen von K, Na, Li, Ca mit gasf. O_2, Cl_2, Br_2, J_2 ergeben schwaches Leuchten,

Oxydisilin (Si_2H_2O) und Silikathydroxyd [(Si_2OH)OH] bei Oxydation mit CrO_3, $KMnO_4$, KNO_3 geben ein starkes Leuchten,

Isobutylalkohol ergibt hellgrünes Leuchten,

Amylalkohol ergibt hellgrünes Leuchten,

Formaldehyd in heißem alkoholischen Kali ergibt helles Leuchten,

Benzaldehyd mit 30% H_2O_2 ergibt helles grünes Leuchten,

Azetaldehyd Palmitinsäure	mit 30%igem H_2O_2 ergibt hellgelbes Leuchten,
Stearinsäure Zerotinsäure (Wachs) Rizinusöl Palmitinsäure Chinesisches Wachs	(mit festem KOH) erhitzt) ergeben helles Leuchten,

β-Dinaphthylamin mit Bromwasser ergibt helles Leuchten,

Carbazol Anthrazen Azenaphthen Anthrachinon Phenanthren	mit Bromwasser und heißem alkoholischen Kali ergeben sehr helles Leuchten,

Diphenylamin mit Chlor ergibt helles Leuchten,
Kalziumkarbid mit heißer $HClO_4$ ergibt ein sehr hellgrünes Leuchten,
Paraffin (mit festem KOH érhitzt) ergibt hellweißes Leuchten,

Brenzkatechin Eikonogen Methol Pyrogallol Anthrazen Chrysen Gallussäure Tannin Resorzin Hydrochinon Amylalkohol	mit KOH und 30%iger H_2O_2 ergeben helles orangefarbenes Leuchten,
Glyzerin Azeton Mannit	ergeben beim Erwärmen mit Natriumperoxyd helles Leuchten,

CaO, BaO, $CaCl_2$ mit Wasser ergeben schwaches Leuchten.

Fast alle organischen Körper leuchten beim Schmelzen mit KOH, beim Erhitzen und Bearbeiten mit starken Oxydationsmitteln. Verschiedene Zusätze scheinen auf die Leuchtfarbe wenig Einfluß auszuüben, so ändert z. B. der Zusatz von $K_2Cr_2O_7$, Fluoreszein, Jodkaliumlösung, Alizarinblau zu der Trautz-Schoriginschen Reaktion ihre Lumineszenzfarbe nicht. Ähnlich indifferent verhalten sich auch die Salze von Na, Ni, Ba, Sr, Cu.

Alle Fettsäuren, Holz, Wachs, Stearin ergeben beim Zusammenschmelzen mit Kali an der Luft ein Leuchten; ähnlich verhalten sich Ozonwasser bei Anwesenheit von Spuren organischer Verbindungen, gebrannter Kalk beim Löschen usw. usw.

Sehr intensives Leuchten wird durch folgende Reaktionen, die zu Demonstrationszwecken besonders geeignet sind, hervorgerufen.

Lophin in alkalischer Alkohollösung bei 65° mit 33 %iger H_2O_2 gemischt, ergibt grüne, Amarin unter denselben Bedingungen bei 85° auch grüne, aber mit Bromwasser gelbliche, mit Chlorwasser bläulichgrüne, und mit alkoholischer Jodlösung gelblichweiße Lumineszenz.

Das intensivste Leuchten, das bisher bekannt ist, kann an folgenden zwei Reaktionen demonstriert werden.

Die erste wurde von Wedekind gefunden und besteht in der Einwirkung von Chlorpikrin auf Phenyljodmagnesium

$$3\,C_6H_5MgJ + Cl_3CNO_2 = (C_6H_5)_3CNO_2 + 3\,MgJCl.$$

Es werden dazu 4,8 g Magnesiumspäne mit 40,8 g Jodbenzol in sehr stark abgekühltem und trockenem Äther (80 ccm) gelöst. Diese Lösung muß vorsichtig zu der stark abgekühlten Ätherlösung von Chlorpikrin tropfenweise hinzugefügt werden.

Diese Reaktion ergibt eine prachtvolle gelblichgrüne Lumineszenz. Auch andere Reaktionen mit den Organomagnesiumverbindungen geben ein mehr oder weniger intensives Leuchten.

Die andere ist die von Trautz-Schorigin kombinierte Reaktion der Oxydation von Aldehyden und Phenolen. Sie wird auf folgende Weise ausgeführt. Es werden ein Teil 10 %iger Pyrogallollösung, zwei Teile 40 %iger Pottasche und zwei Teile 35 %iger Formaldehyd mit zwei bis drei Teilen 30 %iger H_2O_2 zusammengemengt. Die Lösung leuchtet in einem wunderbaren Orangerot. Am zweckmäßigsten ist sie in dem in Abbildung 29 abgebildeten hohen Glaszylinder, der in einer großen Kristallisierschale aufgestellt ist, auszuführen.

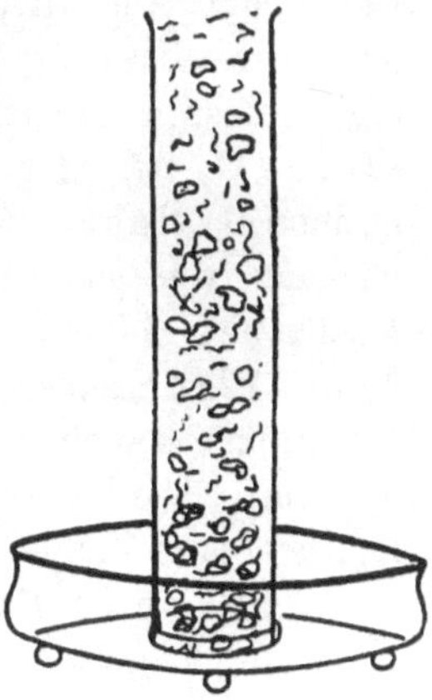

Abbildung 29.

Wird Chininsulfat schnell bis 180° erhitzt, so leuchtet es; kühlt man es wieder schnell ab, indem man es in kaltes Wasser bringt, so tritt das Leuchten wieder auf. In einem Fall wird Wasser abgegeben; in anderen vereinigt es sich mit Chinin wieder. Diese Abgabe und Aufnahme von Wasser ist von Leuchten begleitet. Diese Strahlung von Chininsulfat hat zuerst Le Bon beobachtet (1900). Er hat noch mehr gefunden, nämlich, daß dabei die Luft ionisiert und leitend gemacht wird, so daß ein sich in der Nähe befindendes geladenes Elektroskop seine Ladung verliert.

Miß Gates und besonders Kalähne mit seinen Mitarbeitern haben diese Erscheinung näher untersucht und die Befunde Le Bons bestätigt; sie haben weiter gezeigt, daß es sich hier um Leuchtreaktionen handelt, und der Hauptfaktor, der die Intensität des Leuchtens und die Geschwindigkeit der Entladung des Elektroskops reguliert, ist die Reaktionsgeschwindigkeit.

Die gesamte Entladungsmenge ist aber von der Geschwindigkeit unabhängig und für 1 g der Substanz gleich $24 \cdot 10^{-9}$ Coulomb.

Ob alle Leuchtreaktionen mit der Aussendung der Elektronen verbunden sind, läßt sich vorläufig infolge des dürftigen Versuchsmaterials nicht entscheiden; ausgeschlossen ist es aber nicht. Es ist noch bekannt, daß die Phosphoroxydation von der Ionisierung der Luft begleitet wird; daß $CaCl_2$, $CaSO_4$ bei Behandlung mit H_2SO_4 und H_2O dasselbe tun; aber genaue einwandfreie Messungen sind bisher noch nicht vorgenommen worden. Es scheint, daß diese Reaktionen mit ultravioletter Lumineszenz begleitet sind. Trautz und Seidel haben gefunden, daß die Reaktion $CO + O_3$ ein Leuchten ergibt, dessen Intensität annähernd proportional der Konzentrationen CO und O_3 ist. Das Abklingen des Lichtes erfolgt nach der zweiten Ordnung. Haber und Just haben 1911 bewiesen, daß bei Einwirkung von gasförmigem Cl, Br, J auf metallisches Na sich freie Elektronen bilden. Man erhält eine Elektronenstrahlung. Im Jahre 1922 haben Haber und Zisch gezeigt, daß diese Reaktionen auch von einer schwachen Lumineszenz begleitet werden. Die Versuchsanordnung war die folgende: Man ließ aus einem schmalen Rohr mit Stickstoff verdünnten Na-Dampf in eine Chlor- oder Bromdampfatmosphäre eintreten. Es bildet sich ein schwach gelb leuchtender Kegel, der im Spektroskop die gelbe Natriumlinie zeigte; nimmt man Quecksilberdampf, so ist das Leuchten grün. Man war früher der Meinung, daß die Lumineszenz von den reagierenden Molekülen stammt, obgleich die Tatsache, daß dabei ein sehr schwaches Leuchten auftritt, unbeachtet dessen, daß bei diesen Reaktionen viel Energie frei wird, nicht zu erklären war. Jetzt neigt man immer mehr zu der Anschauung, daß das Leuchten von den, in die Reaktion noch nicht eingetretenen, Molekülen herrührt, die durch Stöße zum Leuchten angeregt werden. Die bei der Reaktion frei werdende Energie geht größtenteils in Wärmeenergie über, d. h. in Bewegungsenergie und ein Teil in freie Elektronen. Diese können durch Stöße die anderen Moleküle anregen, d. h. bei ihnen die Elektronen auf höhere Quantenbahn verschieben, wobei bei Rückkehr derselben auf die ursprüngliche Bahn Licht emittiert wird. Es mehren sich auch immer mehr experimentelle Tatsachen, die diese Anschauung stützen. Es ist anzunehmen, daß die Moleküle, die am meistem lockere Valenzelektronen enthalten, auch am meisten zu Lumineszenz geneigt sein werden. Diese Ergebnisse zwingen uns unwillkürlich, Vermutungen aufzustellen, daß auch bei der Lichtabsorption, die Fluoreszenz und photochemische Effekte hervorruft, diese Anregung inaktiver Moleküle eine gewisse Rolle spielen kann. Besonders könnte das bei der Übereinanderlagerung verschiedener Streifen der photochemischen Absorption und besonders bei der Photokatalyse der Fall sein. Das bestärkt uns wieder in der Meinung, daß, ehe der Mechanismus der Lichtabsorption in allen seinen Details uns nicht bekannt ist, die quantentheoretische Interpretation der Fluoreszenz, Ionisation, photochemischer Effekte nicht, einwandfrei sich durchführen läßt.

Kehren wir wieder zu unserem Thema zurück. Es entsteht die Frage, welche Gesetzmäßigkeiten bei Leuchtreaktionen herrschen können. 1. Was die spektrale Zusammensetzung des Lichtes anbetrifft, so wird uns die nähere Erforschung der Molekülstruktur und die Verschiebbarmöglichkeiten der Elektronen auf andere Quantenbahnen darüber Aufschluß geben können. 2. Was den energetischen Teil anbetrifft, so ist anzunehmen, wie es Plotnikow im Jahre 1913 ausgesprochen hat, daß der summarische Leuchteffekt einen Teil der frei werdenden Wärmetönung ausmachen muß, d. h. auf ein Grammol umgesetzter Substanz dieselbe Menge ergeben, ungeachtet der Größe der Reaktionsgeschwindigkeit. Je schneller die Reaktion verläuft, in desto kürzerer Zeit wird die bestimmte Lichtmenge ausgestrahlt und die Intensität scheint größer zu sein. Bei langsamem Verlauf, z. B. bei tieferer Temperatur, wird die Intensität kleiner sein, weil dieselbe Lichtmenge in größerem Zeitintervall ausgestrahlt werden muß. Direkte Messungen zur Prüfung dieses Gesetzes der konstanten Lichtsumme sind noch nicht gemacht worden (siehe S. 109). Diese Anschauung widerspricht nicht den oben angeführten Befunden von Haber und Zisch. 3. Noch auf eine Erscheinung könnte man aufmerksam machen, daß die bisher bekannten Leuchtreaktionen einen heterogenen Charakter tragen, d. h. während des Reaktionsverlaufs sich eine andere Phase, sei es gasförmige, feste, flüssige bildet. Die Reaktionen, die in homogener Phase verlaufen, scheinen keine Lumineszenz zu ergeben. Es wäre interessant, diese Beobachtung näher zu verfolgen und mit der oben angegebenen Anschauung der Anregung der Moleküle zur Lumineszenz in Beziehung zu bringen. 4. Ebenso steht noch die von

Trautz aufgeworfene Frage offen, ob die Leuchtreaktionen zugleich reversibel lichtempfindlich sind, d. h. gegen dieselben Strahlen empfindlich sind, die sie selbst ausstrahlen.

Das sind alles Fragen, deren Lösung noch gründliches Studium erfordern wird und die ein großes theoretisches Interesse haben. Sie werden unsere Kenntnisse über die Molekularstrukturen und über den Mechanismus der chemischen Einwirkung der Moleküle aufeinander stark erweitern.

Die Leuchtreaktionen sind in der Natur sehr stark verbreitet, werden nur wegen ihrer schwachen Lichteffekte wenig beobachtet. In den vierziger Jahren vorigen Jahrhunderts war Heller der erste, der den Nachweis führte, daß das Leuchten nicht von Körpern selbst entsteht, sondern von Bakterien und Pilzen verschiedener Gattung, die sich auf den Körpern im Fäulniszustande bilden, ausgeht. Weiterhin hat er noch gezeigt, daß dieses Leuchten nur bei Anwesenheit von Sauerstoff stattfinden kann. Es ist wohl anzunehmen, daß die Bakterien oder Pilze einen Stoff produzieren, der bei Anwesenheit von Sauerstoff sich oxydiert und dabei Licht ausstrahlt. Molisch hat dann zuerst das Leuchten der Blätter von Bambusa, Nephelium, Aglaja u. a. Pflanzen auf der Insel Java entdeckt. Auf unserem Kontinente kann man das Leuchten am deutlichsten an den Blättern der Eiche und Buche beobachten. Besonders prachtvoll ist dies Leuchten der Blätter und Pflanzen in den südamerikanischen Urwäldern zu beobachten. Molisch ist es auch gelungen, die Leuchtbakterien von diesen Blättern zu isolieren und zu kultivieren. Und wie es sich gezeigt hat, leuchten sie auch nur bei Anwesenheit des Sauerstoffs.

Manche Sorten von Leuchtbakterien sind so empfindlich gegen die kleinsten Spuren von Sauerstoff, daß sie als Reagens darauf dienen können. Ein belehrendes Experiment hat Beijerinck gegeben, indem er in eine Bouillon von Photobakterien eine grüne Alge setzte und das Reagenzrohr im Dunkeln so lange stehen ließ, bis kein Leuchten mehr wahrnehmbar war. Dann wurde das Reagenzrohr kurz mit einer Streichholzflamme belichtet, und nach dem Auslöschen phosphoreszierte die ganze Flüssigkeit wiederum hell. Diese winzige, mit keinem chemischen Mittel wahrnehmbare Menge des durch die kurze und schwache Belichtung in der Alge photochemisch gebildeten Sauerstoffs genügt, um ein helles Aufleuchten der ganzen Flüssigkeit herbeizuführen.

Die Bakterienbouillon leuchtet, wenn sie lange ruhig gestanden hat, nur an der Oberfläche, wo der Zutritt des Luftsauerstoffes stattfindet. Beim Umschütteln aber leuchtet die gesamte Flüssigkeit in ihrer ganzen Masse. Manche Bakterien phosphoreszieren so stark, daß sie auch als kalte Lichtquelle für manche Zwecke benutzt werden können. Überhaupt lassen sich mit den leuchtenden Bakterien eine Menge sehr interessanter Versuche aufstellen. (Diese Organismen können auch am menschlichen Körper kultiviert werden und einen Schein von sich geben.)

Was aber das Leuchten lebender Insekten und Fische betrifft, z. B. das Phosphoreszieren von Käfern, Würmern, Krebsen, Quallen, Seesternen usw., so wird hier die Lichtausstrahlung nicht durch die Bakterien bedingt, sondern die Organismen produzieren selbst solche Stoffe, die mit dem in Wasser gelösten Sauerstoff in Verbindung treten und eine Chemilumineszenz ergeben. Dieselbe können sie ganz willkürlich, auf äußere Reize reagierend, hervorrufen. Diese Stoffe können auch extrahiert werden und leuchten beim Oxydieren. Ihre chemische Zusammensetzung ist noch nicht bestimmt worden. Ein Leuchten kann nicht nur bei chemischer Einwirkung, sondern auch beim Auskristallisieren und Reiben der Körper entstehen.

Kristallo-Tribolumineszenz. Es gibt viele Stoffe, die beim Auskristallisieren aus einer übersättigten Lösung Funken sprühen. Dieses Funkenspiel ist umso intensiver, je langsamer und ruhiger die Kristallisation vor sich geht, d. h. wenn die günstigere Bedingung für Bildung größerer Kristalle gegeben ist.

Diese Erscheinung zerfällt eigentlich in zwei Phasen. Anfangs beobachtet man ein lebhaftes Funkensprühen, meist weißbläulicher Farbe, das häufig mit Geräusch verbunden ist und ungefähr zwei bis drei Stunden währt. Dann hört alles auf, die Funken verschwinden und erst, wenn wir die am Boden haftenden Kristalle mit einem Stabe umrühren oder zerdrücken, erhalten wir wieder einen Leuchteffekt. Eine solche Fähigkeit, zu tribolumineszieren, geht bei manchen Kristallen in vielen Jahren nicht verloren, während andere sie sehr schnell einbüßen. Aus dem Gesagten könnte man den Schluß ziehen, daß der Hauptfaktor bei der Erscheinung des Lichteffektes beim Auskristallisieren die Tribolumineszenz ist, nämlich daß die gebildeten Kriställchen beim Niedersinken sich aneinander reiben und so die Tribolumineszenz hervorrufen. Deshalb ergeben alle diejenigen Stoffe, die tribolumineszieren, auch die Kristallolumineszenz und umgekehrt. Es kann aber die Ursache des Leuchtens ähnlich wie bei den Leuchtreaktionen, im Entstehen der neuen festen Phase liegen und die Tribolumineszenz ist schon ein sekundärer Vorgang.

Daß manche Stoffe beim Reiben und Zerdrücken Licht aussenden, war schon den Mitgliedern der Akademie del Cimento in Florenz (Anfang des 17. Jahrhunderts) bekannt. Aber erst in letzter Zeit beginnt die Entwicklung dieses Gebietes, welche hauptsächlich durch die Arbeiten von Bandrowsky, Radziszewski, Tschugaeff, Trautz, Schorigin, Osstromisslensky und vielen anderen Gelehrten gefördert worden ist. Hier folgen einige Beispiele.

Arsenige Säure beim Auskristallisieren aus der übersättigten Lösung von HCl, HBr, HJ, H_2SO_4.

$Ba(ClO_3)_2 \cdot H_2O$; $Ba(BrO_3)_2 \cdot H_2O$ (4 %ige Lösung); $Sr(BrO_3)_2 \cdot H_2O$; $Ca(BrO_3)_2 \cdot H_2O$; Salophen, K_2SO_4; $2K_2SO_4Na_2SO_4$; KCl; NaCl; KJ; NaF und viele andere beim Auskristallisieren aus wäßriger Lösung.

Kresolkarbonat beim Auskristallisieren aus Benzol.

Saccharin beim Auskristallisieren aus Azeton.

Wasser (beim raschen Gefrieren), Azetate von K, Na, Li; KNO_3; NaOH Cumarin u. a. beim Auskristallisieren aus der Schmelze.

Kolloidale Stoffe leuchten nicht.

Manche Salze, wie z. B. Uransalze (Dewar, Becquerel) geben beim Eintauchen in die flüssige Luft gleichfalls ein funkenartiges Leuchten von sich. Diese Erscheinung hat auch Zelinsky bei vielen organischen Stoffen: Zykloheptanon, Methylzyklohexanon, Fenchon u. a. beobachtet. Gleichzeitig hat er noch bemerkt, daß, im Vakuumröhrchen eingeschlossen, dieselben Stoffe beim Funkenspiel ein Leuchten des ganzen Rohres hervorrufen, was deutlich für den elektrostatischen Charakter dieser Erscheinung spricht (siehe Abb. 30). Daß manche Stoffe, wie z. B. Zucker, Chininsulfat, Uranylnitrat u. a. bei starker Abkühlung sich stark elektrisch laden, hat Bleckrode gezeigt. Ein ausgeprägter Zusammenhang der Tribolumineszenz mit der chemischen Konstitution konnte jedoch nicht nachgewiesen werden; dafür besteht aber scheinbar ein Zusammenhang mit der Kristallform. Anfangs wurde vermutet, daß dieselbe mit dem Fehlen des Zentrums der Symmetrie verbunden ist, aber wie die letzten Beobachtungen erwiesen haben, ist diese Vermutung unrichtig. Ob nun tatsächlich ein Zusammenhang der Tribolumineszenz zu der Kristallform besteht, läßt sich auf Grund des dürftigen und nicht immer

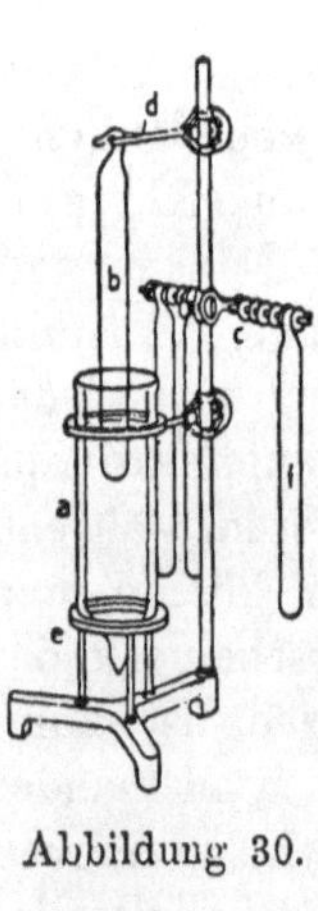

Abbildung 30.

einwandfreien Versuchsmaterials nicht entscheiden. Es ist vor einiger Zeit eine Arbeit von Karl erschienen, die beweisen will, daß ganz reine Stoffe überhaupt nicht triboluminieszieren, und daß diese Fähigkeit auf verschiedene Verunreinigungen, die mit den Grundstoffen feste Lösungen bilden, zurückzuführen ist. Es hat sich z. B. ergeben, daß reine ZnS, ZnO, CdS, Zirkonoxyd, Thoroxyd, Titan-Wolframsäure kein Leuchten ergeben; nur wenn sie mit Ag, Pb, Wo, Sn, Bi, Cu, Cd, Ni, Mn, Ur, Fe, Cr, Ba, Ca geschmolzen werden, erhalten sie diese Eigenschaft.

Dabei entspricht jeder Verunreinigung auch eine eigene Farbe, die jedoch von der Phosphoreszenzfarbe verschieden ist; so gibt z. B. Pb = Blau, Mn = Orange; auch ist die Farbe von dem Verdünnungsmittel abhängig, so ergibt ein Zusatz von TiO_2 zu ZnO Blauviolett. Lenard und Klatt haben auch an den ZnS Ähnliches gefunden, aber nicht weiter untersucht. Also, mit anderen Worten gesagt, die Erscheinung der Triboluminieszenz hat eine gewisse Ähnlichkeit mit der Phosphoreszenz, aber nur äußerlich, denn der innere Mechanismus ist ja ein ganz verschiedener. In einem Falle handelt es sich um photochemische Reaktionen, die mit Leuchtreaktionen kausal verknüpft sind, und im anderen Falle spielen wohl die Oberflächenenergie und die polaren Eigenschaften der festen Stoffe die Hauptrolle. Dieser Befund von Karl ist sehr interessant und wichtig und kann die ganze Untersuchung auf andere Bahnen lenken. Unsere Kenntnisse über diese Erscheinung sind so gering, daß von irgendwelchen Verallgemeinerungen oder einer Theorie noch keine Rede sein kann. Wie immer in solchen Fällen, hat es auch hier an Spekulationen nicht gefehlt. Die Frage, ob wirklich die Kristallform hier einen Einfluß ausübt, müssen wir aber dahingestellt sein lassen; ob die Kristalloluminieszenz dem Gebiete der Kristallographie oder Photochemie (den Leuchtreaktionen) angehört, das läßt sich in diesem Augenblicke noch nicht entscheiden. Da eine bloße Aufzählung der lumineszierenden Körper und eine Anzahl Versuche und Spekulationen hier wohl keinen Sinn haben würde, fällt auch eine ausführliche Beschreibung an dieser Stelle fort. Es sei noch bemerkt, daß wahrscheinlich auch manche Leuchtreaktionen auf diese Erscheinung zurückzuführen sind, z. B. die Reaktionen der Neutralisation der Alkoholate. Bei diesen Reaktionen bilden sich die Salze (K, Na, Li) in fester Form und, wie bekannt, ergeben sie eine Kristalloluminieszenz. Als ein gutes Beispiel kann folgende Reaktion gelten: man nimmt 20 Teile HCl und 30 Teile von Kaliummethylat in alkoholischer Lösung und vermischt diese Stoffe. Natürlich muß dafür gesorgt werden, daß die Temperatur niedrig genug steht. Nun scheidet sich KCl in fester Form aus, und es wird eine schöne grünliche Lumineszenz sichtbar oder wie gesagt, die primäre Ursache ist dieselbe, wie bei Leuchtreaktionen, nämlich die Ausscheidung einer neuen Phase. Zur Demonstration dieser Erscheinungen sind folgende Körper am geeignetsten. Für Kristallolumineszenz ist es am ratsamsten, $BaBrO_3$ zu nehmen; man stellt im Becherglase eine bei 100° gesättigte wäßrige Lösung dar (etwa 4 %) und läßt sie langsam erkalten. Nach einiger Zeit beginnt in der ganzen Lösung ein Funkensprühen, das mitunter 2 Stunden dauern kann. Für Tribolumineszenz ist es am geeignetsten, Salophen

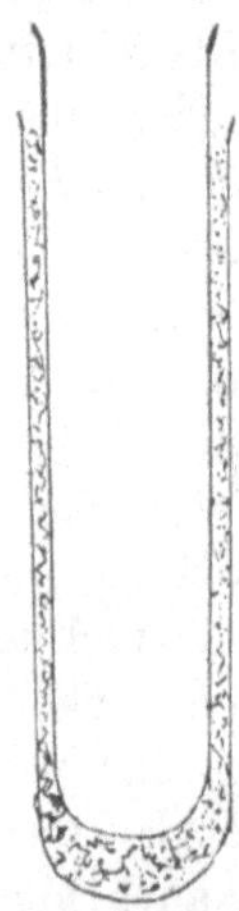

Abbildung 31.

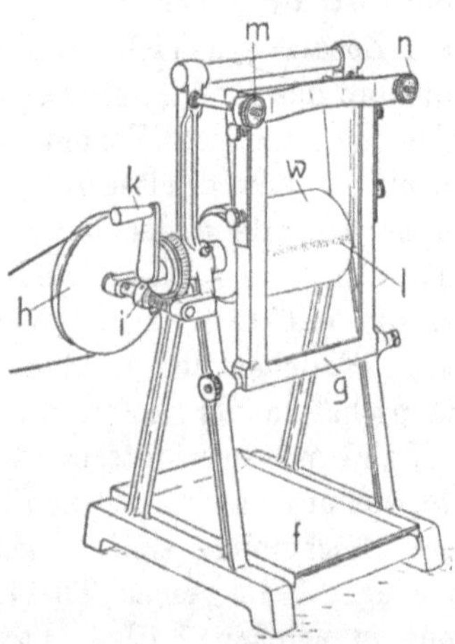

Abbildung 32.

Abbildung 33.

zu nehmen, das in jeder Apotheke zu haben ist. Wenn man es zwischen zwei eng aneinander angepaßte Reagenzzylinder einpreßt (siehe Abb. 31) und sie dreht, so nimmt man ein ziemlich starkes Leuchten wahr; man kann zwischen den Hörern eine Reihe derart präparierter Gläser verteilen. Noch besser und intensiver kann man das Leuchten im Triboluminoskop von Plotnikow erhalten. Dasselbe besteht aus einer Walze (Abb. 32), die an eine Glaswand angepreßt ist; streut man in diese Zwischenräume Pulver, so ergibt sich beim Drehen der Walze ein leuchtendes Band, das von weitem sichtbar ist. In der Abbildung 33 ist die äußere Ansicht des Apparates, der ein dauerndes Leuchten ergeben kann, abgebildet. Eine Beeinflussung der Kristallisation durch das Licht konnte nicht nachgewiesen werden. Es gibt noch eine Reihe von Leuchterscheinungen, die noch wenig untersucht sind und die wir nicht so leicht in irgendeine bekannte Gruppe einordnen können.

Viele Körper ergeben beim Erwärmen, z. B. beim Streuen auf eine heiße Platte, ein Leuchten (Thermolumineszenz). Dieses kann verschiedene Ursachen haben. Es kann einfach eine langsame Phosphoreszenz vorliegen, die nun beschleunigt wird und dementsprechend auch mehr Licht pro Zeiteinheit aussendet, also heller erscheint, z. B. CaF, Diamant, Marmor u. a. Es können aber auch bei höherer Temperatur chemische Veränderungen, molekulare Umwandlungen oder Zerspringen der Kristalle stattfinden, die von einer Lumineszenz begleitet sind, z. B. Chininsulfat, das Wasser abgibt, leuchtet und bei einer Abkühlung Wasser aufnimmt und wieder Licht ausströmt. Es kann aber auch der Körper einfach feine Risse geben und ein Tribolumineszenzleuchten hervorrufen, z. B. Zucker, Uransulfat, Fenchon beim Eintauchen in die flüssige Luft usw.

Röntgen- und Kathodenstrahlen können in erster Linie eine Fluoreszenz erzeugen, dann auch eine Phosphoreszenz, die jedoch ein anderes gefärbtes Licht auszusenden vermag, als die auf gewöhnliche Weise erregte Phosphoreszenz. Die Ursache dieser Strahlung ist die, daß hier eine ganz andere photochemische Reaktion stattfindet, daß dementsprechend auch der sekundäre Vorgang ein anderer ist, der mit einem neuen Lichteffekt in Verbindung steht. So werden z. B. NaCl, KCl beim Einwirken der Kathodenstrahlen blau gefärbt durch das in den feinen Rissen sich bildende metallische kolloidale Na oder K. Beim Erwärmen dieser blauen Kristalle erhalten wir ein Leuchten, weil, wie bekannt, metallische Na, K bei Oxydation bei erhöhter Temperatur lumineszieren, worauf sich die Kristalle entfärben.

Es ist erwiesen, daß bei der Elektrolyse mit schwachem Strome manche Salzlösung bei entsprechenden Elektroden eine Lumineszenz an der Oberfläche der Elektrode ergibt. Sehr schön zeigt diese Erscheinung Mg-Salz, wenn man auch die Elektroden aus metallischem Mg nimmt; die Elektrode leuchtet ziemlich hell. Ähnliches geht auch bei der Elektrolyse von Al-Salzen vor. Vermutlich ist diese Erscheinung darauf zurückzuführen, daß durch die Elektrolyse an den Elektroden allerlei unbeständige Zwischenprodukte entstehen, die bei weiteren Umwandlungen eine chemische Lumineszenz ergeben.

Es ist wohl wahrscheinlich, daß alle derartigen Lichteffekte schließlich auf irgendwelche Leuchtreaktionen zurückgeführt werden können, ausgenommen natürlich diejenigen der Tribolumineszenz, die einem elektrostatischen Charakter hat und mit den Leuchtreaktionen, wie es sich in der letzten Zeit erst herausgestellt hat, scheinbar nur in sehr losem Zusammenhange steht, oder überhaupt keinem, falls sich erweisen wird, daß die Lumineszenz auch ohne Verunreinigungen stattfinden kann.

Es ist schon längst bekannt, daß Borstickstoff BN beim Erwärmen leuchtet. Wie neuerdings Remelé untersucht hat, beginnt das Aufleuchten bei 110°; ein ähnliches Verhalten zeigen auch andere Nitride, wie das Mg, Li, aber am allerhellsten leuchtet Urannitrid. Die Erklärung dieser Erscheinung steht noch aus. Wenn wir Kreide an die Wasserstoffflamme bringen, so lumineszíert sie grünlich.

Rekapitulieren wir kurz den Inhalt dieses Kapitels. An einem Ende dieser Erscheinungen haben wir die Lichtabsorption, am anderen die Chemilumineszenz; zwischen ihnen gliedern sich verschiedene Übergangsstufen. Erst kommt die Fluoreszenz als eine Begleiterscheinung der Lichtabsorption, dann kommt die Phosphoreszenz als ein kombinierter Vorgang der Lichtreaktion, die mit Lichtabsorptionen verbunden sind, mit der Leuchtreaktion, die einen selbständigen Vorgang darstellt, der mit der Lichtabsorption nicht verbunden ist; die Erscheinungen der Kristallolumineszenz können vorläufig, bis ihr innerer Mechanismus nicht aufgeklärt ist, auch hierher eingereiht werden. Das Gemeinsame, das alle diese Erscheinungen unter ein Dach zu bringen gestattet, sind nicht die schwachen Lichteffekte, sondern die ähnliche Zusammensetzung der Lichtemission, die auf der Quantenanregung der Moleküle beruht. Sind die in Frage kommenden Moleküle bei verschiedenen Erscheinungen ähnlich oder gar identisch, so ist auch die Lichtemission weitgehend ähnlich, obgleich die Ursache der Anregung der Moleküle zur Lichtemission eine verschiedene sein kann. Bei Fluoreszenz ist es die absorbierte Lichtenergie und bei Chemilumineszenz die freiwerdende chemische Energie. Die Klassifikation der Vorgänge muß aber nach den primären Erscheinungen und nicht nach Folgeerscheinungen durchgeführt werden. Hören wir z. B. einen Glockenton, welchen man durch einen Handschlag oder elektromagnetisch hervorrufen kann. Wenn die Glocke dieselbe ist, so ist auch der Ton derselbe, und doch können wir nach dem gleichen Glockenklang nicht auf die gleiche Ursache seines Entstehens schließen. Das Jod, Chlor oder Brom kann lumineszieren, wenn es durch das von ihm absorbierte Licht zur Fluoreszenz angeregt wird, und es kann auch lumineszieren, wenn es mit Alkalien reagiert und durch die freiwerdende Reaktionsenergie zur Chemilumineszenz angeregt wird. Das Lumineszenzlicht wird, wenn nicht identisch, so jedenfalls weitgehend ähnlich zusammengesetzt sein, weil es in beiden Fällen dasselbe Molekül Licht emittiert, obgleich die Ursachen der Anregung zum Leuchten verschiedene sind. Das nähere quantitative Studium dieser molekularen Lichtemissionen, die durch verschiedene Ursachen hervorgerufen werden, wird uns manches Geheimnis der Molekularstruktur und des Reaktionsmechanismus klären.

Kapitel X.

Angewandte Photochemie. Mechanische Ausnutzung der Sonnenwärme. Die chemische Ausnutzung des Lichtes. Kautschuk, Harze, Öle, Indigo, Sehpurpur und das Problem des Sehens.

Mechanische Ausnutzung der Sonnenwärme. Wir gehen nun zu der Frage der praktischen Ausnutzung der Sonnenenergie über. Wir können dieselbe auf zweierlei Weise ausnutzen; erstens als Wärme zur Gewinnung der mechanischen Arbeit, als Ersatz für Brennstoff, und zweitens als Lichtstrahlen selbst für Umwandlung derselben in die transportable chemische Energie. Die erste Frage ist schon ziemlich alt. Heron aus Alexandrien (100 v. Chr.) hat eine Wasserpumpe beschrieben, die mittels der Wärme der Sonnenstrahlen getrieben wurde. Weiter hat ein französischer Ingenieur Salomon de Caus (1601) eine durch Sonnenwärme betriebene Wasserhebmaschine (kontinuierliche Fontäne) beschrieben.

Später fehlte es nicht an Versuchen die Sonnenwärme direkt zur mechanischen Arbeit zu verwenden und hauptsächlich zur Hebung des Wassers. Es ist anzunehmen, daß in heißen Gegenden, wie Ägypten, Südamerika und ähnlichen Ländern diese Versuche zur Wasserhebung, die zur Begießung der Felder verwendet wird, schließlich einen dauernden praktischen Erfolg erreichen werden. Daß aber diese Methoden in großem Maßstabe für Gewinnung der mechanischen Arbeit eine Verbreitung finden, ist kaum anzunehmen. Denn es handelt sich hier in erster Linie um Erzielung hoher Temperaturen. Die Sonnenstrahlen besitzen zwar, kalorisch gemessen, viel Wärme, aber die Temperatur ist nicht hoch. Um dieselbe zu erzielen, müssen wir die Sonnenstrahlen mittels großer Hohlspiegel konzentrieren; wir erhalten zwar dann eine hohe Temperatur, aber nur in einem sehr kleinen Volum, dem Brennpunkte. Es scheinen noch keine wissenschaftlichen Untersuchungen über die

Beziehungen, die zwischen der maximal erreichbaren Temperatur bei gegebener Spiegeloberfläche und der Lichtintensität der Sonne herrschen, vorzuliegen, und darum kann man noch nichts Bestimmtes sagen, ob dieser Weg überhaupt zu guten praktischen Ergebnissen führen kann. Dem Leser, der sich für diese Frage interessiert, kann das Buch von Kausch: „Die unmittelbare Ausnutzung der Sonnenenergie“, in der die geschichtliche Entwicklung dieser Frage beschrieben ist, empfohlen werden (Verlag C. Steinert in Weimar).

Von den ganzen pro Jahr von der Sonne ausstrahlenden $3 \cdot 10^{30}$ cal. fällt auf die Erde $1{,}34 \cdot 10^{21}$ cal., 25 % davon wird zur Wasserverdunstung verwendet. Das verdunstende Wasser kondensiert sich wieder in Form von Flüssen und ein geringer Teil von allen Wasserkräften wird zur Gewinnung mechanischer Arbeit und elektrischer Energie nutzbar gemacht. Ein anderer größerer Teil wird von der Atmosphäre absorbiert. Die durch ungleiche Erwärmung der Luftschichten bedingten Winde können wir wieder mechanisch ausnutzen; dies geschieht aber in sehr geringem Maßstabe. Und nur ein kleiner Teil der gesamten Sonnenenergie, der an die Oberfläche gelangt, kann weiter von uns direkt mechanisch oder chemisch verwertet werden.

Ein geringer Teil davon wird von den Pflanzen in die chemische Energie verwandelt, die in Form von Früchten, Korn usw. den Lebensunterhalt aller Lebewesen auf der Erde besorgt. Auf 1 cm^2 fällt pro Minute 2 Cal. von der Sonne auf. Das macht pro Tag (8 Stunden gerechnet) auf 1 m^2 etwa 10000 große Cal. Der Mensch verbraucht pro Tag zu seiner Nahrung etwa 3300 gcal., also etwa 3 mal so wenig Energie als ihm die Sonne bringt. Zieht man noch in Betracht, wie viele Tausende Quadratmeter werden heutzutage bebaut, um einen Menschen zu ernähren, so sieht man, wie wenig die Sonnenenergie verwertet wird.

Außerdem wurde schon im Altertum, nämlich von Arabern, als sie Ägypten eroberten, die Sonnenwärme, als Ersatz des Brennstoffs, zur Destillation von Flüssigkeiten benutzt. Später wurde diese Methode zur Destillation von Riechstoffen, Trocknen der Sole und anderer Salzlösungen usw. verwendet. Die rein chemische Wirkung der Strahlen wurde zur Fabrikation irgendwelcher Produkte in großem Maßstabe nicht verwendet. Diese Aufgabe zu lösen, ist unserer und der nächsten Generation vorbehalten.

Zum Schluß sei noch auf folgendes aufmerksam gemacht. Man möchte glauben, daß in der Wüste Sahara, wo alles mit Sonnenglut getränkt ist, auch die stärkste Lichtintensität herrscht und demzufolge auch die stärkste photochemische Wirkung zu erwarten ist; dennoch ist es nicht so. Die Untersuchungen von Rübel, Wiesner, Strakosch haben gezeigt, daß die Lichtintensität in der Wüste bei vollem Sonnenscheine gering ist, und am meisten geschwächt sind die blauen, violletten und ultravioletten Strahlen. Dies rührt daher, daß die Atmosphäre einen sehr hohen Staubgehalt besitzt, der die blauen, violetten und ultravioletten Strahlen absorbiert und die anderen auch stark abschwächt. Der Regen, der in diesen Gegenden zu großer Seltenheit gehört, vergrößert nur auf kurze Zeit die Lichtintensität. Somit kommen wir zu dem für den ersten Augenblick merkwürdigen Resultat, daß in nördlicheren Gegenden, auf Bergen, am Meere, wo die Luft reiner und wo das Licht an blauen, violetten und ultravioletten Strahlen reicher ist, die photochemische Wirkung viel intensiver sein muß, als in der Wüste. Dieser Befund muß bei der Frage über die chemische Ausnutzung der Sonnenenergie für die Technik in Betracht gezogen werden. Auch für die Lichtheilkunde ist sie nicht ohne Bedeutung.

Auf sehr hohen Bergen ist die Intensität der ultravioletten Strahlen besonders stark. Unter normalen Verhältnissen erstreckt sich der ultraviolette Teil des Spektrums bis 300 $\mu\mu$ und dabei stark abgeschwächt. Auf mittelhohen Bergen erweitert er sich bis 290 $\mu\mu$. Bei sehr hohen Bergen müßte er sich noch weiter erstrecken, weil nicht nur die Luft rein ist, sondern auch ihre Dichtigkeit eine kleine ist. Beim Ersteigen des Everest im Himalaja hat die Expedition sehr unter der schädlichen Wirkung der ultravioletten Strahlen auf den Organismus gelitten, und es mußten dagegen besondere Schutzmaßregeln getroffen werden.

Chemische Ausnutzung des Sonnenlichtes. Die Anwendungsmöglichkeit der Photochemie auf das praktische Leben ist sehr umfangreich und umfaßt eine Reihe von verschiedenen bedeutungsvollen Gebieten. Wir können dieselben in zwei große Teile einordnen. Zu dem ersten können alle die Gebiete gezählt werden, bei denen es sich um Aufspeicherung und Ausnutzung der Lichtenergie, insbesondere der der Sonne handelt. Hierher gehören in erster Linie die verschiedenartigsten lichtchemischen Synthesen, die fabrikmäßig betrieben werden können; diese können ihrerseits in zwei große Klassen eingeteilt werden, nämlich in die arbeitspeichernde, wo es sich in erster Linie um Herstellung neuer Körper von größerem Energiegehalt handelt, die für Nahrungs- oder andere Zwecke dienlich sind und wo das Licht akkumuliert wird; zu dieser Klasse gehören auch die photogalvanischen Lichtzellen und Lichtakkumulatoren, die uns gestatten, das Licht in die bequeme elektrische Energieform zu verwandeln, und das Gebiet der Agrikultur, wo es sich um Aufspeicherung des Lichtes mittels der Pflanzen handelt; die bisherigen Pflanzen nutzen mit Hilfe des Chlorophylls nur einen geringen Teil, nämlich den orangegelben des Sonnenspektrums aus, die Aufgabe der weiteren Forschung ist es, diesen Bereich nach beiden Seiten hin zu erweitern und somit die Ausnutzung der kostenlosen Sonnenenergie noch zu vergrößern.

Die Vergrößerung der Ausnutzung kann auch in demselben orangegelben Teile des Spektrums noch stattfinden, indem wir dafür sorgen, daß in größerer Menge die notwendigen Bestandteile, die zum Pflanzenwachstum notwendig sind, der Erde zugefügt werden. Diese Frage des Kunstdüngers entwickelt sich rasch und erfolgreich. In der letzten Zeit hat man gefunden, daß nicht nur mineralische Düngung, sondern auch Kohlenstoffdüngung notwendig ist. Es bleibt noch eine Frage offen, die bisher überhaupt nicht berührt worden ist, nämlich über die Wirkung der Photokatalysatoren. Es ist nicht ausgeschlossen, daß sie auch die Geschwindigkeit des Pflanzenwachstums beeinflussen und möglicherweise die Eigenschaften der Frucht ändern könnten. Eine rationelle Landwirtschaft ist eigentlich auch eine photochemische Fabrik, in der die Reaktionen nicht in Kolben, sondern auf der Erdoberfläche vor sich gehen. Ist die Reaktion beendet, wird das Rohprodukt — das Korn oder die Frucht — gesammelt, getrocknet, gereinigt, zermalmt oder zerkleinert und auf bewahrt. Und die rationelle Landwirtschaft muß auch fabrikmäßig betrieben werden, indem jedes Abfallprodukt ausgenutzt und jede Arbeit möglichst maschinell ausgeführt wird.

Zu der zweiten Klasse gehören die Vorgänge, bei denen das Licht auch ohne Arbeitsspeicherung ausgenutzt werden kann. Man kann z. B. mittels des Lichtes neue Körper darstellen, die ohne Licht entweder gar nicht oder sehr schwer und kostspielig darzustellen sind. Hierzu gehören in erster Linie die photochemische Herstellung von Kautschuken, Harzen, Ölen, Indigo usw. Zu dieser Klasse kann auch die Lichtheilkunde gezählt werden. Das Licht ist ein gutes Heilmittel. Es kuriert sehr viele Hautkrankheiten und besonders Lupus, heilt die Wunden gut. Die heilende Wirkung verschiedener Lichtbäder ist wohl bekannt, aber noch wenig untersucht. Es ist anzunehmen, daß die Lichttherapie in der Zukunft eine bedeutende Rolle spielen wird.

Was die tatsächliche praktische Anwendbarkeit der Photochemie anbelangt, so muß man sagen, daß hier fast noch nichts geleistet worden ist. Man kann vorläufig nur den Wunsch aussprechen, daß die weitere Entwicklung in bestimmten Richtungen vor sich gehen möge. Es ist zu erwarten, daß die technische Photosynthese sich in erster Linie entwickeln wird; wir können z. B. photochemisch verschiedene kautschuk- und harzartige Körper, wachs- und ölartige Stoffe darstellen. Wir können mit Hilfe des Lichtes unter Zuhilfenahme verschiedener Oxydatoren, wie Chromsalzen usw. die verschiedenartigsten Photooxydationen ausführen. Wir können weiter das Ausbleichen verschiedener Stoffe, manigfaltige Photochlorierungen, mitunter auch die Phosgen- und Chloroformdarstellung bewirken, durch Belichten der Leinöle Sikkative herstellen, Wasser sterilisieren, Indigo darstellen, Hautkrankheiten kurieren, Bakterien töten, Ozon und Formaldehyd herstellen usw.

Daß Formaldehyd sich beim Bestrahlen des kohlensäurehaltigen Wassers mit ultravioletten Strahlen bildet, war bekannt. Gleichzeitig erfolgt auch seine Verzuckerung. Kürzlich ist es dem Engländer Baly gelungen, durch Zusatz verschiedener Farbstoffe als Katalysatoren, wie z. B. Malachitgrün, Methylorange usw. den Prozeß gegen sichtbare Strahlen empfindlich genug zu machen; man kann dabei je nach Wunsch den Prozeß entweder nach der Richtung des Formaldehyds oder der Zuckerbildung lenken. Es bleibt abzuwarten, ob diese Reaktion einer technischen Verwertung im großen Maßstabe sich erfreuen wird, was natürlich nur zu wünschen ist, weil Formaldehyd in der Technik eine große Verwendung findet. Diese Reaktion kann man als eine künstliche Assimilation ohne Chlorophyll ansehen.

Alle diese Dinge werden in der Praxis in überaus bescheidenem Maße verwendet. Photochemische Fabriken haben wir überhaupt noch nicht; nur in manchen Fällen wurden Laboratoriumsversuche technischen Charakters ausgeführt, die sich keiner weiteren Anwendung erfreuten. So wird an einigen Stellen in Amerika das aus der Erde strömende Methan im Sonnenlichte chloriert, wobei sich verschiedene Chlorprodukte des Methans bilden. Irgendein Modell einer photochemischen Fabrik schon heute zu entwerfen, ist noch unmöglich.

In den zweiten Teil können alle photochemischen Erscheinungen eingereiht werden, die als eine Erweiterung unserer Sinne aufgefaßt werden können. Zu diesen gehört in erster Linie die photochemische Reproduktionstechnik, die uns mit Hilfe der Lichtreaktionen die Aufnahme und Vervielfältigung der Bilder in der Form der einfachen und farbigen Photographie und verschiedener Lichtdruckverfahren gestattet.

Hierher können wir auch die analytischen Meßmethoden einreihen, die mit Hilfe des Lichtes, sei es in Form der Lichtreaktionen oder optischer Methoden, ausgeführt werden.

Auch die Selenzelle, mit deren Hilfe wir auf weite Entfernungen signalisieren, telegraphieren, telephonieren usw. können, kann in diesen Teil eingeordnet werden. Die Haltbarkeit der verschiedenen Nitrozellulosen (rauchloses Schießpulver) kann man nach Berthelot auch sehr gut mit Hilfe der ultravioletten Strahlen, die dabei Stickstoff mit verschiedener Geschwindigkeit entwickeln, bestimmen.

Was den zweiten Teil der Erscheinungen anbetrifft, so hat die photochemische Reproduktionstechnik eine hohe Stufe der Entwicklung erreicht, über die weiter unten in aller Kürze berichtet wird.

Was die photochemisch analytischen Meßmethoden anbelangt, so sind die optischen Meßmethoden ziemlich gut ausgearbeitet, werden jedoch bei der Analyse noch zu wenig verwendet. Die reinen lichtchemischen Analysen sind noch gar nicht verwendet worden; sie könnten aber bei entsprechender Bearbeitung gute Dienste leisten. Zur Erläuterung sei hier ein Beispiel angeführt; die Bestimmung des gelösten Sauerstoffes in Wasser bietet z. B. gewisse Schwierigkeiten dar und ist auch umständlich. Man braucht aber dem Wasser nur KJ und H_2SO_4 zuzusetzen und es stark zu belichten, so scheidet sich eine dem Sauerstoff äquivalente Menge von Jod aus, die mittels Natriumthiosulfats titriert werden kann. Man kann z. B. manche Bromadditionen im Lichte herbeiführen und auf diese Weise die Konzentrationen des entsprechenden Ausgangsstoffes bestimmen usw. Mit Hilfe von ultravioletten Strahlen kann man nach Kitscherig Baumwolle von Wolle und Seide, verschiedene Papiersorten, Leimungen untereinander unterscheiden. Aceton kann man in Alkohol nachweisen usw. usw.

Hierzu könnte man noch die Wirkung verschiedener Farben auf unsere seelischen Stimmungen beifügen. Die roten Strahlen wirken reizend; es ist eine bekannte Tatsache, daß Leute, die lange bei rotem Lichte gearbeitet haben, sehr rabiat werden. Die gelben und grünen Strahlen wirken erheiternd, die blauen einschläfernd. Ein Farbwechselspiel muß auch einen Stimmungswechsel hervorrufen. Man könnte sich ein Lichtklavier vorstellen, wo man auf den Tasten spielend, einen Schirm oder Raum verschieden beleuchten kann, wenn die Tasten elektrisch mit verschiedenen Lichtquellen verbunden sind. Kombiniert man das noch zugleich mit Musik, so muß der Genuß noch mehr gesteigert werden. Diese neue Licht-

Ton-Musik, die auf gleichzeitige harmonische Reizung der Gehör- und Sehsinne basiert, müßte in der nächsten Zukunft zur Entwicklung kommen.

Nach diesen kurzen Einleitungsworten gehen wir zur kurzen Beschreibung einiger Gebiete der angewandten Photochemie, die ein besonderes Interesse oder Wert besitzen, über. In erster Linie wollen wir uns mit der Frage über Herstellung der Harze, Kautschuke und Öle auf photochemischen Wege beschäftigen. Dann widmen wir einige Zeilen dem Indigo und gehen weiter zu dem heutzutage am besten entwickelten Gebiete, dem Reproduktionsverfahren, mit Hilfe des Lichtes über.

Herstellung der Kautschuke, Harze und Öle auf photochemischem Wege. Die in dem Kapitel V beschriebenen Photopolymerisationserscheinungen besitzen nicht nur ein theoretisches, sondern auch ein praktisches Interesse, weil viele von den erwähnten Photoprodukten Kautschuke, Harze und Öle darstellen. Aus diesem Grunde scheint es angemessen, diese Erscheinungen hier etwas eingehender zu besprechen. Es sind auch viele Gründe vorhanden, anzunehmen, daß dies Gebiet der Photochemie zu einem großen Industriegebiet sich entwickeln wird.

Baumann gibt an (1872), daß das Vinylchlorid sich im Sonnenlichte zu einem hochmolekularen Produkte polymerisiert. Ähnliches gibt Lwow (1878) für Vinylbromid an. Diese Angaben sind aber nicht zutreffend, weil diese beiden Körper, in reinem Zustande oder reinem Alkohol aufgelöst, nur durch die Einwirkung der äußersten ultravioletten Strahlen der Quarzlampe polymerisiert werden. Weder das Sonnenlicht, noch das Kohlenbogenlicht (falls die Kohle keine Salze enthält), noch Uviollampenlicht wirken auf diese ein. Diese Tatsachen stehen auch im Einklange mit den spektrographischen Untersuchungen ihrer Absorptionsspektra und den theoretischen Überlegungen. Von beiden Streifen der photochemischen Absorption der beiden Haloide ist hier der zweite wirksam, der etwa bei 220 $\mu\mu$ liegt. Die Haloide spielen hier die Rolle eines inneren Katalysators, der den Prozeß beschleunigt und gewissermaßen auch richtet, indem sich vorzugsweise das Polymerisationsprodukt $(CH_2{-}CHCl)_{16}$ bildet. Das reine Äthylen, das seinen Absorptionsstreifen ebenfalls im äußersten Ultraviolett besitzt, gibt ein Gemisch von verschiedenen Produkten. Eine ganze Reihe von Derivaten der Äthylenreihe gibt hochmolekulare Polymerisationsprodukte; der natürliche Kautschuk ist ein Polymerisationsprodukt von Methyldivinyl (Isopren) von der Zusammensetzung

$$(CH_2{=}\underset{\displaystyle |\atop \displaystyle CH_3}{C}{-}CH{=}CH_2)_8$$

und besitzt eine Ringstruktur. Wir können der Einfachheit halber alle Produkte, die eine ähnliche Ringstruktur aus 32 Kohlenstoffatomen haben als „Kautschuke“ bezeichnen. Nach Ostromysslensky polymerisiert sich Vinylchlorid und -bromid auch zu einem Kautschuk. Weder Baumann noch Lwow haben die enge Beziehung, die zwischen diesem Körper und dem natürlichen Kautschuk besteht, erkannt. Die Wirkung der Sonne ist auf die Wirkung der Sonnenwärme zurückzuführen, die den im Dunkeln langsam verlaufenden Prozeß beschleunigt. Es können aber auch verschiedene Katalysatoren, die als Verunreinigungen auftreten, hier wirksam gewesen sein. Da diese Reaktion als Prototyp der direkten Photosynthese angesehen werden kann, so ist ihre Erforschung von großer Bedeutung.

Der Übersichtlichkeit wegen wird hier das vorhandene Literaturmaterial in Form einer Klassifikationstabelle vorgelegt, die in zwei Reihen — die der Vinyl- und Divinylreihe — zerfällt.

I. Vinylreihe ($CH_2{=}CHR$).

1. R=H.

Äthylen (Vinylwasserstoff) $CH_2{=}CH_2$ gibt ein wachsartiges Gemisch von unbekannter Zusammensetzung.

2. R=Cl,

Vinylchlorid.

Vinylchlorid $CH_2{=}CHCl$ gibt ein Kautschukchlorid

$$(CH_2{-}CHCl)_{16},$$

das ein leichtes weißes Pulver darstellt. Der photochemische Prozeß ist folgender:

$$16\,(CH_2{=}CHCl) \longrightarrow (CH_2{-}CHCl)_{16}.$$

Durch besondere Bearbeitung verwandelt es sich in plastische, technisch wertvolle Massen, s. w. u.

Daß Vinylchlorid sich polymerisiert, wurde schon, wie gesagt, von Baumann (1872) konstatiert, aber dieser Reaktion wurde weiter keine Beachtung geschenkt. Erst die Aufstellung der Strukturformel des natürlichen Kautschuks und seine Beziehung zu dem Vinyl lenkte wieder die Aufmerksamkeit auf dieses Produkt.

Seine Polymerisation geht im Dunkeln sehr langsam vor sich, im ultravioletten Lichte bedeutend schneller. Durch verschiedene Katalysatoren läßt sich die Geschwindigkeit im Lichte bedeutend steigern und der Prozeß chemisch leicht durchführen. Der photochemische Mechanismus bei der Photopolymerisation ist noch gar nicht erforscht.

Man kann die Vermutung aussprechen, daß die Polymerisation stufenweise durch sukzessive Verdoppelung des Moleküls vor sich geht; das heißt, daß sich anfangs ein Ring aus 4 C-Atomen bildet, dann einer aus 8 C, 16 C, 32 C, 64 C usw. Die Polymerisation bleibt stehen bei der Ringform, die unter gegebenen energetischen Verhältnissen die stabilste ist. Warum in unserem Falle die 32 C-Ringform die stabilste ist, warum das innere Chloratom die Bildung dieser Form begünstigt, warum der Katalysator Uranyl sie für sichtbares Licht sensibilisiert — wissen wir nicht. Es wäre aber von hohem, wie theoretischem, so auch praktischem Interesse, diese Fragen experimentell zu erforschen und theoretisch mit Hilfe der Bohrschen Theorie zu interpretieren. Auch für die technische Verwertung der Reaktion würden diese Kenntnisse nur von Nutzen sein.

3. R=Br,

Vinylbromid CH_2=CHBr.

Verhält sich ähnlich wie Vinylchlorid. Lwow (1878) hat seine Photopolymerisation gefunden.

4. R=NO_2,

Vinylnitrit CH_2=$CHNO_2$.

Das Vinylnitrit ist ölartig, wirkt stark reizend auf die Augen und Nasenhaut und polymerisiert sich im Lichte sehr schnell zu einem weißen Pulver; da das Molekül viel Sauerstoff enthält, so verpufft es beim Erwärmen; man kann es im erweiterten Sinne als explosiven Nitrokautschuk bezeichnen. Nach dem Charakter der Polymerisation und dem Aussehen des Pulvers kann man annehmen, daß hier das Ringsystem das gleiche ist. Diese Reaktion wurde neuerdings von Wieland und Sakellarios im Dunkeln untersucht; quantitative Bestimmungen wurden von ihnen nicht gemacht.

5. $R{=}C_6H_5$,

Vinylbenzol (Styrol) $CH_2{=}CHC_6H_5$.

Gibt bei nicht allzu langer Belichtung im Quarzlicht ein festes glasartiges Harz von durchsichtiger gelblicher Farbe. Beim Erhitzen erfolgt eine Rückverwandlung in Styrol. Aus den Untersuchungen von Stobbe kann man den Schluß ziehen, daß es sich hier um ein Gleichgewicht zwischen Styrol und seinem Photoprodukt (ein Polymer) handelt. Das reine Photoprodukt ist pulverig; das glasartige Harz ist eine kolloidale Mischung mit dem Styrol. Die Eigenschaften des reinen Photoproduktes sind nicht näher erforscht worden.

6. $R{=}COOR$,

Akrylsäureester $CH_2:CHCOOR$.

Nach Boehm polymerisiert sich dieser Körper leicht, zerfällt aber auch leicht in seine Bestandteile.

7. Methylakroleinamin.

Polymerisiert sich zu einer kautschukartigen Masse, dem sogen. Silberrodschen Pyridinkautschuk.

8. $R{=}CH_3COO$,

Vinylmonoazetat $CH_2{=}CHCOOCH_3$.

Nach der Patentangabe von Griesheim-Elektron polymerisiert sich das Vinylderivat zu einer glasig-harzigen Masse von unbekannter Zusammensetzung.

9. R CH_2ClCOO,

Vinylmonochlorazetat $CH_2{=}CHOOCCH_2Cl$.

Verhält sich ähnlich.

10. $R{=}CH_3(CH_2)_3$,

Hexylen,

$$\begin{array}{l} CH{=}CH_2 \\ | \\ (CH_2)_3CH_3 \end{array}.$$

Polymerisiert sich zu Öl von unbekannter Zusammensetzung.

11. $R{=}CH_3(CH_2)_{13}$,

Hexadezylen,

$$\begin{array}{l} CH{-}CH_2 \\ | \\ (CH_2)_{13}CH_3 \end{array}.$$

Verhält sich ähnlich.

12. Symmetrische Dihaloide

$$CHBr{=}CHBr$$
$$CHCl{=}CHCl$$
$$CHCl{=}CHBr.$$

Polymerisieren sich nicht.

13. Unsymmetrische Dihaloide

$$CH_2{=}CCl_2$$
$$CH_2{=}CBr_2.$$

Polymerisieren sich zu festen Produkten, deren Zusammensetzung unbekannt ist.

II. Divinylreihe.

1. Reines Divinyl $CH_2{=}CH{-}CH{=}CH_2$, auch Erythren genannt.

Polymerisiert sich zu Kautschuk

$$(CH_2{=}CH{-}CH{=}CH_2)_8,$$

dem sog. Erythrenkautschuk; derselbe stellt eine weiße Masse dar, die bei besonderer Bearbeitung plastische Massen ergibt. Durch Einführung von Schwefel in kolloidaler Form (Vulkanisierung) kann man ihm, ähnlich dem natürlichen Kautschuk, sehr gute elastische Eigenschaften verleihen (Gummiprodukte).

2. Monomethyldivinyl (Isopren genannt)

$$\begin{array}{l} CH_2{=}\underset{\displaystyle CH_3}{\underset{|}{C}}{-}CH{=}CH_2 \end{array}$$

Polymerisiert sich zu Kautschuk

$$(CH_2{-}C(CH_3){=}CH{-}CH_2)_8.$$

Der natürliche Kautschuk ist von ähnlicher Zusammensetzung. Man bezeichnet ihn auch als Isoprenkautschuk. Durch Vulkanisierung erhält man Gummi.

3. Dimethyldivinyl (Dimethylbutadien)

$$CH_2{=}\underset{\displaystyle CH_3}{\underset{|}{C}}{-}\underset{\displaystyle CH_3}{\underset{|}{C}}{=}CH_2.$$

Verhält sich ähnlich. Seine Gummiprodukte sind schlechterer Qualität, als bei 1 oder 2.

4. Phenyldiphenylerythren oder Cinnamylidenfluoren

$$(C_6H_5)_2C{=}CH{-}CH{=}CHC_6H_5 .$$

Polymerisiert sich, gibt aber wenig elastische Produkte (Ostromysslensky).

5. Ortho-Benzoldivinyl

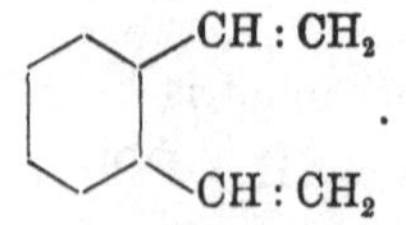

v. Braun und Neumann haben versucht, diese Verbindungen rein darzustellen, was ihnen aber nicht gelungen ist. Immer erhielten sie dieselben in polymerisierter Form in Gestalt eines braunen, in den meisten Lösungsmitteln unlöslichen Pulvers. Sein molekularer Zustand und seine physikalischen Eigenschaften wurden nicht näher untersucht.

Über Kautschuk.

Der Erythrenkautschuk hat die Struktur:

$$8(CH_2{=}CH{-}CH{=}CH_2) \succ (CH_2{-}CH{=}CH{-}CH_2)_8$$

oder

$$\begin{array}{l} CH_2{-}CH{=}CH{-}CH_2 \ldots\ldots\ldots CH_2{-}CH{=}CH{-}CH_2 \\ | \qquad\qquad\qquad\qquad\qquad\qquad\qquad\qquad\quad | \\ CH_2{-}CH{=}CH{-}CH_2 \ldots\ldots\ldots\ldots CH{=}CH{-}CH_2 \end{array} .$$

Wie zu ersehen, ist dieses Produkt ungesättigt im Gegensatz zu dem, das aus Äthylen entstehen müßte. Es addiert Brom, und dann erhält man nach Ostromysslensky dasselbe Produkt, wie bei der Polymerisation des Vinylbromids oder -chlorids.

Über die photochemischen Eigenschaften der Tri-, Tetra- usw. Vinyle und der Azetylenreihe

$$CH{\equiv}CH, \; CH{\equiv}C{-}C{\equiv}CH, \; CH{\equiv}C{-}CH_2{-}CH_2{-}C{\equiv}CH \text{ usw.}$$

wissen wir fast nichts; nur in manchen Fällen findet man die lakonische Angabe: „polymerisiert sich fest“.

Aus dieser Klassifikation ist deutlich zu ersehen, was für einen großen Einfluß die anhängenden Radikale und die Anhäufung der Doppel- oder dreifachen Bindungen auf die Photopolymerisation ausüben; dieser Einfluß muß durch systematisches Studium gründlich erforscht werden. Die Photoprodukte stellen uns Kautschuke, Harze und Öle dar; das sind alles Produkte von großem technisch-wirtschaftlichen Wert. Bisher wurden die Polymerisationen durch Erwärmen unter Zuhilfenahme verschiedener Katalysatoren erzielt.

Nun fragt es sich, ob der photochemische Weg zur Darstellung dieser Produkte ein praktisch gangbarerer sein wird als der thermisch-katalytische?

Die Dunkelprozesse gehen sehr langsam vor sich — sind also sehr zeitraubend; die sich bildenden Produkte sind meistens nicht einheitlich, sondern von verschiedenen Nebenreaktionen, Folgereaktionen begleitet, die meistens sehr schwer fernzuhalten sind. Ferngehalten aber müssen sie werden, da die geringsten Verunreinigungen die wertvollen physikalischen Eigenschaften, besonders des Kautschuks, beträchtlich verändern. Die bisherigen Tatsachen lassen vermuten, daß diese Prozesse im Lichte viel schneller und einheitlicher vor sich gehen werden, was eine große Ersparnis an Zeit und Arbeit bedeutet, und die Prozesse selbst müssen sich vom Standpunkt der technischen Ausführung viel einfacher und weniger kostspielig gestalten.

Alles dies zwingt uns zum Schluß, daß dieses Gebiet einer gründlichen, systematischen, photochemischen Untersuchung unterworfen werden muß. Speziell für Erythrenkautschuk kann man schon jetzt den Weg anzeigen, auf dem man ihn mit Hilfe des Lichtes leicht darstellen kann. Von Plotnikow (1920) wurde die Entdeckung gemacht, daß das Vinylchlorid bzw. -bromid in Gegenwart von Uranylsalzen als Katalysator im Sonnenlichte in wenigen Minuten sich polymerisiert, wobei das Produkt ganz rein von Nebenreaktionen ist. Jetzt entsteht die weitere Aufgabe, das Chlor bzw. Brom so zu entfernen, daß die Ringstruktur nicht beschädigt wird. Gelingt das, so sind wir auf einfachem Wege mit Hilfe des kostenlosen Sonnenlichtes zum Erythrenkautschuk gelangt. Ostromysslensky behauptet, daß ihm die Bromabspaltung, ohne die Ringstruktur zu schädigen, gelungen ist und daß das Erythrenkautschuk ebenfalls sehr wertvolle Gummieigenschaften besitzt.

Aber auch das Photoprodukt von Vinylchlorid $(CH_2—CHCl)_{16}$ besitzt wertvolle Eigenschaften. Aus den gut lösenden Lösungsmitteln scheidet es sich nach Verdunsten als eine feste durchsichtige Filmhaut ab, die mit der Zeit ihre Elastizität verliert. Gelingt es, durch irgendwelche Zusätze die Elastizität zu stabilisieren, so könnte diese Substanz zur Herstellung von Filmen verwendet werden. Die Firma Griesheim-Elektron hat in dieser Richtung schon Versuche gemacht, die aber noch zu keinem positiven Resultate geführt haben. Der Grund dieses Mißerfolges ist darin zu suchen, daß man die leicht verdunstbaren Lösungsmittel verwendet hat. Sie geben zwar auch kolloidale Gemische, aus denen mit der Zeit die Lösungsmittel verdunsten; dadurch gehen zugleich auch die elastischen

Eigenschaften verloren. Man muß zu diesen Lösungsmitteln noch Körper zugeben, die mit dem Photoprodukt auch kolloidale Gemische bilden, die aber nicht verdunsten; das Lösungsmittel muß hier sozusagen nur eine Vermittlungsrolle spielen. Wie groß die Adsorptionskraft und die mit ihr verbundene Fähigkeit, kolloidale Gemische zu bilden, ist, geht aus folgendem einfachen Versuche deutlich hervor. Stellt man unter eine Glasglocke eine Schale mit dem Pulver und eine andere mit Alkohol, so bedeckt sich über Nacht das Pulver mit Alkohol. Dieser Versuch zeigt, daß nicht nur die Adsorptionskraft, sondern auch die Geschwindigkeit des Vorgangs sehr groß ist.

Bei Methylalkohol scheint die Menge des adsorbierten Alkohols geringer zu sein. Diese Substanz wäre für den Kolloidchemiker ein dankbares Objekt für die quantitativen Untersuchungen der Adsorptionsvorgänge. Die Eigenschaften der kolloidchemischen Gemische variieren in hohem Grade je nach den angewandten Stoffen, den Konzentrationsverhältnissen, Bearbeitungsmethoden (Kneten, Pressen, Schmelzen) usw. Man erhält Gallerten, wachsartige, vaselinartige und plastische Massen. Zur Illustration der Verhältnisse sind hier die ausgeführten Versuche kurz tabellarisch zusammengestellt.

Tabelle 15.

Wachsartige Massen.

Mit ca. 40% Zedernöl (schönes gelbes Wachs)
„ „ 30% Rizinusöl (weißgraue Masse, wenig klebrig)
„ „ 40% altem franz. Terpentin (gelbes Wachs)
„ „ 65% Kienöl (gelbes Wachs)
„ „ 60% Kampfer „ „
„ „ 60% Kopaivabalsam (dunkle Masse)

Vaselinartige Massen.

„ „ 70–75% Rizinusöl (weißgrau)
„ „ 75% Kienöl (gelber Brei)

Gallerten.

„ „ 50–72% Anilin (gelborange gefärbt)
„ „ 70–85% Tetralin „ „

Feste Massen.

Elastische.

„ „ 40% Tetralin (dunkle Massen)
„ „ 50% Peruviabalsam „ „
„ „ 23% Rosmarinöl „ „

Filme, Lacke, Firnisse beim Eintrocknen aus den Lösungen von Benzol, Monochlorbenzol, Phenylazetat bei Zusatz von Elemyharz, Guttapercha, Peruviabalsam u. a.

Harte.

Mit ca. 47 % Kopaivabalsam (dunkle Massen)
„ „ 40 % Naphthalin „ „
„ „ 50 % Zimtsäure „ „
„ „ 50 % Benzoesäure „ „
„ „ 30 % Phenol „ „
„ „ 20 % Steinkohlenteer „ „
„ „ 30—50 % Guttapercha „ „
„ wenig Anethol „ „

Mit natürlichem Wachs, Leinöl, Mohnöl, Rüböl, Paraffinöl, Paraffin vermischt sich die Substanz gar nicht. Es erweckt den Eindruck, als ob nur die zyklischen Verbindungen diese Substanz auflösen und mit ihr sich kolloidal vermischen können.

Tabelle 16.

I.	II.
Kartoffel	Kohle
↓	↓
Alkohol	Karbid CaC_2
↓	↓
mit Chlor bearbeitet Äthylenchlorid $CH_2Cl—CH_2Cl$	mit Wasser Azetylen $CH\equiv CH$
↓	↓
mit KOH bearbeitet ergibt	mit HCl in Gegenwart von Hg-Salzen als Katalysatoren (Pat. Griesheim-Elektron)

$CH_2=CHCl$
Vinylchlorid

↓

im Sonnenlicht in Gegenwart von UO_2-Salzen als Katalysatoren (Plotnikow)
Kautschukchlorid $(CH_2—CHCl)_{16}$

↓

nach Entziehung von Chlor: Erythrenkautschuk $(CH_2=CH)_{16}$.

Mit Wasser gekocht, wird das Pulver hart; erinnert an Eischale; verliert aber seine Eigenschaft, sich mit den oben erwähnten Körpern kolloidal zu vermischen, nicht.

Diese orientierenden Versuche zeigen uns zur Genüge die wertvollen kolloidchemischen Eigenschaften des Photoproduktes, deren weitere systematische Untersuchung ein theoretisches und auch ein technisches Interesse haben kann.

Diese plastischen Massen lassen sich leicht im Auditorium in kleinen Mengen herstellen. Über die Herstellung des Photoproduktes selbst siehe S. 55.

Es ist nicht ausgeschlossen, daß es gelingt, aus diesem Produkte Filme, Lacke, Firnisse, Wachse, Grammophonplatten, Kitte, Isolationsmaterial usw. herzustellen. Nun fragt es sich weiter, aus welchen Rohprodukten man das Vinylchlorid herstellen kann. Am einfachsten läßt sich das durch die vorstehende Tabelle 16 illustrieren.

Wie zu ersehen, sind hier die Probleme, die noch zu lösen sind, nur in groben Zügen skizziert. Die Erforschung dieser Polymerisationserscheinungen allein erfordert ein besonderes Forschungsinstitut, und je eher man ein solches bauen wird, desto schneller wird die Entwicklung der Photochemie gehen und deren praktische Erfolge werden alle gemachten Ausgaben schnell decken. Über die Wichtigkeit des Kautschuks für das praktische Leben braucht man hier kein Wort zu verlieren; das ist jedem Leser bekannt. Heute wird er sogar für Straßenbelag verwendet.

Indigo und der Purpurschneckenfarbstoff der Alten.

Engler und Dorant machten die interessante Beobachtung, daß o-Nitrobenzylidenazetophenon in ätherischer Lösung eine derartige Umwandlung erleidet, daß dabei Indigoblau und Benzoesäure sich bilden. Das Reaktionsschema ist das folgende:

$$2\,C_6H_4NO_2CH:CHCOC_6H_5 \longrightarrow 2\,C_6H_5COOH +$$

$$C_6H_4<^{CO}_{NH}>C:C<^{CO}_{NH}>C_6H_4 \text{ (Indigoblau).}$$

Somit sind wir im Besitz einer Methode, Indigo auf photochemischem Wege herzustellen. Ohne Zweifel, es werden noch andere Wege zur Photosynthese des Indigos aufgefunden werden, und es ist nicht ausgeschlossen, daß manche von ihnen sich als viel billigere und praktischere als die bisherigen erweisen werden. Ein weiteres Eindringen in dies für die Praxis wichtige Gebiet ist nur erwünscht. Nach Neuberg und Schwenk soll bei Belichtung von Indikan in Gegenwart von Fe-, Ur-, Mn-Salzen als Katalysatoren sich ebenfalls Indigo bilden.

Es ist hier am Platze, auch dem Purpurfarbstoff der alten Phönizier, von dem etwa 13 Schattierungen bekannt waren, einige

Worte zu widmen. Die ersten Angaben, daß es des Lichtes bedürfte, um den grauen Schneckensaft in den Farbstoff zu verwandeln, rühren von Aristoteles, dann von Julius Pollux (2. Jahrh. n. Chr.) und Philostratos (3. Jahrh. n. Chr.) her; im Buche „Jonia" der Eudoxia Macrembolitissa, der Tochter des griechischen Kaisers Konstantin VIII. (Ende 10. Jahrh.), das nach Dedekind von einem Griechen Konstantin Palaeokappo geschrieben war, wird darüber auch ausführlich berichtet.

Die alten Phönizier besaßen zwei Arten von Schnecken: Janthina, die ein Scharlachrot und Purpurrot, die einen schwarzen Purpur gab. Das kostbare tyrische Purpur wurde durch Eintauchen in den Saft der Purpurschnecken und später in den Saft der Scharlachschnecken gewonnen.

Die ersten wissenschaftlichen Versuche rühren von Cole aus Minehord her (1685). Dieser Forscher hat den Saft der Schaltiere (Buccinum) auf Leinwand gestrichen und in die Sonne gelegt. Diese Leinwand färbte sich anfangs dunkelgrün, dann hellpurpurn und endlich dunkelpurpurn; dabei macht sich ein Knoblauchgeruch bemerkbar. Ähnliches berichtet auch Réaumur (1711). Duhamel du Monceau teilt dasselbe über den Saft der Conchilien aus der Provence mit. Dabei fand er, daß das blaue Licht am wirksamsten und das gelbe und rote fast unwirksam ist (1736).

Schunk (1879) beschreibt einen Versuch über die färbende Sekretion der Weichtiere (Purpura lapillus), die ursprünglich blaßgelb aussieht und im Lichte purpurn wird. Die alkoholischen und ätherischen Lösungen der Sekretion färben sich auch purpurn, und daraus kann man den Farbstoff isolieren. Sauerstoff ist hierbei ohne Belang. Er konstatierte auch das Auftreten des Knoblauchgeruchs; diesen Farbstoff nannte er „Punicin".

Ähnliches wurde auch von Augustin Lettelier (1880) an den Muscheln und der Purpura lapillus von der britischen Küste sowie von H. de Lacaze-Duthiers an Purpurschnecken aus Machon (Baleareninsel Minorka) beobachtet (vgl. auch Dedekind).

In neuerer Zeit hat sich Friedländer die Aufgabe gestellt, die Zusammensetzung dieses Farbstoffes zu bestimmen; die ersten Versuche rühren vom Jahre 1909 her. Aus 12000 Schnecken der Murex brandaris (von Plinius Purpurea genannt) hat er nur 1,4 g des Farbstoffes isoliert. Dieser wurde aus heißem Benzoesäureäthylester und dann aus Chinolin auskristallisiert; er bestand aus gut ausgebildeten flimmernden kupferähnlichen Kriställchen, deren Zusammensetzung gleich $C_{16}H_8N_2O_2Br_2$ gefunden wurde. Bei näherer Untersuchung hat es sich ergeben, daß dieser Farbstoff nichts anderes als 6,6-Dibromindigo ist. Seine Struktur ist folgende:

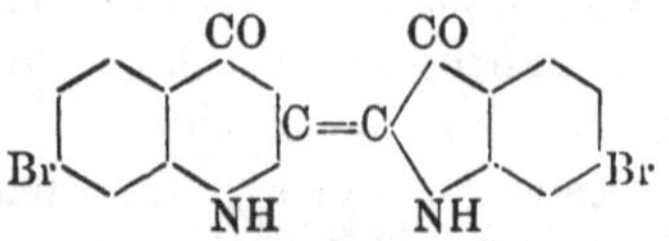

Laut den letzten Untersuchungen von Friedländer (1922), geben alle Schneckenarten einen Saft, der beim Belichten das 6,6-Dibromindigo liefert. Außer den Phöniziern haben auch die Indianer in Mexiko, Costarica im Altertum Purpur aus der Schnecke Purpura aperta gewonnen, wie es der spanische Gouverneur Don Antonio de Ulloa berichtet (1748).

Die Tetrahalogene des Dehydroindigo sind auch lichtempfindlich. Ein mit dem Bisulfid des Dehydroindigo imprägniertes Papier gibt Lichtbilder, deren Substanz aus Tetrachlor und event. Tetrabromindigo besteht (Kolb).

Sehpurpur und das Problem des Sehens.

Über die rötliche Substanz, die die Netzhaut des Auges der Wirbeltiere und des Menschen durchdringt, wissen wir fast nichts.

Köttgen und Abelsdorf fanden das Lichtabsorptionsmaximum bei 500 $\mu\mu$ (gelbgrün). Im Lichte verbleicht der Farbstoff allmählich, ohne seine Nuance zu ändern. Im Dunkeln wird er regeneriert. Auf welche Weise seine Regeneration erfolgt, ob durch Zufluß des neuen Farbstoffs oder durch Rückverwandlung des verblichenen, ist bisher noch unentschieden.

Lasareff berechnete die Geschwindigkeit der Ausbleichung des Sehpurpurs nach den Messungen von Trendelenburg.

Wenn es für uns Photochemiker auch verlockend scheinen mag, das Problem des Sehens allein photochemisch zu erklären, so scheint die Sache hier doch nicht so einfach zu sein. Man weiß zwar, daß im Auge sich ein Farbstoff befindet, der Sehpurpur (Rhodopsin) genannt wird und der im Lichte ausbleicht, aber das genügt noch nicht, um diese Reaktion als die ausschlaggebende für die Lichtempfindung zu halten. Erläutern wir das eben Gesagte näher. Wir kennen die chemische Stuktur des Sehpurpurs nicht und deshalb wissen wir auch nichts über seine photoaktiven Komponenten und über seine Streifen der photochemischen Absorption. Bei starker und langer Belichtung bleicht er aus. Es ist eine bekannte Tatsache, daß dieser Prozeß des Ausbleichens des Sehpurpurs viel langsamer vor sich geht, als der Prozeß der Lichtempfindung. Der letzte erfordert eine Zeit von Bruchteilen einer Sekunde (0,07″) und der erste einige Minuten, um kaum wahrnehmbare Veränderungen konstatieren zu können. Und diese Tatsache gibt viel zu denken. Unwillkürlich erhebt sich der Zweifel, daß diese Ausbleichreaktion der ausschlaggebende Faktor für die Lichtempfindung ist. Wir wissen auch nichts über den Charakter des Ausbleichens: ob das eine Oxydation, Reduktion, Zerfall oder intramolekulare Umlagerung ist? Ob dieser Prozeß allein vor sich geht oder das Medium dabei eine Rolle spielt und welche? Ob dieser Farbstoff die Hauptreaktion ist oder nur ein photochemischer Katalysator, ähnlich dem Chlorophyll, der sich aber dabei selbst verändern kann? Ob nicht andere Photokatalysatoren vorhanden sind, die die Hauptrolle spielen oder das Entstehen des Farbenempfindens stark beeinflussen und die noch nicht entdeckt worden sind? Ob eine Einführung von Katalysatoren ins Auge das Sehvermögen und die Farbenempfindlichkeit zu ändern imstande ist? In welcher Beziehung steht die Dunkeladaption des Auges, bei der bekanntlich der Sehpurpurgehalt vermehrt wird, zu der Funktion des Farbenempfindens? Wie kommt das, daß an der Stelle des deutlichsten Sehens kein Sehpurpur nachweisbar ist? Ob die photogalvanischen und photoelektrischen Erscheinungen, deren Vorhandensein experimentell nachgewiesen ist, hier nicht die erste Rolle spielen? Das sind alles Fragen, die auf Grund des vorhandenen, zwar sehr umfangreichen, Versuchsmaterials noch nicht beantwortet werden können und nur ein enges Zusammenarbeiten der Physiologen, Chemiker, Physiker und Photochemiker kann uns zur Lösung dieser Fragen führen. Dabei muß noch besonders betont werden, daß nur die Versuche von Wert sein können, die mit dem Sehpurpur und anderen Komponenten, die hier in Betracht kommen können, selbst ausgeführt und nachher am lebenden Auge nachgeprüft werden. Einseitige Analogieschlüsse nach Farbstoffausbleichreaktionen, deren Mechanismus uns noch ganz unbekannt ist, zu ziehen, ist sehr gewagt und kann zur Klärung der Sache wenig beitragen, eher umgekehrt nur Verwirrung anrichten.

Kapitel XI.

Photographie mit Eisen- und Chromsalzen. Herstellung der technischen Kopierpapiere. Chromlichtdruck. Die Silbersalz- und Farbenphotographie.

Photographie mit Eisensalzen.

Das Lichtpausverfahren.

Das Lichtpausverfahren von Pizzighelli gründet sich auf der photochemischen Eigenschaft der Ferrisalze, unter dem Einflusse des Lichtes in Ferrosalze überzugehen. Die Ferrisalze sind gelb die Ferrosalze fast farblos. Es tritt somit ein undeutlicher Farbwechsel ein. Um das Bild einerseits hervorzurufen und andererseits gleichzeitig auch zu fixieren, gibt man dem Ferrisalz noch gelbes Blutlaugensalz zu. Das letztere tritt, wie bekannt, mit den Eisensalzen in Reaktion ein und bildet mit dem Ferrisalz das dunkelblaue unlösliche Berlinerblau $Fe_4[Fe(CN_6)]_3$ und mit dem Ferrosalz einen weißen Niederschlag $Fe_2Fe(CN)_6$. Bearbeitet man die Lichtkopien mit Wasser, so erhält man an den Stellen, wo das Licht nicht einwirkte, blaue Linien auf weißem Grunde.

Die Zyanotypie.

Die Zyanotypie unterscheidet sich von dem eben beschriebenen Lichtpausverfahren nur insofern, daß man statt des gelben rotes Blutlaugensalz verwendet. Das letztere gibt mit Ferrisalzen keinen Niederschlag und Farbänderung, mit Ferrosalzen gibt es dagegen das tiefblaue unlösliche Turnbullblau $Fe_3[Fe(CN)_6]_2$.

Somit erscheinen die belichteten Stellen weiß auf blauem Grunde. Eine technische Zeichnung erscheint in weißen Linien auf blauem Grunde. In der Praxis wird das sehr lichtempfindliche grüne Ammoniumferrizitrat, dessen Zusammensetzung nach Valenta:

$$5Fe(C_6H_5O_7)(NH_4)H_2(C_6H_5O_7)(NH_4)_3(C_6H_5O_7) + 2H_2O$$

ist, benutzt; man vermischt es im Verhältnis von 2 : 1 mit dem Kaliumferrizyanid, wobei meistens 10 % Lösungen der beiden Salze genommen werden. Das Auftragen auf Papier geschieht im Großbetrieb auf maschinellem Wege, im Laboratorium mit einem Schwamm. Die Konstruktion der Maschine ist eine einfache. Das Papier wird vorher mit einer dünnen Schicht von Gelatine, Agar-Agar oder Leim als Untergrund überzogen. Nach dem Auftragen der lichtempfindlichen Schicht muß es sehr gut getrocknet und in Rollen aufbewahrt werden. Dann hält es sich im Dunkeln ziemlich lange, etwa 6 Monate ohne Veränderung.

Das Kopieren erfordert eine gewisse Zeit, und bei trübem Wetter kann es viele Stunden dauern; in technischen Anstalten geschieht es meistens bei starkem Bogenlicht. Das Entwickeln und Fixieren läßt an Einfachheit nichts zu wünschen übrig. Die Kopie wird einfach in Wasser gelegt; die belichteten Stellen, an denen sich das Ferrosalz gebildet hat, färben sich blau, an den unbelichteten Stellen wird das lichtempfindliche Gemisch ausgewaschen, und es erscheint das weiße Papier. Man kann vom beliebigen Negativ schöne blaue Bilder erzeugen. Dies Verfahren läßt sich leicht im großen Auditorium auf oben beschriebene Weise demonstrieren.

Der Tintenprozeß.

Dieses Verfahren unterscheidet sich von den beiden ersten nur dadurch, daß die Entwicklung durch Gallussäure vollzogen wird. Die Ferrisalze geben mit derselben eine violett-schwarz gefärbte Verbindung (Tinte), und das Lichtbild erscheint somit schwarz auf weißem Grunde. In der Praxis wird dies Verfahren noch dadurch vereinfacht, daß man die Gallussäure (Tannin) in das Papier, nachdem dies schon mit Ferrisalz bedeckt ist, auf maschinellem Wege trocken hineinreibt. Das Lichtbild wird dann direkt ins Wasser eingetaucht. Die Gallussäure löst sich in Wasser auf, tritt mit den unverändert gebliebenen Ferrisalzen in die Reaktion ein und schwärzt sie. Das weitere Baden wäscht das übriggebliebene Ferrosalz samt dem Tannin aus und fixiert somit das Bild. In der Praxis wird auf Papier ein Gemisch von Gelatine, Weinsäure, Ferrisulfat und Ferrichlorid aufgetragen. Der Gallussäure wird zweckmäßig etwas Oxalsäure beigemischt; auch Leimzusatz zu der Präparationslösung wird empfohlen.

Der Platindruck.

Verwendet man zum Entwickeln der lichtempfindlichen Eisensalzpapiere irgendein Platinsalz, so erhält man schöne dunkelbraun gefärbte Lichtbilder, weil das Platinsalz an den belichteten Stellen durch das gebildete Ferrosalz zu metallischem Platin reduziert wird. Meistens wird Kaliumferrioxalat benutzt.

Im Lichte erfolgt die Reaktion nach dem Schema:

$$2K_3Fe(C_2O_4)_3 \longrightarrow 2K_2Fe(C_2O_4)_2 + 2CO_2 + K_2C_2O_4 .$$

Beim Entwickeln in folgender Weise:

$$6K_2Fe(C_2O_4)_2 + 3K_2PtCl_4 \longrightarrow 4K_3Fe(C_2O_4)_3 + Fe_2Cl_6 + 6KCl + 3Pt.$$

Die Herstellung des Papiers kann auf zweierlei Art geschehen; entweder wird das Papier nur von Eisensalz allein bedeckt und nach dem Auskopieren mit der Platinlösung entwickelt, oder es werden die beiden Salze zugleich aufgetragen, und die Entwicklung erfolgt dann einfach durch Baden im Wasser. Dies Papier muß sorgfältig vor Feuchtigkeit geschützt werden. Das Verfahren läßt sich ebenfalls leicht demonstrieren.

Die Katatypie.

Von W. Ostwald und O Gros ist ein Verfahren zur Reproduktion einfarbiger Abbildungen, das auf dem Prinzip der katalytischen Zersetzung von Wasserstoffperoxyd beruht, ausgearbeitet worden. Dies Verfahren besteht darin, daß man auf Papier ein Platinnegativ herstellt und dasselbe an ein anderes Papier, das einen dünnen Überzug von Wasserstoffperoxyd besitzt, preßt. An den dunklen Stellen, wo die Platinkeime sich befinden, wird Wasserstoffperoxyd zu H_2O zersetzt. Taucht man nachher das Papier in irgendeine Metallösung von Eisen, Mangan, Nickel usw., so scheidet sich an den Stellen, wo das H_2O_2 unverändert geblieben ist, das entsprechende Metalloxyd (eventuell Hydroxyd) aus, das bei den schweren Metallen meistens sehr charakteristisch gefärbt ist. Somit erhält man Kopien in den verschiedensten Farbnuancen. Der Wasserstoffperoxydüberzug wird auf die Weise hergestellt, daß man eine Ätherlösung von Wasserstoffperoxyd auf das besonders präparierte Papier aufgießt; der Äther verdampft, und es bleibt eine dünne Schicht von H_2O_2 am Papier haften. Dies Verfahren hat bisher keine Verbreitung gefunden. Sein Vorteil besteht darin, daß man beim Kopieren kein Licht braucht. Mit dem im vorigen Absatz beschriebenen Platinabdruck kann man diese Versuche demonstrieren.

Die Photographie mit Chromsalzen.

Die Chromatgelatine.

Der Chromlichtdruck beruht auf der Eigenschaft mancher organischer Körper, beim Zusatz von Chromsäuresalzen am Lichte ihre Löslichkeit, Quellbarkeit oder Hydroskopizität zu ändern ev. abzuschwächen. So wird z. B. die Gelatine (Chomatgelatine) an belichteten Stellen unlöslich, auch ihre Quellbarkeit wird viel geringer. Eine Chromatleimschicht wird an belichteten Stellen unlöslich. Zucker verliert an belichteten Stellen seine Hydroskopizität; Leim, Dextrin ihre Klebfähigkeit usw. Da diese organischen Chromatgemische sehr lichtempfindlich und leicht herstellbar sind, so können sie zu einer Reihe technischer Verfahren verwendet werden.

Die verschiedenen Verfahren können in drei Gruppen: Tiefdruck, Flachdruck und Hochdruck, eingeteilt werden. Beim Tiefdruck liegen die belichteten und unbelichteten Stellen auf einer Fläche, und bei Hochdruck liegen die farbenabgebenden Stellen über dem Grund.

1. Der Tiefdruck.

Der Tiefdruck wird hauptsächlich zur Herstellung der Heliogravüre benutzt; er wurde zuerst von Fox Talbot (1852) ausgearbeitet. Das Verfahren besteht darin, daß man Stahlplatten mit Chromatgelatine bedeckt, unter einem Positiv belichtet, und sodann mit kaltem Wasser bearbeitet. Die unbelichteten Stellen quellen auf und lassen verschiedene Lösungen besser durch. Übergießt man z. B. die Platte mit einer $PtCl_4$-Lösung, so wird der Stahl an unbelichteten Stellen angegriffen und eingeätzt.

Hierauf wird die ganze Gelatineschicht abgewaschen, und man erhält eine Stahlplatte, die an den unbelichteten Stellen eingeätzt ist. Man bedeckt sie mit einer Fettfarbe, wischt die letztere von den höheren ungeätzt gebliebenen Stellen ab und preßt das Papierblatt an die Platte. Man erhält dann eine Heliogravüre. Bessere Resultate erhält man, falls die geätzten Stellen eine rohe, körnige Struktur besitzen; dann haften die Farben besser an. Um dies zu erzielen, wird zwischen dem Negativ und der Gelatineschicht der Metallplatte ein feines Netz (Raster) eingeschoben.

Statt Stahlplatten können auch Kupferplatten benutzt werden (Klicverfahren). Man bedeckt sie durch Pulverisieren oder Einstauben mit Harzkörnchen und schmilzt sie durch Anwärmen. Darauf wird das Lichtbild von einem Pigmentpapier (Chromatgelatinepapier) auf die Platte übergetragen und mit verschiedenen Ätzflüssigkeiten (z. B. $FeCl_3$, welches sich mit Cu—$FeCl_2$ und CuCl bildet) bearbeitet. Hierauf wird die Gelatine abgewaschen. Das so erhaltene Kupferbild ist gegen mechanische Einwirkungen nicht genügend widerstandsfähig, deshalb wird es noch auf galvanischem Wege verstählert. Dies Verfahren ist sehr kostspielig, gibt aber sehr gute Abdrücke.

2. Der Flachdruck.

Der Flachdruck (Steindruck, Photolithographie) gibt schwarzweiße Bilder. Dies Verfahren basiert auf der Eigenschaft der Chromatgelatine, die Aufnahmefähigkeit des Wassers an belichteten Stellen zu verlieren, wodurch die Aufnahmefähigkeit der Fettfarben beibehalten wird.

Wird das Lichtbild nach dem Kopieren mit Fettfarbe eingewalzt und darauf mit kaltem Wasser behandelt, so bleibt die Farbe nur an belichteten Stellen haften, und wird an unbelichteten vom Wasser verdrängt; nach vorsichtigem Abwaschen erhält man ein Bild, das durch Anpressen an Papier oder einen anderen Gegenstand übertragen werden kann. Meistens wird Bild auf das Papier erzeugt, hierauf auf Stein übertragen, und vom Steinbild werden Kopien hergestellt. Statt der Steinplatten werden auch Aluminiumplatten benutzt (die sogen. Algraphie).

3. Der Hochdruck.

Bei diesem Verfahren liegen die farbabgebenden Teile über dem Grund. Als lichtempfindliche Schicht wird meistens Asphalt benutzt, das an belichteten Stellen seine Löslichkeit in organischen Lösungsmitteln verliert. Man kann auch die Chromatgelatine verwenden. Die weitere Bearbeitung — Auswaschen, Ätzen usw. — erfolgt auf die übliche Weise, wie bei dem oben beschriebenen Verfahren. Das Kopieren erfolgt auch mit Hilfe des Rasters. Der Hochdruck ist in der Praxis unter dem Namen Zinkographie und Autotypie bekannt.

4. Der Raster.

Ein Seidennetz ist der einfachste Raster. Für die photographischen Zwecke ist er aber zu grob. Meisenbach führte zum ersten Male die künstlichen Linienraster ein. Auf einem durchsichtigen Grunde wurde eine Reihe paralleler, dicht nebeneinander liegender Linien erzeugt. Diese können entweder direkt durch Aufzeichnen mit schwarzer Farbe oder auf photographischem Wege hergestellt werden, indem man von einer entsprechenden Papierzeichnung eine photographische Aufnahme macht. Man belichtet die empfindliche Schicht, auf der ein Linienraster und sodann das Diapositiv aufgelegt sind, stellt dann den Raster in einer um 90° gedrehten Stellung auf und belichtet von neuem. Auf diese Weise erscheint die belichtete Oberfläche in sehr kleine Quadrate eingeteilt.

Max Levy hat im Jahre 1890 die Fabrikation der Raster sehr vervollkommnet. Mittels spezieller Maschinen wurden auf Glasplatten parallele, dicht aneinander liegende Furchen eingeritzt, dieselben mit schwarzer Tusche eingerieben und dann poliert; ein zweiter ähnlicher Raster wurde so auf den ersten aufgelegt, daß die Linien miteinander einen Winkel von 90° bilden. Mittels Kanadabalsam wurden die beiden Platten miteinander verkittet. Die Dichtigkeit der Linien konnte bis 400 pro Zoll gesteigert werden, in der Praxis werden solche dichte Raster nicht gebraucht, meistens begnügt man sich mit 200 Linien pro Zoll.

Außer den eben beschriebenen Linien- und gekreuzten Rastern gibt es noch Rautenraster, bei denen die Linien miteinander einen Winkel von 60° bilden, und noch Kornraster und Punktraster. Die Herstellung derselben ist bedeutend schwieriger, und dabei zeigen sie keine Vorzüge, so daß dieselben in der Praxis fast gar nicht gebraucht werden.

5. Der Pigmentdruck.

Überzieht man das Papier mit Chromatgelatine und belichtet sie unter einem Positiv, so erhält man ein Lichtbild, das durch fette Farbe sichtbar gemacht werden kann, weil die unbelichteten Gelatineteile entweder mit warmem Wasser ausgewaschen werden können oder die Fettfarbe von ihnen durch kaltes Wasser abgelöst werden kann. Auf diese Weise erhält man keine Halbtöne, sondern ein schwarzweißes Bild. Zur Herstellung wird ein Papier mit einer dünnen Kautschuk- oder Harzschicht überzogen, an die belichtete Kopie gepreßt und im Wasser entwickelt; die unlöslichen (belichteten) Stellen haften fest an der Harzschicht. Nach dem Trocknen wird das Bild auf besondere Weise auf den definitiven Bildträger übertragen. Als Pigmente werden Tusche, Lampenschwarz, Dyckbraun und Indischrot verwendet.

6. Das Einstaubverfahren.

Dies Verfahren beruht auf der Änderung der Hydroskopizität des Zuckers, dem Chromsäuresalze zugegeben sind. Wird eine derartige lichtempfindliche Schicht mit irgendeiner Farbe eingestaubt, so bleibt sie nur an nicht belichteten Stellen haften.

Leim und Dextrinschicht verlieren ihre Klebfähigkeit und können auf dieselbe Weise entwickelt werden. Dies Verfahren wird besonders für die Herstellung der Bilder auf Porzellan benutzt.

7. Das Pepsinverfahren.

Leo Jacobsohn hat ein anderes Verfahren zur Entwicklung der Chromatgelatine vorgeschlagen. Da die Gelatine zu der Klasse der Eiweißkörper gehört, so muß sie von proteolytischen Fermenten angegriffen, d. h. verdaut werden. Als solche können Pepsin, Trypsin und der Magensaft selbst verwendet werden. Am stärksten wirkt Pepsin puriss. von Grübler (Leipzig). Wird die unbelichtete Chromatgelatine in eine 1 %ige Pepsinlösung unter Zusatz von 12 Tropfen

Salzsäure pro 100 ccm eingelegt, so wird sie nach einigen Stunden aufgelockert, glitschig und schließlich ganz aufgelöst. Die belichtete Gelatine bleibt dagegen unverändert. Die Temperatur spielt dabei eine große Rolle. Die maximale peptische Wirkung tritt bei 40° ein. Die durch Formalin gegerbte und in heißem Wasser unlösliche Gelatine wird durch Pepsin ebenfalls angegriffen und verdaut.

Zur Herstellung der Kopien nach dem Negativ haben sich die Pigmentfolien der N. P. G. als besonders geeignet erwiesen. Bei diesen Vorgängen wird die Gelatine unter Bildung der Abbauprodukte, wie Leucin, Tyrosin und anderer Aminosäure vollständig zerstört. Diese Entwicklungsmethode muß demzufolge als eine chemische bezeichnet werden. Die gute Reproduktion hängt von der Temperatur, Bearbeitungsdauer und Belichtungsdauer ab. Über die Gründe, weshalb die Fermente auf die belichtete Gelatine nicht einwirken, ist man sich noch nicht klar.

Da das peptische Ferment erhebliche Tiefenwirkungen zu entfalten vermag, kann man bei Verwendung dickerer Gelatineschichten durch Verdauung der unbelichteten Partien Matrizen herstellen, die nach Gipsaufguß ein mehr oder minder vollkommenes Relief geben.

Dies Pepsinverfahren ist viel teurer, als die gewöhnlichen und fordert auch mehr Zeit. Vorläufig hat es in der Praxis noch keine Verbreitung gefunden.

Silbersalz- und Farbenphotographie.

Silbersalzverfahren. Ein deutscher Arzt aus Colbitz Johannes Heinrich Schultze experimentierte eines schönen hellen Tages mit einem Glase am Fenster; in diesem Glase befand sich eine Kreideaufschlämmung in Silbernitratlösung. Zu Schultzes großer Verwunderung färbte sich die Oberfläche des weißen Niederschlags ganz dunkel. Aber er ließ sich durch diese überraschende Tatsache nicht beirren und erkannte richtig, daß das Dunkelwerden von einer Zersetzung des mit Kreide niederschlagenen Silbersalzes durch das Licht herrühre.

Auf der zum Lichte hingewandten Glasseite klebte er nun verschieden geformte Papierschablonen an und erhielt dann auf der Oberfläche des Niederschlages die entsprechenden Schattenabdrücke; die Stellen, die das Licht durchließen, erschienen dunkel gefärbt.

Somit war nicht nur zum ersten Male die Lichtempfindlichkeit der Silbersalze gefunden, sondern auch die erste Photographie entdeckt worden. Dieses Ereignis fiel in das Jahr 1727 und geschah zu Halle. Dreißig Jahre später, also im Jahre 1757, entdeckte Beccarius aus Turin die Lichtempfindlichkeit des Chlorsilbers und stellte damit ähnliche Schattenphotographien dar, ohne die Versuche von J. H. Schultze zu kennen. Man kann diese Schattenphotographien sehr leicht dem Auditorium zeigen, indem man AgCl auf Papier oder poröser Tonplatte niederschlägt und belichtet.

Die Schattenphotographien auf Papier und Leder, die mit Silbersalzen getränkt waren, führte dann Wedgwood im Jahre 1802 aus. Er erhielt auch Abdrücke von verschiedenfarbigen Glasscheiben und bemerkte dabei, daß Licht, welches durch blaues Glas dringe, stärker wirke als durch gelbes oder rotes Glas hindurchgedrungenes Licht. Die ersten Versuche über die Herstellung der Bilder auf Papier, das mit $AgNO_3$ imprägniert ist, rührt von Hellot im Jahre 1737 her.

Es muß aber bemerkt werden, daß die ersten Beobachtungen über die mannigfaltige Wirkung der verschiedenen Strahlen bereits Senebier im Jahre 1782 und Scheele im Jahre 1777 gefunden haben. Davy ging noch einen Schritt weiter und erhielt mit Erfolg eine Abbildung der Gegenstände im Sonnenmikroskop. Aber Wedgwood und Davy gelang es trotz vieler Bemühungen noch nicht, für die Bilder ein Fixiermittel zu finden, obgleich Scheele schon im Jahre 1777 die auflösende Wirkung des Ammoniaks auf die Silbersalze entdeckt hatte. Die andere für die Photographie so wichtig gewordene Auflösungsreaktion, nämlich die Wirkung des Fixiernatrons $Na_2S_2O_3$, wurde dann von Herschel im Jahre 1819 gefunden, aber erst im Jahre 1839 in Anwendung gebracht.

Im Anfange des 19. Jahrhunderts beschäftigte sich erfolgreich der Franzose Nicephore Nièpce mit dem von Alois Senefelder entdeckten Lithographieverfahren. Er versuchte auch zur Herstellung desselben Licht anzuwenden, und im Mai des Jahres 1816 gelang es ihm tatsächlich, die erste Heliographie auf Zinn zu erhalten. Dazu wurden von ihm Asphaltlösungen benutzt, deren Lichtempfindlichkeit er auch gefunden hatte. Zu dieser Zeit beschäftigte sich mit dem gleichen Problem ein Pariser Maler Louis Daguerre (zu Corneilles im Jahre 1784 geboren). Zwischen dem letzteren und Nièpce entstand bald eine innige Freundschaft; beide entschlossen sich, zusammen dieses Problem zu bearbeiten. N. Nièpce starb aber im Jahre 1833 und Daguerre mußte die Arbeit allein fortsetzen. Er verwertete mitunter die jodierten Silberplatten und fand dabei auf ganz zufällige Weise, daß die Platten, die in der Camera obscura nur kurze Zeit belichtet worden waren und demzufolge kein sichtbares Bild ergaben, beim Bearbeiten mit Quecksilberdämpfen ein solches hervorriefen. Mit Natriumchlorid oder -karbonat fixiert, hatte er schon im Jahre 1837, wie es aus einem Privatbrief von Daguerre zu ersehen ist, die erste Daguerrotypie, die der Welt erst in der Sitzung der Pariser Akademie am 7. Februar 1839 bekannt gemacht wurde, entdeckt. Sie erregte ein ungeheures Aufsehen bei den Zeitgenossen und übte einen enormen Einfluß auf die weitere Entwicklung der Photographie aus. Mit raschen Schritten ging die Vervollkommnung derselben weiter. Überblicken wir in kurzen Zügen ihre Erfolge der Reihe nach. Fast zu gleicher Zeit (1841), als Daguerre seine ersten Photographien der Pariser Akademie vorlegte (1839), hat Fox Talbot in England seine ersten Photographien auf AgCl-Papier nach dem Schultzeprinzip und auch die Erhaltung der auf Kupferplatten mit Cl, B, J geräucherten und auch mit Hg-Dämpfen entwickelten Bilder bekannt gemacht. Im Jahre 1841 gelang es dem Neffen des großen Nièpce, Nièpce de St. Victor, die Photographien auf Glas zu erhalten, auf dem er eine dünne Schicht aus Silbersalz und Eiweiß angebracht hatte. Das unsichtbare Bild entwickelte er vermittelst Gallussäure. Das auf diese Weise erhaltene Negativ wurde dann auf Chlorsilberpapier kopiert. Blanquart-Evrard führte Albuminpapier ein. Regnault 1800 empfahl zuerst Pyrrogallussäure als Entwickler. Le-Gray, Fry, Archer arbeiteten die Kollodiummethode aus. Schließlich, im Jahre 1871, wandte ein englischer Arzt J. Maddox zum erstenmal das Bromsilbergelatineverfahren an, das dann in der nachfolgenden Zeit zu solcher bewunderungsartigen Vollkommenheit gelangt ist.

Wir haben nun einen kurzen Überblick über die Hauptpunkte der geschichtlichen Entwicklung der Photographie gewonnen. Dieses Gebiet der angewandten Photochemie ist ja eigentlich, wie ersichtlich, nichts anderes als Anwendung von Zersetzungsreaktionen der Silbersalze im Lichte für technische Zwecke. Nun fragt es sich: was wissen wir über den Mechanismus dieser Lichtreaktion? Welcher Klasse gehört sie an? Ist sie eine photokatalytische Reaktion, oder haben wir es hier mit einem Gleichgewichte zu tun? Ist das letztere der Fall, so stellt sich noch die Frage ein, ob wir ein wahres oder falsches Gleichgewicht vor uns haben. Diese Fragen sollen in aller Kürze hier besprochen werden.

Wenn wir ein geschlossenes Rohr, in dem sich festes AgCl befindet (es darf aber vorher nicht geglüht werden, denn in ganz trocknem Zustande ist Silberchlorid wie die meisten Lichtreaktionen nicht lichtempfindlich), belichten, so können wir mit Jodkaliumstärkepapier die Existenz von freiem Chlor nachweisen, wobei sich das AgCl dunkelviolett färbt. Im Dunkeln wird es wieder weiß, und das Chlor verschwindet (Abb. 34). Guntz wies nach, daß sich für jede Lichtstärke ein bestimmter Chlordruck bei konstanter Temperatur einstelle, und daß beim Verdunkeln das System in seinen ursprünglichen Zustand zurückkehre. Dasselbe hat schon früher Luther für AgCl in Chlorwasser festgestellt, wobei er die Meinung aussprach, daß die Reaktion im Lichte primär nach folgendem Schema vor sich gehe:

$$2\,AgCl = Ag_2Cl + Cl.$$

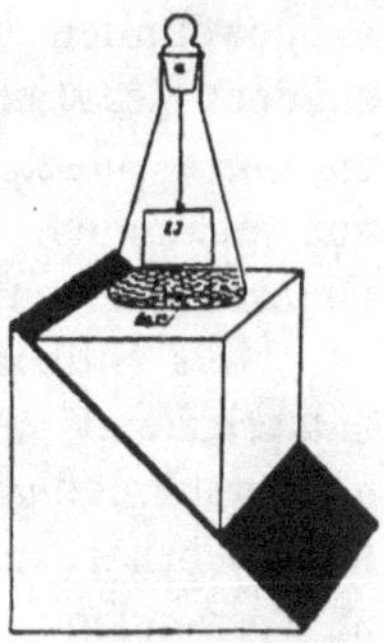

Abbildung 34.

Ob die Reaktion vollständig im photochemischen Sinne reversibel ist, d. h. ob bei der Rückwandlung dasselbe Licht, das eingewirkt hat, ausgestrahlt wird, bleibt noch in Frage gestellt.

Das im Lichte entstehende Silbersubchlorid Ag_2Cl ist in HNO_3 sehr schwer löslich; die Fixiermittel $Na_2S_2O_3$, KCN, NH_4OH verwandeln es in schwarzes metallisches Silber und in AgCl, das mit den Fixiermitteln lösliche komplexe Salze bildet und in Lösung übergeht.

Also, wenn wir das im Lichte geschwärzte AgCl fixieren, so erhalten wir einen schwarzen, im Lichte weiter unveränderlichen Rest. Und wenn die Lichtwirkung sehr schwach war oder kurze Zeit währte, daß die Schwärzung nicht sichtbar wurde, so läßt sich das unsichtbare Bild durch verschiedene Reduktionsmittel, sogenannte „Entwickler“ hervorrufen.

Das im Lichte entstehende Silbersubhalogenid konnte Guntz auch synthetisch aus Ag_2Fl und PCl_3 darstellen. Er erhielt dabei ein schwarzviolettes Pulver, das über Eigenschaften wie durch Lichtwirkung erzeugtes Ag_2Cl verfügte. In der letzten Zeit wurden auch andere Subchloride synthetisch hergestellt.

In einem offenen Gefäß, wo dem Chlor die Möglichkeit gegeben ist, im Freien sich auszubreiten, wird dieser Prozeß irreversibel. Man könnte, auf der Eigenschaft basierend, die Farbe im Lichte zu verändern, Schattenphotographien oder -kopien, mit jedem beliebigen anderen Körper oder Farbstoff, der seine Farbe verändert, herstellen; irgendeinen besonderen Vorzug vor den anderen hätte dieses Salz nicht gehabt, wenn es nur diese Eigenschaft allein besäße. Nun hat es aber auch andere Eigenschaften, die es sehr wertvoll und zur Herstellung direkter Photographien verwendbar machen. Und das sind die folgenden. Es bilden sich sehr schwache Lichteindrücke, die dem Auge nicht sichtbar sind, in einer sehr kurzen Zeitspanne und auch bei sehr geringen Lichtintensitäten des einwirkenden Lichtes. Diese unsichtbare Veränderung, oder, wie man es gewöhnlich bezeichnet, das latente Bild, kann man durch besondere Reaktionen verstärken, d. h. sichtbar machen, oder wie man zu sagen pflegt, entwickeln. Deshalb können Aufnahmen nicht nur von stehenden, sondern auch von in Bewegung sich befindendem Objekte gemacht werden, was für die Praxis von größter Bedeutung ist. Das Silberchlorid bzw. Bromid und ihre Mischungen müssen entsprechend präpariert werden. Die Praxis hat gezeigt, daß es am zweckmäßigsten ist, dieselben in fein verteiltem Zustande, als feine Körner in Gelatine eingebettet, auf Glasplatten aufgezogen, zu verwenden. Werfen wir auf eine derart präparierte Platte, die man photographische Platte nennt, ein Bild in einer Kamera, so erhält man in wenigen Teilen einer Sekunde ein latentes Bild. Dies wird entwickelt und fixiert. Man erhält das sog. Negativ, mit dessen Hilfe wir eine beliebige Menge von Kopien herstellen können. Die erste Phase — die Entstehung des latenten Bildes — ist eine photochemische Reaktion, die zwei letzten rein chemische. Die erste ist eine Funktion: der angewandten Emulsion, der einwirkenden Lichtwelle und ihrer Intensität und ist von der Temperatur fast unabhängig; die beiden zweiten Phasen sind Funktionen: der Konzentrationen der angewandten Reagenzien, ihrer chemischen Eigenschaften und der herrschenden Temperatur. Daß es sich hier um zwei verschiedene Vorgänge handelt, wird nicht immer genügend beachtet und darum werden oft aus den Endresultaten nicht die richtigen Konsequenzen über die Eigenschaften des Primärprozesses gezogen. Die Erforschung der photochemischen Eigenschaften der reinen Silbersalze in fester Form hat erst in der letzten Zeit begonnen (Schwarz und Stock, Hartung, Koch und du Prel, Fajans).

Wetzlar (1828) hat zuerst den Namen „Silbersubhaloid" für diese silberärmere Verbindung gebraucht. Dann wurde diese Anschauung von Choiselat und Ratel schon im Jahre 1843 über das latente Bild des AgJ ausgesprochen, und die meisten Forscher der Jetztzeit haben sie akzeptiert.

Natürlich ist das photographische Verfahren in der Praxis nicht so einfach, wie es soeben beschrieben wurde. Es gehört nämlich große Kunst dazu, die lichtempfindlichen Silberschichten herzustellen. Sehr feinkörnige Emulsionen, wie auch zu grobkörnige, sind nicht genug empfindlich, um in der Praxis verwendet zu werden. Die nötige Korngröße erreicht man, wenn man die Emulsion bei höherer Temperatur „reifen" läßt.

Das bei der Zersetzung freiwerdende Chlor hat das Bestreben, sich wieder zu vereinigen, und deshalb wirkt es hemmend auf die Zersetzungsgeschwindigkeit. Mit anderen Worten ausgedrückt, es vermindert die Empfindlichkeit.

Alle chlorbindenden Mittel, wie $AgNO_3$, Ag-Zitrat usw. wirken, der Emulsion beigefügt, deshalb beschleunigend und werden aus diesem Grunde „Sensisatoren" genannt. Aber dadurch steigt nur die gesamte Lichtempfindlichkeit, denn wie bekannt, ist das AgCl nur für ultraviolette, violette, blaue und in geringem Maße für grüne Strahlen empfindlich. Die Verteilung der Empfindlichkeit wird durch die Sensisatoren nicht beeinflußt. Diese selektive Empfindlichkeit hatte ihren großen Nachteil für die weitere Entwicklung und Anwendung der Photographie.

Das große Verdienst, dem Übel abgeholfen zu haben, gebührt Vogel. Im Jahre 1873 fand er, daß Farbstoffe, wie Eosin, Rhodamin, Zyanin u. a., wenn die Platten darin gebadet werden, fest an dem Silbersalz haften und nicht leicht ausgewaschen werden können. Die Platten erweisen sich dann auch für diejenigen Strahlen empfindlich, die von diesen Farbstoffen absorbiert werden, wie es laut dem Grotthus-van't Hoffschen Gesetze auch sein soll. So macht z. B. Eosin empfindlich für Grün, Zyanin für Gelb, Dizyanin für Rot usw. Diese Farbstoffe werden „Sensibilisatoren" genannt. Der Mechanismus der Silbersalzzersetzung bleibt scheinbar der gleiche. Was nun die Ursache der sensibilisierenden Wirkung dieser Farbstoffe betrifft, so sind verschiedene Erklärungen gegeben worden; einige nehmen an, daß der Farbstoff mit Silber labile Komplexverbindung bildet, das gegen die von ihm absorbierten Strahlen empfindlich ist, andere vertreten die Ansicht von Stark, der annimmt, daß das von den Farbstoffen absorbierte Licht bei diesen die Fluoreszenz hervorruft. Dabei enthält das Fluoreszenzlicht neben Strahlen kürzerer Wellen auch ultraviolette Strahlen, die ihrerseits auf das Silbersalz chemisch einwirken. Ein Gemisch von Farbstoffen vergrößert natürlich das Gebiet der Lichtempfindlichkeit. Es gibt Sensibilisatoren auch für äußerste ultraviolette Strahlen. Die Frage der Sensibilisation ist theoretisch noch wenig erforscht worden.

Das Erzielen einer gleichmäßigen Empfindlichkeit für alle Strahlen ist keine leichte Aufgabe und hat auch viel Mühe gekostet.

In der letzten Zeit gibt es im Handel photographische Platten (panchromatische), die praktisch eine gleichmäßige Empfindlichkeit von Ultrarot 800 $\mu\mu$ bis Ultraviolett 200 $\mu\mu$ besitzen. Das ist selbstverständlich von großer praktischer Bedeutung, besonders beim Photographieren der Spektra. Dafür treten wiederum andere Schwierigkeiten auf, nämlich beim Entwickeln. Bei gewöhnlichen Platten können wir bei rotem, sogar auch beim gelben Lichte entwickeln, ohne die Gefahr zu haben, einen Schleier zu erhalten, weil gegen diese Strahlen die Platten unempfindlich sind. Die panchromatischen Platten müssen wir entweder in voller Dunkelheit entwickeln, was in der Praxis von Nachteil ist, oder beim „grünen" Lichte. Die Anwendung des letzteren beruht darauf, daß unser Auge gegen das grüne Licht am empfindlichsten und viel empfindlicher als die Platte ist. Darum können wir genügend schwaches Licht nehmen, das auf unser Auge noch wirkt, auf die Platte aber während der kurzen Entwicklungsdauer keinen Einfluß ausübt. In der letzten Zeit hat Lüppo-Cramer noch Desensibilisatoren in die Praxis eingeführt. Er hat gefunden, daß manche Farbstoffe, wie z. B. Safranin, die Platte gegen sichtbares Licht unempfindlich machen, so daß, wenn wir ein latentes Bild in einen Entwickler tauchen, in dem Safranin vorhanden ist (es genügt $^1/_{2000}$—$^1/_{20\,000}$), oder es vorher darin baden, man die Entwicklung bei Kerzenlichte oder überhaupt schwachem weißen Lichte vornehmen kann. Man kann diese Versuche im Auditorium schön demonstrieren. Worauf diese merkwürdige Erscheinung beruht, ist noch nicht aufgeklärt; jedenfalls wirkt Safranin nicht wie ein Lichtfilter, das die aktiven Strahlen absorbiert, denn es läßt Violett und Ultraviolett glatt durch, wie man sich mittels der auf Seite 10 beschriebenen Versuchsanordnung leicht überzeugen kann. Eher ist anzunehmen, daß sich hier Komplexverbindungen bilden, bei denen die freien Valenzelektronen sich sehr stark gegenseitig absättigen, und deshalb ist die Lichtempfindlichkeit stark herabgedrückt.

Kehren wir aber wieder zu unserem Thema zurück.

Je intensiver die Belichtung war, desto tiefere Schwärzung erhält man beim Entwickeln. In ziemlich engen Grenzen von mittlerer Intensität gilt die Regel

$$Jt = \text{konst.},$$

d. h. einer bestimmten Lichtmenge entspricht auch eine bestimmte Schwärzung. Bei sehr schwacher, wie auch bei starker Lichtintensität gilt diese Regel nicht mehr. Diese Formel können wir auf Grund der im Kapitel V. entwickelten Theorie leicht ableiten, wenn wir die allgemeine Formel für den speziellen Fall der sehr dünnen Lamellen spezialisieren. Schwarzschild hat eine empirische Formel

$$J t^p = \text{konst.}$$

aufgestellt, die besser den Tatsachen entspricht. Die Konstante p ist durchschnittlich gleich 0,9.

Eine sehr intensive Belichtung hat ein umgekehrtes Resultat zur Folge. Es erscheinen nämlich die stark belichteten Stellen beim Entwickeln viel schwächer, als die durch verhältnismäßig schwaches Licht erzeugten. Ja, es kann auch eine vollständige Umkehrung erreicht werden. So erscheint z. B. die Sonnenscheibe bei genügend langer Expositionszeit auf dem Negativ als ein heller Kreis auf dem dunklen Himmelsgrund. Diese merkwürdige Tatsache, deren innerer Mechanismus noch ganz unaufgeklärt ist, hat den Namen „Solarisation" erhalten. Wir können sie sehr leicht in einem Auditorium vorführen, indem wir bei beleuchtetem Auditorium ein Blatt weißen Kartons, in dem eine runde Mattscheibe mit Bogenlicht rückwärts belichtet wird, von vorne photographieren. Die Entwicklung können wir auch im Auditorium mittels Safraninverfahren vornehmen. Der Mechanismus des latenten Bildes hat sich bei näherem Studium als sehr kompliziert erwiesen. Man nimmt an, daß das Silberchloridmolekül die Zusammensetzung Ag_8Cl_8 besitzt, das im Lichte stufenweise in folgende chlorärmere Photochloride zerfällt: grünes α-Photochlorid von der Zusammensetzung Ag_8Cl_7, das entwickelbar ist, blaues β-Ag_8Cl_6, das nicht entwickelbar ist, rotes γ-Ag_8Cl_5, entwickelbar und gelbes δ-Ag_8Cl_4 (Ag_2Cl). Bei weiterer Belichtung zerfällt es scheinbar in metallisches Ag und Chlor. Diese Photochloride und das metallische kolloidale Silber bilden mit der Muttersubstanz feste kolloidale Lösungen und beeinflussen sich photochemisch auf verschiedene Weise. Die Gelatine bildet scheinbar mit dem Silberchlorid auch komplexe Verbindungen. Zieht man noch den Umstand in Betracht, daß die Lichtreaktion in sehr geringen Mengen und in einer Schichtdicke vom winzigen Teil eines Millimeters stattfindet, so wird die enorme Schwierigkeit der Erforschung des Mechanismus dieser Reaktion verständlich.

Viele tüchtige Forscher, wie Luggin, Lüppo-Kramer, Carea-Lea, Pizzighelli, Valenta, Schaum, Trivelli und besonders Eder verwandten viel Mühe darauf, den Mechanismus der Silbersalzzersetzung im Lichte zu klären. Trotz der wertvollen Leistungen dieser genannten Gelehrten bleibt noch viel, sehr viel zu tun übrig.

In der letzten Zeit wird versucht, den Mechanismus quantentheoretisch zu erfassen. Es bleibt abzuwarten, ob diese neue Richtung eine Klärung der Sache mit sich bringen wird. Die weitere Vertiefung in diesem Prozeß kann für die Vervollkommnung der technischen Fabrikation der Emulsion von Nutzen werden. Die theoretische Forschung wird wohl kaum davon profitieren.

Alles, was hier über AgCl gesagt wurde, läßt sich ohne weiteres auch auf AgBr und AgJ übertragen. Das letztere zeigt wohl manche Abweichungen in seinem Verhalten gegenüber den anderen Stoffen, die aber an dieser Stelle zu erörtern keinen Zweck hat.

Es seien noch einige Worte über die Entwickler gesagt. Man unterscheidet zwei Arten von Entwicklern: physikalische und chemische. Zur ersten Art gehören diejenigen, die aus einer Lösung von Silbersalz mit einem Reduktionsmittel bestehen, z. B. Eisenvitriol + Silbernitrat + organische Säuren usw. In diesen Gemischen wird das Silber langsam reduziert und befindet sich in der Lösung in einem übersättigten Zustande. Wenn nun der Entwickler in Berührung mit dem latenten Bild gebracht wird, so wird das Subhaloid durch die Reduktionssubstanz in Ag und Cl gespalten, das Ag-Metall wird in fein verteiltem Zustande gebildet und wirkt als Keim auslösend auf das Silber, und dieses wird auf die erwähnten Stellen niedergeschlagen; die Dichte des Niederschlags hängt natürlich von der Zahl der vorhandenen Siberkeime, die ihrerseits der Lichtintensität proportional sind, ab. Als erster Entdecker des physikalischen Entwicklers ist wohl Daguerre (1837) zu nennen. Ähnlich dem Quecksilberdampf kann auch Wasserdampf sich auf den belichteten Stellen niederschlagen.

Die chemischen Entwickler bestehen einfach aus reinem Reduktionsmittel, z. B. Pyrogallol, Hydrochinon, Methol, Amidol usw. Die Wirkung desselben unterscheidet sich von der des ersten nur insofern, als er dasjenige Silber auflöst, das er aus einer Gelatineschicht bei verhältnismäßig langsamer Reduktion entnimmt und an die belichteten Stellen ablagert, also dort, wo sich infolge der Reduktionswirkung des Entwicklers Silberkeime aus dem Photochlorid gebildet haben. Im Grunde genommen ist die Wirkung der beiden Entwicklungsarten identisch. Sie gelangen beide nur auf zwei verschiedenen Wegen zu demselben primären Vorgang. Die Entwicklung ist von verschiedenen Faktoren abhängig: von der Dauer der Entwicklung, der Temperatur des Bades, Konzentration der Entwicklungssubstanz, verschiedenen Beimengungen (z. B. KCl für AgCl wirkt verzögernd), der Substanz des Entwicklers, Korngröße, Dicke der Schicht, Bindemittel usw., mit anderen Worten, von allen den Faktoren abhängig, die einerseits die Geschwindigkeit der Reduktion und andererseits die der Auslösung beeinflussen. Die erste Anwendung des chemischen Entwicklers rührt von Russel (1863) her. In neuerer Zeit wird vorzugsweise die chemische Entwicklung benutzt.

Schlechte Negative kann man entweder verstärken oder schwächen. Im ersten Falle müssen wir die Dichte der Silbermenge vergrößern. Man kann event. das Silber auch in eine stärker gefärbte Verbindung überführen. Im zweiten Falle müssen wir das Silber teilweise auflösen. Das erreicht man auf die Weise, daß man das Negativ in Ammoniumpersulfat oder saurer Permanganatlösung badet. Die Verstärkung erzielt man auf die Weise, daß man das Negativ in Sublimat badet. Das Silber wird in AgCl und Sublimat in Kalomel umgewandelt. Das Bild sieht weiß aus. Beim Eintauchen in Ammoniak wird es tief schwarz, weil sich das komplexe Ammonium-Quecksilbersalz bildet.

Farbenphotographie. Durch dasselbe Silberchlorid, das, wie wir oben sahen, unter dem Einflusse des Lichtes dunkel wird, kann man auch Farbenwiedergabe erzielen. Man braucht nur das auf weißem Papier verbreitete, vorher im Lichte grau angelaufene AgCl-farbigem Licht, z. B. einem Spektrum auszusetzen. Dann erhält man eine ziemlich getreue Wiedergabe des einwirkenden Bildes.

Die erste Andeutung solcher Farbenwiedergabe findet man schon in der Schrift des berühmten Photochemikers des 18. Jahrhunderts Senebier. Er untersuchte die Wirkung des spektral zerlegten Lichtes auf Hornsilber und fand, daß am stärksten die violetten Strahlen wirken. Gleichzeitig bemerkte er, daß das Hornsilber nicht ganz dunkelviolett aussieht, sondern einen Stich in die einwirkende Farbe erhält.

Die erste auf diese Weise erhaltene Farbenphotographie aber wurde, wie in der Farbenlehre von Goethe zu lesen ist, von Seebeck im Jahre 1810 geschaffen, also 30 Jahre, bevor Daguerre seine Daguerrotypie entdeckte. Dies war überhaupt die erste künstliche Farbenphotographie. 15 Jahre später, im Jahre 1825, wiederholte Edmond Becquerel diese Versuche, nur mit dem Unterschiede, daß er statt Papier als Unterlage für die AgCl-Schicht eine metallische Silberplatte nahm. Er erzeugte auch eine schöne Reproduktion der Farbenbilder, konnte aber, ebenso wie Seebeck, kein Fixiermittel erfinden. John Herschel (1841), Nièpce de St. Victor, Hill, T. de Beauregard (1805), Poitevin, Simpson beschäftigten sich mit dem Seebeckschen Verfahren der Darstellung der Photochromien mit mehr oder weniger Erfolg. Auch Becquerel nahm wieder in den Jahren 1851—55 dieses Problem auf und erhielt viele interessante Befunde. Aber über den Mechanismus dieser Erscheinung kam niemand recht ins klare. Es war sehr auffallend, daß die, nach dem Becquerelschen Verfahren mit Silberspiegel als Unterlage hergestellten Photochromien, ein anderes Verhalten zeigten, als die Seebeckschen mit Papierunterlage. Erst Zenker gelang es, diese Frage im Jahre 1895 richtig aufzuklären. Er zeigte, daß es sich bei dem Becquerelschen Verfahren um Schein- oder Interferenzfarben handele. Zenker erklärte diese Erscheinung auf folgende geistreiche Weise: er sagte nämlich, daß der Lichtstrahl, der in die AgCl-Schicht eingedrungen ist, von dem Silberspiegel wieder zurückgeworfen würde, und es entständen dann stehende Lichtwellen in der Schicht.

Die maximale chemische Wirkung finde in den Bäuchen der Wellen statt und dementsprechend bildeten sich im monochromatischen Lichte Reihen paralleler Lamellen aus den Zersetzungsprodukten des AgCl im Lichte. Der Abstand der Lamellen voneinander sei gleich der halben Wellenlänge des auffallenden Lichtstrahls.

Die Theorie der Interferenzfarben fordert, daß beim Auffallen des weißen Lichtes auf eine derartige Lamellenreihe jenes Licht vorzugsweise zurückgeworfen wird, dessen halbe Wellenlänge dem Lamellenabstande gleich ist, d. h., daß die Platte uns in demselben Lichte erscheinen muß, welches auf diese einwirkte. Im durchfallenden Lichte muß dann die Platte in komplementärer Farbe erscheinen.

Den entscheidenden Beweis für die Existenz solcher Lamellen in der AgCl-Schicht bei den nach dem Becquerelschen Verfahren hergestellten Photochromien hat Wiener im Jahre 1895 gegeben, indem er sie auf einer keilförmigen Gelatineschicht von AgCl-Emulsion mit sehr geringem Winkel entstehen ließ, worauf dieselben als eine Reihe paralleler schwarzer Streifen erschienen.

Neuhauss (1898) konnte diese auch direkt im Mikroskope beobachten, indem er einen dünnen, mit dem Mikrotom hergestellten Schnitt von AgCl-Gelatine im Mikroskop beobachtete und auch photographierte.

Gabriel Lippmann (Paris) wandte statt des Silberspiegels einen Quecksilberspiegel an und bildete auf diese Weise das Verfahren so aus, daß er vorzügliche Aufnahmen von verschiedenen Gegenständen und Landschaften und Porträts erhielt. Neuhauss,

Miethe, Ussagin (Moskau) vervollkommneten das Lippmannsche Verfahren noch mehr. Meistens machten sie verschiedene Spektralaufnahmen, wie des Sonnenspektrums, so auch der Linienspektra der Metalle. An diesen schönen Reproduktionen konnten dann alle andern Forderungen der Zenkerschen Theorie leicht geprüft werden.

So muß sich z. B. nach dem Betrachtungswinkel die Farbe ändern, denn die Weglänge des einfallenden und reflektierten Strahls ist abhängig vom Einfallswinkel bzw. Betrachtungswinkel. Die kleinste Weglänge wird bei der normalen Richtung zu finden sein, und je mehr die Betrachtungsrichtung von der normalen abweicht, desto größer wird auch die Weglänge sein, und dementsprechend verschiebt sich die Farbe nach den längeren Wellen. Dasselbe kann auch beim Anhauchen der Platte beobachtet werden, weil durch das Quellen der Gelatine der Abstand zwischen den Lamellen bzw. die Weglänge sich vergrößert. In durchfallendem Lichte erscheinen die Spektra in komplementären Farben. Alle diese Forderungen fand man auch durch direkte Versuche bestätigt.

Photochromien, die nach dem Seebeckschen Verfahren hergestellt werden, erfüllen die Forderungen der Zenkerschen Theorie nicht, d, h. man konnte bei ihnen keine Lamellenbildung nachweisen. Daraus läßt sich der Schluß ziehen, daß ihr Ursprung ein ganz anderer ist.

Liesegang und Wiener sprachen zuerst den Gedanken aus, daß es sich hier nicht um Scheininterferenzfarben, sondern um Körperfarben handelt. Besonders eifrig und erfolgreich hat diese Frage Wiener untersucht. Auf Grund seiner Arbeit und auch der Untersuchungen von Carea-Lea über die Existenz verschieden gefärbter Photochloride des Silbers kann man sich diese Erscheinung auf folgende Weise erklären: die Vorbelichtung des Chlorsilbers bildet eine ganze Reihe chlorärmerer, verschieden gefärbter Verbindungen, die in Summa einen grauweißen Ton ergeben. Bei weiterer monochromatischer Belichtung entfärben sie sich; da sie aber selbst gefärbt sind, so lassen sie das Licht ihrer eigenen Farbe durch und werden nur durch das von ihnen absorbierte Licht entfärbt. Folglich müssen durch die Einwirkung des gefärbten Lichtes alle Photochloride verbleichen, die diese Farbe absorbieren, und es bleibt nur der Stoff von der gleichen Farbe nach; es findet, mit anderen Worten ausgedrückt, eine Anpassung an die wirkende Beleuchtungsfarbe statt.

Ein solches Anpassen können wir auch in der Natur bei den Raupen und Schmetterlingen beobachten, das, wie Wiener es dargelegt hat, auch auf entsprechende Farbenausbleichreaktionen zurückzuführen ist. Auf Grund dieser soeben geschilderten Erscheinungen kam Wiener auf den Gedanken, daß dieses Prinzip des Anpassungsvermögens für die Herstellung einer Farbenphotographie dienlich sein könnte. Stellen wir uns vor, daß wir ein Gemisch von drei Farbstoffen haben: rot, gelb, blau. Diese Mischung sieht schwarz aus, weil sie alle sichtbaren Strahlen absorbiert.

Fällt nun z. B. ein roter Strahl darauf, so wird er von dem blauen und gelben Farbstoff absorbiert, und diese Stoffe verbleichen, während der rote gleichfarbige, der das Licht durchläßt und auf den nach dem ersten Grundgesetze das Licht deshalb chemisch nicht wirken kann, unverändert bleibt. Diese Überlegung gilt auch für die andern Strahlen. Wenn wir also ein farbiges Bild auf eine solche Schicht projizieren, so müssen wir es auch in natürlichen Farben wieder erhalten, oder wir müssen sozusagen ein direktes farbiges Positiv bekommen.

Zuerst hat eine solche Photochromie Vallot hergestellt.

Neuhauss hat sich mit der Ausarbeitung dieses Verfahrens viel beschäftigt und dabei auch beachtenswerte Resultate erzielt. Als Farbstoffe hat er für Rot Eosin, für Gelb Uranin, für Blau Methylenblau oder Methylviolett angewandt. Das Gemisch dieser Farbstoffe, in Gelatine gelöst, wird als dünne Schicht auf Milchglas aufgetragen. Um das Ausbleichen zu beschleunigen, fügt man noch zu der Mischung Anethol (K. Worel) oder alkoholische Lösung des Chlorophylls hinzu. Vor der Exposition badet man die trocknen Platten in einer ätherischen Lösung von Wasserstoffsuperoxyd. Diese Versuche können leicht vorgeführt werden.

Fixiert wurden die Farbenbilder mit $CuSO_4$ oder Tannin. Obgleich Neuhauss, Limmer, Smith, Szcepanek u. a. in der letzten Zeit sehr schöne Photographien erhalten haben, so ist doch dies Verfahren für die Praxis noch nicht verwendbar, weil es den technischen Anforderungen nicht gewachsen ist. Es wird noch viel Mühe kosten, und die Geduld des Experimentators wird noch häufig auf eine harte Probe gestellt werden, bevor es einmal gelingt, in den Besitz einer direkten Farbenphotographie zu gelangen und das Endziel auf diesem Gebiet zu erreichen.

Ihr Entwicklungsgang ist aber abhängig von den Fortschritten der allgemeinen Photochemie, besonders der Gebiete der photochemischen Oxydationen und der photochemischen Katalysatoren. Es handelt sich ja hier in erster Linie um genaue Kenntnis des Mechanismus dieser Ausbleichreaktionen und um die Auffindung solcher Katalysatoren, die den Platten eine große und für alle Farben gleichmäßige Empfindlichkeit verleihen. Von großer Bedeutung ist es ferner, ein Fixiermittel zu erfinden, das die feinen Farbennuancen des Bildes nicht verdirbt und dabei dasselbe gegen weitere Lichtwirkung widerstandsfähig macht.

Limmer schlägt vor, die Ausbleichoxydationsreaktionen durch Zusatz eines starken Katalysators zu beschleunigen und nachdem dadurch zu fixieren, daß man den Katalysator entfernt. Plotnikow meint wiederum, daß man dazu lichtechte Farbstoffe nimmt, zu denen man eine farblose Reaktionskomponente zugibt, bei deren Anwesenheit die Reaktion des Ausbleichens erst möglich wird. Nach der erfolgten Belichtung entfernt man den Hilfskörper (sei es durch Auswaschen, Verdunsten, chemische Neutralisierung). Dann bleibt das Bild, das nur aus lichtechten Farbstoffen besteht übrig und es muß deshalb stabil sein. Die Reaktionen brauchen keine Oxydationsreaktionen, sondern es können beliebig andere Reaktionsklassen sein. Die Katalyse wird hier wiederum eine große Rolle spielen.

Es existiert auch noch eine Form der Farbenphotographie, die auf folgender Grundlage beruht. Wie bekannt, geben die Derivate der Triphenylmethanreihe eine Menge brillanter Farbstoffe, wie z. B. Rosanilin, Methylviolett, Fluorezein, Eosin, Malachitgrün usw.

Bei der Reduktion bilden sie die sogenannten farblosen Leukobasen. Diese sind lichtempfindlich in dem Sinne, als das Licht die Oxydation, d. h. ihre Rückverwandlung in den Farbstoff stark beschleunigt.

Jede Leukobase ist natürlich für eine bestimmte Lichtfarbe empfindlich und wird sehr stark durch verschiedene katalytische Zusätze beeinflußt. Durch geeignete Kombination der Leukobasen kann man sich ein Gemisch herstellen, das für alle Farben empfindlich ist und auch die Farben getreu wiedergibt. Dieses Verfahren, auch Pinachromie genannt, wurde zuerst von König vorgeschlagen, befindet sich aber noch auf den ersten Stufen der Entwicklung. Es ist natürlich auch eine Kombination der beiden Verfahren denkbar, indem z. B. das durchsichtige Original nach dem ersten Verfahren auf dem Glase und die Papierkopien nach dem zweiten auf Papier hergestellt werden.

Also, wie aus dem oben Gesagten zu ersehen ist, stehen die beiden direkten Verfahren für die Herstellung der Farbenbilder noch im Anfange ihrer Entwicklung und haben noch keine praktischen Erfolge aufzuweisen. Es ist aber wohl anzunehmen, daß bei der raschen Entwicklung unserer Wissenschaft und bei dem Interesse, das dieser Frage entgegengebracht wird, die praktischen Erfolge nicht lange auf sich warten lassen werden. Dafür haben aber die indirekten Verfahren schon eine ziemlich hohe Stufe der technischen Entwicklung erreicht und erfreuen sich einer starken Verbreitung bei dem großen Publikum.

Das indirekte oder sogenannte Dreifarbendruckverfahren besteht darin, daß man drei Teilbilder von dem aufzunehmenden Objekt in Rot, Grün, Violett nach der Wirklichkeit entsprechendem Intensitätsverhältnis herstellt und sie entweder übereinander oder so nahe nebeneinander druckt, daß sich die Farben mischen; dann erhält man eine Wiedergabe des aufgenommenen Objekts in Farben. Auf welche Weise diese drei Teilbilder auch hergestellt sein mögen, ob durch geschickte Hand eines Kupferstechers oder mit Hilfe der gewöhnlichen Photographie, ist ganz belanglos, sie müssen sich nur in richtigen Intensitätsverhältnissen zu den drei Farben befinden. Dies Verfahren beruht, wie zu ersehen, auf der Anschauung, daß man alle Farbtöne durch Mischung der 3 Grundfarben erhalten kann, und man stellt sich das Objekt aus diesen 3 Farben zusammengestellt vor. Das ist natürlich theoretisch nicht streng richtig, für praktische Zwecke aber vollständig genügend.

Als Entdecker dieses Dreifarbendrucks ist wohl der Maler Le Blond anzusehen. Dieser hat im Jahre 1704 drei Kupferstiche aus Blau, Rot und Grün verfertigt und beim Übereinanderdrucken derselben hat er eine leidliche Reproduktion des Bildes erhalten. Le Blond hat richtig die Idee des Verfahrens erfaßt, auf welcher unser moderner Dreifarbendruck beruht.

Gleichzeitig mit ihm hat sich der Kupferstecher Gautier mit diesem Problem beschäftigt, aber ihm war die Sache nicht klar, und er hat zu den drei Farben noch Schwarz hinzugetan. Große praktische Erfolge hat er allerdings auch nicht erzielt. Der Grund dieses Mißgeschicks liegt einfach darin, daß es unmöglich ist, mit dem Auge allein das richtige Intensitätsverhältnis jeder Farbe in einem Bilde abzuschätzen.

Erst als man die Herstellung dieser drei Teilbilder mechanisch auf photographischem Wege mit Hilfe der drei Lichtfilter Rot, Gelb oder Grün und Violett gelernt hat, entwickelte sich dieses Verfahren in rascher Folge.

Der Gedanke, die Photographie zu diesem Zwecke anzuwenden, gehört keinem andern als dem berühmten Maxwell an. Natürlich hing der Erfolg dieser Anwendung wieder davon ab, ob die photographischen Platten für alle diese Strahlen empfindlich waren, und deshalb konnte sich dieses Verfahren erst nach Vogels Entdeckung der Sensibilisatoren gut entwickeln. Es ist wohl selbstverständlich, daß die Teilbilder auch einfach vermittelst des Projektionsapparates auf einem weißen Schirm in Deckung miteinander gebracht werden können, und man erhält auch tatsächlich auf diese Weise vorzügliche Bilder. Den ersten solchen Apparat hat Ives konstruiert. Der Franzose Ducos de Hauron beschäftigte sich auch viel mit diesem Gegenstand, aber ohne nennenswerten Erfolg. Trotzdem rührt mancher wichtige Gedanke von ihm her, darunter auch der, daß man die Teilbilder auf einer Platte erzeugen soll, indem man dieselbe mit einem Dreifarbenraster bedeckt, der entweder aus Linien oder Punkten besteht. Diesen Gedanken hat nun Joly 1894 (Linienraster) und Gebrüder Lumière 1904 (Punktraster aus Stärkemehlkörnchen) verwirklicht. Besonders praktische Erfolge erzielte das Lumièrsche Verfahren, das sich auch eingebürgert und verbreitet hat. Es besteht in folgendem: auf einer Glasscheibe wird eine gleichmäßige Schicht von drei Sorten (Rot, Grün, Blau) gefärbter Stärkemehlkörnchen hergestellt. Die Körnchen müssen gleichmäßig verteilt werden, und zwar so, daß Rot, Grün, Blau immer eine nebeneinanderliegende Gruppe bilden. Auf diese Schicht bringt man die AgCl-Schicht an, die von der Glasseite belichtet wird. Geht z. B. ein roter Strahl hindurch, so passiert er nur die roten Körnchen und wirkt auf die dahinter liegenden Silberkörnchen; dasselbe gilt auch von den anderen Strahlen. Beim Entwickeln erhalten wir auf diese Weise ein farbiges Negativ, das das Bild in komplementären Farben erscheinen läßt. Um es in das Positiv zu verwandeln, bearbeitet man das noch nicht fixierte Negativ mit $KMnO_4 + H_2SO_4$. Das Silber löst sich auf; es bleibt nur das unbelichtete AgCl zurück. Das wird wieder belichtet, entwickelt und fixiert. Dann erhalten wir ein farbiges Positiv, wobei dieser letzte Prozeß im Tageslicht ausgeführt werden kann. Dies Verfahren hat aber den Nachteil, daß man keine Kopien und keine Papierabdrücke herstellen kann, d. h. daß es nur für Herstellung der Diapositive gut ist. Es wurden in der letzten Zeit verschiedene andere Verfahren auf den Markt gebracht, wie z. B. die Uvachromie von Dr. Traube (München). Sie stellt eine Vervollkommnung des Dreifarbenprinzips dar, indem man z. B. drei gefärbte Gelatine-Filmteilbilder aufeinander legt und auf Glas aufklebt. Man erhält auf diese Weile sehr schöne Reproduktionen. Aber wenn ein sehr geschickter Kunstmaler ein gewöhnliches photographisches Diapositiv bemalt, so erhält man prachtvolle

Farbenbilder, die durch Dreifarbendruck erhaltene noch übertreffen. Wie zu ersehen, ist das Problem der Farbenphotographie noch weit von seiner technischen Lösung entfernt, obgleich die theoretischen Grundlagen genügend ausgearbeitet sind.

Kapitel XII.

Die geschichtliche Entwicklung der Photochemie.

1. Die Photochemie der Altzeit: Griechenland, Ägypten, Azteken, Indier usw. 2. Die technisch-photographische Periode. 3. Die Photochemie der Neuzeit. Der Kampf um die Grundgesetze.

Man kann die geschichtliche Entwicklung der Photochemie in drei Perioden einteilen: 1. Die Photochemie der Altzeit, die fast bis zu Anfang des 19. Jahrhunderts reicht, und ähnlich anderen Disziplinen auf normalem Wege sich fortpflanzt, und hauptsächlich durch eine Ansammlung von Versuchsmaterial sich kennzeichnet; im letzten Stadium dieser Zeitperiode strebt die Entwicklung immer mehr der reinen wissenschaftlichen Auslegung zu. Die Erfindung der Photographie durch Daguerre im Jahre 1837 lenkte sofort die Aufmerksamkeit aller forschenden Geister auf dieses Gebiet der angewandten Photochemie, das nur auf einer Lichtreaktion, nämlich der Silbersalzzersetzung beruht, und dies wirkte auf die weitere rein wissenschaftliche Entwicklung der Photochemie in hohem Grade hemmend ein.

Diese zweite Periode, die etwa 60 Jahre umfaßt, kann als technisch-photographische bezeichnet werden; sie währte bis Anfang des XX. Jahrhunderts. Der Anfang des XX. Jahrhunderts wird durch ein starkes Anwachsen des Interesses für die reine Photochemie gekennzeichnet, und die Entwicklung dieser neuen Periode nimmt einen fast stürmischen Verlauf an. In den letzten 20 Jahren hat die Photochemie in allen ihren Zweigen große Fortschritte gemacht und eine feste Grundlage erhalten, auf der ihre weitere erfolgreiche Entwicklung gesichert erscheint.

Gehen wir jetzt zu der kurzen Beschreibung dieser drei Hauptperioden der historischen Entwicklung der Photochemie über.

Als Anhang zu jedem Kapitel sind die historischen Notizen über die wichtigsten Entdeckungen und Erfindungen beigefügt, die uns einen tieferen Einblick in die Entwicklung der Photochemie gewähren.

Die erste Periode.

Jedes Volk, sogar in der allerersten Zeit seiner Entwicklung, kommt fast instinktiv zur Erkenntnis von der großen Bedeutung der Sonne, dieser segenspendenden Gottheit, die Leben auf der Erde schafft, unterhält und fortpflanzt.

Nur die Äußerungsform, in der sich seine Gefühle widerspiegeln, hängt von der Höhe seiner kulturellen Entwicklung ab. Anfangs trägt sie einen mystisch-religiösen, dann philosophischen und endlich einen exakt-wissenschaftlichen Charakter. Die alten Literaturquellen, die dieses Thema berühren, sind leider ziemlich lückenhaft, und wir besitzen keine absolut einwandfreie Erkenntnis über den Stand dieser Frage bei den meisten Völkern des grauen Altertums, obgleich manche Überlieferungen, die einer geschichtlichen Wahrheit nicht entbehren, deutlich bezeugen, daß viele von ihnen in der Sonne ein höheres, göttliches Wesen verehrten und somit den Gedanken der Abhängigkeit ihres Daseins von der Wirkung der Sonne genügend zum Ausdruck brachten.

Die ältesten Quellen, die bereits davon Erwähnung tun, stammen von den griechischen Geschichtsschreibern her. So schreibt Herodot, daß die Babylonier zur Zeit der ersten Dynastie unter dem Herrscher Naram-Sin den berühmten Sonnentempel zu Sippar, um das Jahr 3850 v. Chr., gründeten. Von ihrer Religionskultur berichtet er auch, daß sie einen Naturdienst in personifizierter Form vorstelle, der aber zugleich der Sonne eine spezielle göttliche Verehrung zuteil werden lasse. Mit diesen Angaben stimmen vielfach die keilschriftlichen Ausgrabungen aus den Ruinenfeldern von Ninive und Babylon überein. Aus dem auf sieben Tafeln geschriebenen babylonischen Weltschöpfungsepos können wir lesen, wie der Gott des Lichtes, Marduck, später der Stadtgott von Babel, das Chaos besiegt und das Weltall samt den Menschen schafft. König Hammurabi, der große babylonische Gesetzgeber und der vermutliche Zeitgenosse von Abraham (etwa 2200 v. Chr.), deren Gesetze von großem Einfluß auf das alte Testament waren, sagt, daß er dieselben von dem Sonnengotte erhalten habe. Der Denkstein, auf dem diese Gesetze geschrieben waren, befand sich ursprünglich in dem Sonnentempel Ebabbara zu Sippar. Auch den Assyriern und Chaldäern war der Sonnenkultus nicht fremd, und die Bezwinger ihrer Macht, die alten Perser, verehrten als ihren höchsten Gott den Gott des Lichtes und des Lebens (Auramasda), die Sonne aber betrachteten sie als besondere Gottheit (Mithra), und diese altiranische Lichtreligion des Zoroaster behielt ihre Kraft über 1000 Jahre, behauptete sich bei den drei großen Dynastien der Achmeniden, der Seleniden und Sameniden, bis zum Eintritt des Islams, der dieser Religionsanschauung ein Ende machte.

Zoroaster, der gemäß griechischen Quellenangaben in der Zeit um 600 Jahre v. Chr. gelebt haben soll, während der Regierung des Perserkönigs Hystaspes, Vater des Dareios I., galt bei seinen Zeitgenossen als Prophet und Verkünder einer neuen religiösen Wahrheit, die in den Naturgewalten — hauptsächlich der Sonne — einen von den Hauptfaktoren jeder vitalen Betätigung vermuteten. Die Verehrung der Sonne offenbarte sich bei den alten Iraniern in Form von Lobsprüchen, Hymnen, die zu gewissen Tageszeiten gebetartig von ihnen wiedergegeben wurden. Es ist anzunehmen, daß Nietsche in seinem „Also sprach Zarathustra" die Motivquelle des Liedes zur Sonne diesen alten Überlieferungen entnahm. Auch die Weda, die älteste Sammlung der Sanskritliteratur in dem Teile „Samhita der Rigweda" (Sammlung von Liedern der Rigweda, etwa 500 v. Chr.) weist darauf hin, daß die alten Indier schon in ihrem ursprünglichen Stammorte am Indus die Sonne als die Ursprungskraft jedes Daseins verehrten. Dies kommt auch tief und erhaben in den folgenden Strophen des Rigwedaliedes „Der Anfang aller Dinge" zum Vorschein:

Im Dunkel war und Finsternis versunken
Der Anbeginn. Es wallte durcheinander
Das All im weiten Raum der toten Öde.
Da schuf die Macht des Lichtes das erste Trieb,
Zugleich erwacht des Geistes erster Same.
Den Sinn des Daseins dann begreifend fanden
Die Weisen einen Steg zum Sein von Nichtsein.

Daß die Griechen dem Lichte der Sonne eine göttliche Verehrung zollten, ersieht man an ihren Sagen von Helios, der den Menschen das Licht des Tages bringt. Auch den Römern, trotz ihrer ziemlich materialistischen Religionsanschauungen, war der Sonnenkultus nicht fremd. Auch bei den alten Skythen, Sarmaten, Slawen war die lichtspendende Kraft der Sonne anerkannt und verehrt. Die neuzeitlichen Ausgrabungen in den Neandertalhöhlen entbehren nicht einiger Beweise, daß die Urbewohner dieser Stätte in dem Sonnenlichte die übernatürliche Kraft, die Leben, Segen und Gedeihen spendet, betrachteten. Darauf deuten mannigfaltige, in Form von Amuletten eingeritzte Steingebilde, die die Gestalt des Sonnendiskus versinnbildlichen sollen.

Und so sehen wir überall dort, wo die monotheistische Weltanschauung nicht Platz gegriffen hat, den Kultus der Sonne als dankbare Erkenntnis der durch Licht gespendeten Wohltaten hervortreten, um zu Wahrnehmungen und Anregungen, zuerst rein geistiger Art, die damalige Menschheit anzuspornen. Manch schöpferischer Gedanke ist diesem Kultus, wie wir sehen, entsprungen, der oft dazu angetan war, ein verwandtschaftliches Band in den Lebensanschauungen der alten Welt zu bilden. Weder der Judaismus, noch das von ihm so stark beeinflußte Christentum wiesen in den Zeiten ihrer Bildungsperiode und des Aufblühens, kraft der ihnen innewohnenden Intoleranzfaktoren, diese Fülle von Lebensfreudigkeit und Lebenslust, die den Alten so eigen war, und ihnen geholfen hat, das Joch des nur durch Außenfunktionen bedingten Daseins frohen Mutes zu tragen.

Auch die alten Indianerreiche der Inkas und Azteken, die sich in Zentral- und Südamerika ungefähr um die Mitte unserer Zeitrechnung zu mächtigen politischen Gebilden emporschwangen, verehrten die Sonne als höhere Gottheit.

Das Land, das sich von dem See von Nicaragua bis zum Nordrande des Tales von Mexiko erstreckt, war der Sitz einer der ältesten Kulturen der Neuen Welt. In den Ruinenstätten von Teotihuacan (Götterstadt), wo das alte Kulturvolk Nahua seine Wohnstätte hatte, befindet sich die Sonnenpyramide, auf deren Spitze ein Tempel für den Sonnengott sich befand, dessen Gründung in der vorhistorischen Zeit geschah. Vor dem Tempel befand sich eine kolossale Statue des Sonnengottes Tenatiuchs, auf dessen Brust eine polierte Goldplatte sich befand und auf die die ersten Strahlen der Morgensonne fielen. Diese Statue wurde von dem ersten Bischof von Mexiko „Zumarraga“ zerstört, dessen fanatische Hand größere Verheerung unter den aztekischen Monumenten angerichtet hat, als die unerbittliche Zeit von Tausenden von Jahren.

Der Monco Capac, der Begründer des Inkareiches, nannte sich bereits Sohn der Sonne, Motecuhcoma (Montezuma), und Kortez, der Eroberer Mexikos, erbeutete in dem berühmten Sonnentempel des letzten Montezuma ungeheure Schätze, die seit Jahrhunderten dort aufbewahrt waren. Die spanischen Chronisten beschäftigten sich vielfach mit der Auslegung dieses Sonnenkultus und brachten manche Schätze der dramatischen und lyrischen Poesie dieser Völker in spanischer Sprache zur Veröffentlichung.

Der Ahnendienst (Schintoismus) der Japaner, der mit dem Naturdienst eng verbunden ist, anerkennt, trotz seiner rein personifizierenden Religionsunterlage, eine göttliche Verehrung der Sonne; in jedem noch so kleinen Tempel Japans fehlt nie der kleine runde Metallspiegel (das Gohei), das Sinnbild der Sonne und des Glanzes. Das Symbol der Macht der Sonne ist auf auch der japanischen Nationalstandarte versinnbildlicht.

Auch die Indianerstämme des neuzeitlichen Amerikas, die Sioux, Apachen, Irokesen u. a. pflegten die Sonne neben dem großen Geist als Hauptgottheit zu betrachten. Nicht fremd ist auch diese Anbetungsanschauung den Kaffernstämmen Zentralafrikas.

Nicht unerwähnt müssen auch die altgermanischen Sagen bleiben, die Freyer, den Sonnengott, der „das Wachstum der Pflanzen befördert und unter dessen wohltuenden Strahlen sich Menschen und Tiere wohlfühlten", als wichtige Gottheit betrachteten.

Über den Sonnenkultus der alten Ägypter ist uns etwas mehr geschichtlich Festgelegtes bekannt. Klar erkannte jenes große Volk des Altertums die große Bedeutung dieser Lichtquelle, die uns Tag für Tag vom Firmamente scheint, für das irdische Dasein, und betrieb darum mit Eifer den Sonnenkultus, der unter der Regierung des Pharao Amenhotep IV. (1400 v. Chr.) seinen Höhepunkt erreichte. Dieser große Reformator der Altzeit hat in Ägypten den Monotheismus einzuführen versucht und ließ nur einen Gott, Aton (Sonnendiskus) anbeten; sich selbst hat er als Echnaton (Sohn der Sonne) genannt und verlegte auch seinen Wohnsitz nach Tell-el-Amarna, die Echut-Aton hieß. Sein Nachfolger, Pharao Tutankhamen, schaffte alle diese Reformen wieder ab. Wir können heutzutage nur Bewunderung der altorientalischen Denkweise entgegenbringen, die auf so einfache und erhabene Art diese Grundkraft der Natur zu einem Religionsprinzip erhoben hat.

Als Beispiel sei hier ein Hymnus aus älterer Zeit an den Sonnengott Ammon-Ra beigefügt.

Ammon-Ra.

(Hymnus.)

„Heil dir! Du Einziger, der sich millionenfach vervielfältigt
Und dessen Umfang von endenloser Ausdehnung ist.
Vollendetes Meisterwerk, das sich selber schuf,
Erhabener flammender Uraeus,
Zaubervoller von geheimnisvoller Gestalt,
Geheimnisvoller Geist, der seine Schöpfungskraft für sich walten ließ!
König Ammon-Ra, sein eigener Urheber,
Leuchtender Horus des Ostens,
Aufgehender Strahl, Erheller und Lichtspender,
Leuchtender in seinem Glanze als alle Götter.

Der du dich verbirgst als Ammon, der ältere,
Und der du kreisest in deiner Gestalt als Sonnenkreis
Gott Tanon, der ansehnlicher ist als alle Götter.
Der Alte, der sich verjüngt und an dem die Unendlichkeit vorübergeht.
Ammon, das Bleibende in allem,
Der Gott, nach dessen Ermessen die Erde ihren Anfang nahm."
(Brugsch, Rel. u. Myth. d. alt. Ägypt. 1891.)

Auch viele praktische Kenntnisse besaßen die alten Ägypter; sie kannten die ausbleichende Wirkung des Lichtes auf Leinen und verschiedene Malerfarben, und die heilende Wirkung der Sonne auf den menschlichen Organismus.

Es ist tief bedauerlich, daß dieses alte Kulturvolk durch andere, kulturell niederstehende Völker zugrunde gerichtet wurde, und dadurch diese sehr bemerkenswerte Kultur für die Nachwelt verloren ging; viel Schönes, Gutes und Erhabenes, viele Kenntnisse sind gänzlich verschwunden und auf die Entwicklung anderer Völker ohne Einfluß geblieben.

Neue Kulturen blühten im alten Rom und Griechenland auf; sie waren eigenartige, andere wie in Ägypten. Die philosophisch denkenden Männer geben sich Mühe, die Erscheinungen der Natur durch scharfe Logik zu ergründen, und ihre Lehren sind von erheblichem Einfluß auf die geistige Entwicklung anderer Völker geworden. Auch die Probleme des Lichtes wurden von ihnen behandelt. So nahm z. B. Plato an, daß ein Zusammenwirken der von dem Auge ausgehenden Strömung mit der von der Lichtquelle ausgehenden die Gesichtserscheinung bilde; er ist somit als Schöpfer der Emissionstheorie des Lichtes anzusehen. Pythagoras nahm an, daß die Gesichtsempfindung durch kleine, von den sichtbaren Körpern ausgesandte Teilchen erregt werde.

Aristoteles lehrte wiederum, daß das Licht eine besondere Qualität oder Wirkung (Energeja) eines durchsichtigen Mediums sei, das zwischen dem Gegenstand und dem Auge das sinnliche Erfassen vermittle.

Somit haben wir drei Repräsentanten verschiedener Theorien; der Emissions-, der korpuskularen, der undulatorischen Äthertheorie; die letzten treten auch in späteren Zeiten in der einen oder anderen Form auf.

Auch die heilende Wirkung des Lichtes war schon zu Herodots Zeiten bekannt und auch praktisch verwendet.

Die Wirkung des Lichtes auf die Bildung der grünen Farbe der Pflanzen war schon Aristoteles bekannt (350 v. Chr.). Vitruvius, der berühmte Baukünster zu Cäsars Zeiten, und Plinius behandelten in ihren Werken die Frage der Veränderung der Farben im Lichte und stellten Tabellen der zu jener Zeit bekannten lichtunechten Farben auf.

Im allgemeinen waren die Kenntnisse der lichtempfindlichen Reaktionen noch sehr dürftig, sie beziehen sich hauptsächlich auf die in der Natur vorkommenden Umsetzungen, besonders auf die Veränderung verschiedener Mineralien, Tinkturen, Pflanzensäfte usw.

Eine praktische Verwertung hat der Purpurschneckenfarbstoff erhalten. Schon die alten Phönizier verwandten zum Färben der Faser den Saft der Purpurschnecken, ohne jedoch von dem notwendigen Vorhandensein des Lichtes für diese Zwecke etwas zu wissen. Die erste Erwähnung darüber findet man erst bei Aristoteles, dann Julius Pollux (II n. Chr.), Philostratos (III n. Chr.) und gegen Ende des X. Jahrhunderts in einer Schrift von Eudoxia Makrembolitissa, der Tochter des byzantinischen Kaisers Konstantin VIII., die nach Dedekind von dem Griechen Palaeokappos verfaßt sein soll. Das Zeitalter der Alchemie blieb natürlich nicht ohne Einfluß auf die Entwicklung der Photochemie, denn die Alchimisten mußten die Wirkung verschiedener Agenzien bei allerlei Verwandlungen studieren, und zu diesen Agenzien gehörte auch das Licht. Dadurch vermehrte sich mit der Zeit die Kenntnis der lichtempfindlichen Reaktionen, und ganz allmählich, unter schwierigen Umständen, schritt die wissenschaftliche Erforschung dieses Gebietes vorwärts.

Wir wollen hier nur an den Hauptetappen dieses langen, mühsamen Entwicklungsganges verweilen, und zwar denjenigen Entdeckungen oder Erfindungen unsere Aufmerksamkeit schenken, die entweder auf theoretische, oder praktische, oder aber historische Bedeutung Anspruch haben.

Am Ende des XVIII. und am Anfang des XIX. Jahrhunderts macht die Photochemie bedeutende Fortschritte. Der Botaniker Ray (1686) unterscheidet schon die Wirkung des Lichtes von derjenigen der Luft und Wärme beim Wachstum der Pflanzen. Der russische Großkanzler Graf Bestuscheff (1725) stellte die geheimnisvolle „Nerventinktur" her, die zu jener Zeit als Heilmittel galt. Im Dunkeln sah sie gelb aus, im Lichte verbleichte sie, und beim Verdunkeln nahm sie wieder ihre ursprüngliche Farbe an. Diese Tinktur war nichts anderes als eine alkoholätherische Lösung von gelbem Eisenchlorid ($FeCl_3$), das im Lichte zu farblosem Ferrochlorid $FeCl_2$ reduziert wird. Im Dunkeln bildete sich wieder $FeCl_3$.

Im Jahre 1727 hat ein deutscher Arzt, Johannes Schulze aus Colbitz, später Professor in Altdorf, die Lichtempfindlichkeit der Silbersalze und die ersten Schattenphotographien entdeckt. Der Turiner Physiker Giacomo Battista Beccarius (1757) hat dieselbe Entdeckung unabhängig von Schulze gemacht. Die beiden Entdeckungen wurden vollständig vergessen und übten auf die Entwicklung der Photographie keinen Einfluß aus. Die berühmten Chemiker Priestley (1772) und Scheele (1777) haben sich mit Lichtreaktionen beschäftigt und manches Wertvolle gefunden. Darunter hat Scheele gefunden, daß das AgCl in NH_3 löslich ist und daß das blaue und violette Licht auf dasselbe einwirke. Im Jahre 1782 erscheint das bemerkenswerte Buch von dem Genfer Gelehrten Johannes Senebier, „Mémoires physico-chimiques sur l'influence de la lumière', (Genf). In diesem Werke beschreibt er seine zahlreichen und sinnreichen Versuche über das Ausbleichen der alkoholischen Tinkturen der Pflanzenfarbstoffe, auch des Chlorophylls, bei Gegenwart von Sauerstoff; er studiert den Einfluß verschieden gefärbten Lichtes und der Temperatur; gibt sehr geistreiche Erläuterung über die von ihm beobachteten Erscheinungen. An einer Stelle z. B. spricht er deutlich aus, daß das Holz eine aufgespeicherte Sonnenenergie ist. Auch auf dem Gebiete der Pflanzenphysiologie sind seine Leistungen von großer Bedeutung, indem er entdeckte, daß die Blätter Kohlensäure zersetzen, indem sie sich den Kohlenstoff aneignen und das Sauerstoffgas ausscheiden.

In J. Senebier besitzen wir einen der bedeutendsten und geistreichsten Vertreter der reinen photochemischen Forschung.

Berthollet (1785) entdeckte die Zersetzung des Chlorwassers im Lichte, und Saussure (1796) verwendete diese Reaktion zur Konstruktion des ersten photochemischen Aktinometers.

Saussure hat die Kohlenstoffassimilation als typische Lichtreaktion gekennzeichnet und hat dabei als erster bewiesen, daß dieser Prozeß mit dem Atmungsprozeß der Pflanzen nicht identisch ist, sondern daß der letzte kein Lichtvorgang ist. Durch die grundlegenden Arbeiten von Saussure ist die Ernährungslehre der Pflanzen auf sichere experimentelle Basis gestellt worden.

Im Jahre 1800 entdeckte W. Herschel die ultraroten Strahlen, und im Jahre 1801 Ritter die chemische Wirkung der ultravioletten Strahlen auf Chlorsilber. Dann folgten in schneller Reihenfolge eine ganze Anzahl anderer mehr oder weniger wichtiger Entdeckungen. Wedgwood und Dawy (1802) machten die ersten photographischen Aufnahmen auf Papier, das mit Silbersalzen getränkt war. Gay-

Lussac und Thénard (1809) entdeckten den Einfluß des Lichtes bei der Vereinigung von Chlor mit Wasserstoff und Äthylen. Seebeck machte die wichtige Entdeckung der Farbenwiedergabe des Spektrums durch Silbersalze und ist somit als Entdecker der Farbenphotographie zu betrachten.

Im Jahre 1817 stellte der Kurländer, Freiherr Theodor von Grotthus, das erste photochemische Grundgesetz auf, das lautet: nur die vom Körper absorbierten Strahlen können chemisch wirken. Dies wichtige Gesetz wurde von den Zeitgenossen nicht beachtet und ist ganz in Vergessenheit geraten, wodurch diese Entdeckung auch keinen Einfluß auf die weitere Entwicklung der Photochemie haben konnte. Erst fast hundert Jahre später, als das Gesetz schon von anderen wieder als etwas Neues ausgesprochen und praktisch verwertet wurde, ist auch Grotthus das Prioritätsrecht dieser Entdeckung zugesprochen worden. Im Jahre 1839 hat Dumas die Trichloressigsäure durch Einwirkung von Chlor auf Essigsäure im Sonnenlichte dargestellt und somit einen Anstoß zu einer Reihe von Photosynthesen gegeben.

Historische Notizen.

Etwa 50 J. v. Ch. veröffentlichte Vitruvius, Caesars berühmter Baukünstler, ein Werk, in dem er auch die Frage über die Veränderlichkeit der Malerfarben im Lichte behandelte.

Etwa 30 J. n. Ch. veröffentlichte Plinius eine ähnliche Schrift, in der viele zu der Zeit bekannte lichtunechte Farbstoffe angegeben werden.

10. Jahrh. veröffentlichte Eudoxia Makrembolitissa, die Tochter des bysantischen Kaisers Konstantin VIII., eine Schrift, in der sie erwähnt, daß, um den Purpurschneckensaft in den Farbstoff zu verwandeln, die Lichteinwirkung notwendig sei.

1342 Petrus de Alexandria hat die Camera obscura beschrieben.

1694 entdeckte W. Gomberg die Schwärzung der mit $AgNO_3$ getränkten Ochsenknochen im Lichte.

1704 Maler Le Blond stellt die Idee des Dreifarbendruckes auf.

1725 entdeckte der russ. Graf Bestuscheff die Zersetzung der alkoholischen Eisenchloridlösung im Lichte.

1727 entdeckte ein deutscher Arzt in Halle, Johann Heinrich Schulze aus Colbitz (Magdeburg) die Lichtempfindlichkeit des Silberkarbonats und stellte damit die ersten Schattenphotographien her.

1737 entdeckte Hellot die sympathische Tinte in der Form der $AgNO_3$-Lösung und stellte damit auf Papier Lichtbilder her.

1757 entdeckte der Turiner Prof. der Physik Johann Baptist Beccarius zuerst die Lichtempfindlichkeit des Chlorsilbers und stellte, unabhängig von Schulze, auch Schattenphotographien her.

1772 veröffentlichte der englische Chemiker Priestley eine Schrift über verschiedene photochemische Vorgänge.

1776 entdeckte Bergmann in Upsala die Lichtempfindlichkeit des Oxalsäure-Quecksilberchloridgemisches, wobei sich Kalomel ausscheidet und sprach den Satz aus, daß alle Silbersalze lichtempfindlich sind.

1777 veröffentlichte der schwedische Chemiker Scheele in Upsala ähnliche Schriften; mitunter beschreibt er die Zersetzung von HNO_3 im Lichte und die Löslichkeit des Chlorsilbers in Ammoniak, und daß das Maximum der Einwirkung des Lichtes bei Silbersalzen im Violett liegt.

1782 veröffentlichte der Genfer Gelehrte Johann Senebier sein berühmtes Buch über photochemische Wirkung des Sonnenlichtes, in dem er viele wichtige Beobachtungen und Anschauungen über die Einwirkung des Lichtes auf Pflanzen, Harze, Farben usw. angibt. Mitunter beschreibt Senebier die merkwürdige Tatsache, daß das gefärbte Licht auf Chlorsilber derart einwirke, daß das Chlorsilber sich nicht nur schwärzt, sondern auch einen Anstich in die einwirkende Farbe erhält.

1782 veröffentlichte auch Hagemann Angaben über die Lichtempfindlichkeit der Harze.

1785 entdeckte Berthollet die Zersetzung des Chlorwassers im Lichte.

1787 zeigte Robinson, daß das Licht, welches lichtempfindliche und absorbierende Medien passiert, auf Silbersalze schwächer einwirkt.

1790 konstruierte Saussure das erste photochemische Photometer, wobei als Maß der Lichtintensität die Stärke der Gasentwicklung bei der Chlorwasserzersetzung dienen sollte.

1791 entdeckte Berthollet die bleichende Wirkung des Chlors im Sonnenlichte, und sprach die Meinung aus, daß das Ausbleichen der Farbstoffe im Lichte ein Oxydationsvorgang ist.

1798 entdeckte Vauquelin die Lichtempfindlichkeit der chromsauren Salze.

1800 entdeckte Böckmann die Lichtempfindlichkeit des gelben Phosphors.

1801 beobachtete Cruikschank die beschleunigende Wirkung des diffusen Lichtes auf $H_2 + Cl_2$.

1801 beobachtete Ritter die Wirkung der ultravioletten Strahlen auf Silberchlorid.

1802 machten Wedgwood und Davy die ersten photographischen Aufnahmen auf Silberpapier.

1809 entdeckten Gay-Lussac und Thénard die explodierende Wirkung des starken Sonnenlichtes auf das Chlorknallgasgemisch.

1810 entdeckte Seebeck die merkwürdige Eigenschaft des vorbelichteten Chlorsilbers, auf Papierunterlage das Sonnenspektrum in Farben wiedergeben. (Die erste Farbenphotographie.)

1812 entdeckte Davy die Bildung des Stickgases Phosgen $COCl_2$ im Lichte durch direkte Vereinigung von CO und Cl_2.

1814 haben N. J. Nièpce und Daguerre ihre Arbeiten über Photographie begonnen.

1815 entdeckte Planché die Lichtempfindlichkeit der $HgCl_2 + (NH_4)_2C_2O_4$ und Brandenburg der Mischung der Mangansalze.

1817 wurde von Frh. v. Grotthus aus Kurland das fundamentale photochemische Gesetz, daß nur das absorbierte Licht chemisch einwirke, ausgesprochen.

1819 entdeckte Herschell die auflösende Wirkung von $Na_2S_2O_3$ auf AgCl.

1821 machte Faraday auf die Veränderlichkeit der Gläser im Lichte aufmerksam und daß aus ölbildendem Gase und Chlor das Kohlenstoffperchlorid sich bildet.

1835 stellt Weisshaupt die ersten Farbenlithographien her.

1837 entdeckte Chevreul die beschleunigende Wirkung der Feuchtigkeit auf das Ausbleichen der Pflanzenfarbstoffe.

1838 entdeckte Dumas die Bildung von Trichloressigsäure im Lichte durch Photochlorierung von Essigsäure und somit auch die erste organische Photosynthese.

Die technisch-photographische Periode.

Aus der vorigen Schilderung der Entwicklung der Photochemie geht hervor, daß sie in rein wissenschaftlichen Bahnen sich bewegte. Das Tatsachenmaterial vermehrte sich von Jahr zu Jahr, und es wurde auch das erste Grundgesetz entdeckt. Und so hätte ihre Entwicklung weiter den normalen Fortgang gehabt, und sie wäre gleichzeitig mit anderen Disziplinen zum Aufblühen gekommen, falls keine Hindernisse in den Weg gekommen wären. Die Entdeckung der Photographie der Silbersalze durch Daguerre (1837) brachte sie auf andere Wege, und zwar aus folgenden Gründen. Die Möglichkeit, Lichtbilder mit feinen Details herzustellen, übte großen Reiz auf die Phantasie der damaligen Geister aus. Alles warf sich auf dieses Gebiet der angewandten Photochemie, die nur auf einer Reaktion der Silbersalzzersetzung beruhte. Der Mechanismus dieser Reaktion hat sich aber als sehr kompliziert erwiesen. Noch heutzutage, mit allen vorhandenen Hilfsmitteln der vorgeschrittenen physikalischen Chemie, können wir diesen Mechanismus nicht enträtseln, und zu damaligen Zeiten, wo die Entwicklung der Chemie selbst erst im Anfangsstadium sich befand, war dies noch viel schwieriger; und so blieb allein der Weg der blinden Empirie, des Aufsuchens praktischer Handgriffe, guter Rezepte und rein technischer Vervollkommnung übrig. Die weiteren glänzenden technischen Erfolge und weitere Verbreitung im täglichen Leben zwangen diese einseitige Forschung immer weiter in das Gebiet vorzudringen, und es kam sogar so weit, daß die Photographie, obgleich nur auf einer Reaktion beruhend, mit dem großen Gebiete der Photochemie identifiziert wurde, und somit die eigentliche Photochemie sozusagen verdrängte. Obgleich das Verhältnis der Photographie zur Photochemie fast dasselbe ist, wie das einer Seifenfabrikation zur allgemeinen Chemie. Die Spezialisten in der Photographie und in den verschiedenen photomechanischen Verfahren waren keine Photochemiker, sie besaßen meistens keine wissenschaftlichen Kenntnisse und auch

Wirkung zugeschrieben und sie als „photochemische Induktion" bezeichnet. Der Name Bunsens stand schon damals sehr hoch im Ansehen der wissenschaftlichen Welt, und wie es immer in diesen Fällen geschieht, wurde vieles einfach auf Gutglauben genommen.

Ein unglücklich gewähltes und mißverstandenes Schlagwort, sei es auf politischem, religiösem oder wissenschaftlichem Gebiete, wirkt auf unreife Massen immer schädlich und auf die positive Entwicklung dieses Gebietes selbst hemmend.

So geschah es auch in diesem Falle. Eine große Anzahl von Forschern stürzte sich auf die Untersuchung dieser Reaktion, um diese geheimnisvolle „Induktion" zu enträtseln. Ihr Mechanismus ist aber recht kompliziert und heutzutage noch ungenügend erforscht. Nach dem damaligen Stand der Photochemie und physikalischen Chemie war es fast unmöglich, den Mechanismus gründlich zu erforschen. Als Folge davon war, daß trotz sehr zahlreicher Arbeiten, die von vielen Forschern mit viel Zeitaufwand und Energie gemacht wurden, die Induktion eine geheimnisvolle Sphynx noch immer blieb.

Erst nach etwa 50 Jahren, im Jahre 1906, haben Luther und Goldberg gezeigt, daß es sich hier einfach um die verzögernde keine Vorstellung über die Bedeutung der eigentlichen Photochemie als Wissenschaft. Es hat sich zwar eine sogenannte wissenschaftliche Photographie herausgebildet, die aber so stark im Banne der Technik stand, daß sie auf die rein wissenschaftliche Entwicklung der Photochemie praktisch keinen Einfluß hatte. Die technische Vervollkommnung der Photographie und des Lichtdruckverfahrens ist in der letzten Zeit sehr weit vorgeschritten; besonders hervorragend tätig in dieser Richtung war der Wiener Gelehrte J. M. Eder.

Die rein wissenschaftliche Entwicklung der Photochemie war aber fast ganz zum Stillstand gekommen. Vergessen wurden die schönen Arbeiten von Senebier, Priestley, Scheele, Grotthus u. a., und nur dann und wann tauchte eine photochemische Untersuchung von rein wissenschaftlichem Charakter auf.

So hat z. B. Chevreul (1873) nochmals betont, daß das Ausbleichen der Farbstoffe ohne Feuchtigkeit und Luft nicht stattfinden könne. Draper (1841) entdeckte nochmals das Grotthussche Gesetz. Becquerel (1843) machte bemerkenswerte Arbeiten über die Farbenwiedergabe des Spektrums auf Silbersalz mit metallischem Silber als Unterlage; H. Vogel (1873) entdeckte die sensibilisierende Wirkung mancher Farbstoffe auf die Silbersalzzersetzung, was für die photographische Technik von großer Bedeutung geworden ist.

Engelmann und Timiriazeff (1869) führten ihre trefflichen Arbeiten über die Assimilisation der CO_2 in spektralzerlegtem Lichte aus, deren Bedeutung für Photochemie von ihnen und ihren Zeitgenossen nicht erkannt wurden. Für die rein wissenschaftliche Entwicklung der Photochemie ist die kinetische Untersuchung von Bunsen und Roscoe (1854) über die Bildung von Chlorwasserstoff aus seinen Bestandteilen im Lichte von Bedeutung geworden; das war die erste photochemische kinetische Messung. Sie haben gefunden, daß die Reaktionsgeschwindigkeit proportional der Lichtintensität und Zeit verläuft, d. h. $it =$ konst. ist. Diese einfache Beziehung ergab sich aber als Folge ihrer besonderen Versuchsanordnung, bei der das entstehende Produkt aus dem Reaktionssystem entfernt würde und die Konzentrationen der reagierenden Bestandteile konstant gehalten würden. Dann fanden sie weiter die beschleunigende Wirkung des Wasserdampfs und die verzögernde der Luft. Außerdem fanden sie, daß am Anfang die Reaktion sehr langsam verläuft und die Geschwindigkeit allmählich wächst, bis sie einen konstanten Wert erhält (Induktion).

Unglücklicherweise haben sie dieser Erscheinung, die auf einen autokatalytischen Prozeß hindeutet, eine spezifisch-photochemische Wirkung der Sauerstoffspuren, die während der Reaktion verbraucht werden und deshalb eine Beschleunigung hervorrufen, handelt, und daß Sauerstoff überhaupt als ein starker negativer Katalysator bei den Photochlorierungen auftritt.

So hat ein Berg eine Maus geboren. Und wieviel unnütze Arbeit wurde geleistet, die, auf andere Weise verwertet, mehr positive Resultate für die Photochemie ergeben hätte.

Es wurden auch andere Reaktionen untersucht, die das vorhandene Versuchsmaterial noch vergrößerten, aber irgendwelche nennenswerte Erfolge im Sinne rein wissenschaftlichen Erforschens hat diese technisch-photographische Periode, die bis zum Anfang des 20. Jahrhunderts dauerte, nicht zu verzeichnen. Diese Periode nach dem Zeitmaß war sehr kurz; nicht volle 60 Jahre sind seit den Arbeiten von Daguerre und Nièpce verflossen; wenn man aber bedenkt, was für Fortschritte die anderen Zweige der Wissenschaft während dieser Zeitperiode zu verzeichnen hatten, so kommt man unwillkürlich zum Schluß, daß die Entwicklung der reinen Photochemie durch das rasche Aufblühen der photographischen und photomechanischen Technik überrumpelt und zum Stillstand gebracht wurde. Während dieser Zeit erlebte man das Aufblühen der organischen und anorganischen Chemie, wie auch der Physik; neue wissenschaftliche Disziplinen brachen sich Bahn, wie die physikalische Chemie, Kolloidchemie, Radioaktivität, Elektronik usw., und sie sind alle zur hohen Stufe der Entwicklung gelangt, während unsere uralte Photochemie sich noch immer in einem Zustand der Symbiose befand und auf selbsttätige Existenz keinen Anspruch machte.

Daß dieser Zustand nicht lange dauern konnte, war klar. Ein Photochemiker muß zugleich Chemiker, Physiker, Physikochemiker und etwas Mathematiker sein, und die erfolgreiche Entwicklung der Photochemie hängt in erster Linie von der Höhe der Entwicklung dieser Disziplinen ab. Wie gesagt, haben Anfang des 20. Jahrhunderts diese Disziplinen schon eine bedeutende Stufe der Entwicklung erreicht und somit den Boden für die weitere Entwicklung der Photochemie vorbereitet. Andererseits war auch das Bestreben vorhanden, neue Gebiete zu erschließen, und da die Photochemie ein neues vielversprechendes und bedeutendes Gebiet war, so wurde die Aufmerksamkeit vieler Gelehrter auf diese Disziplin gelenkt und ihre Entwicklung erhielt einen fast stürmischen Charakter. In kurzer Frist von 20 Jahren wurden die Grundgesetze aufgestellt, das Versuchsmaterial gesammelt und geordnet, eine Versuchstechnik gegründet, viele Werke zusammenfassenden Charakters veröffentlicht, und eine Fülle neuer Tatsachen entdeckt.

Mächtig und groß ist das Reich des Lichtes. Mannigfaltig und unermeßlich ist seine Schöpfungskraft. Ohne Sonnenlicht kann man sich überhaupt kein Leben auf der Erde vorstellen und die Sonne ist tatsächlich in direktem Sinne des Wortes unser Erdengott.

Man braucht kein Prophet zu sein, um vorauszusagen, daß der Sonnenkultus in den nächsten Jahrzehnten wieder von neuem zum Aufblühen kommt. Schon mehrt sich die Zahl der Veröffentlichungen photochemischer Art bedeutend. Auch solche Länder, wie Indien und Japan, die erst vor kurzem in die wissenschaftliche Kulturgemeinschaft eingetreten sind, zeigen ein reges Interesse für Photochemie.

Selbstverständlich werden die neuen Priester der Wissenschaft nicht mit Gebeten und Gesängen und mit der Herrichtung neuer Tempel das uns vom Firmament so herrlich scheinende Himmelsgestirn preisen, sondern der neue Sonnenkultus wird sich in der Errichtung mannigfaltiger Licht- und Forschungsanstalten für Photochemie, an denen es so mangelt, für Agrikulturphotochemie, für Lichtheilkunde und zahlreicher photochemisch-technischer Betriebe offenbaren. Es sind schon erfreuliche Zeichen vorhanden, daß in manchen Ländern an der Verwirklichung dieses Problems eifrig gearbeitet wird. So ist z. B. in Bayern der Plan, ein internationales photochemisches Forschungsinstitut in großem Maßstabe zu errichten, entstanden. (Auskünfte darüber kann Dr. Escales, München, Trogerstr. 15 erteilen.) Das ganze Bestreben wird auf die direkte Ausnutzung dieser unerschöpflichen Energiequelle hingerichtet, und diese große Leuchte, diese Urkraft der Natur, wird durch das menschliche Genie und Fleiß zu einer wahrhaft segenspendenden Gottheit erhoben.

Historische Notizen.

1838 wurde von L. Daguerre die ersten Daguerrotypen hergestellt.

1839 wurden dieselben der Pariser Akademie vorgelegt.

1839 begann Edmond Becquerel seine Arbeiten über Phosphoreszenz.

1839 entdeckte Ponton die Lichtempfindlichkeit des mit $K_2Cr_2O_7$ getränkten Papiers.

1839 wurde von Malaguti das Schwärzungsgesetz der photogr. Platten i t = konst. formuliert.

1839 wurde von Draper, unabhängig von Grotthus, die Ansicht ausgesprochen, daß nur das absorbierte Licht chemisch wirke.

1840 zeigte Fizeau, daß die Daguerrotypen durch Behandlung mit Goldlösungen widerstandsfähiger gemacht werden.

1842 beobachtete Herschel, daß das Ausbleichen der Blumenfarbstoffe im Lichte in den Teilen des Sonnenspektrums am schnellsten vor sich geht, die den Blumenfarben komplementär sind.

1842 sprach Vogel ähnliche Anschauungen wie Grotthus, Herschel und Draper aus.

1843 entdeckte E. Becquerel die Farbenphotographie auf chlorierten Silberplatten.

1844 entdeckte Hunt den Eisenvitriolentwickler für Chlorsilberpapiere.

1850 entdeckte Regnault den Pyrogallolentwickler.

1851 entdeckte Archer das Kollodiumverfahren.

1852 stellt Beer sein Lichtabsorptionsgesetz auf.

1852 begann Stokes seine bedeutungsvollen Arbeiten über Fluoreszenz.

1853 entdeckte Fox Talbot die Eigenschaft der Chromatgelatine (ev. Leim) nach Belichten in Wasser unlöslich zu werden, und die photographischen Entwickler.

1855 fand Wittwer, daß die Zersetzung des Chlorwassers im Lichte dem Massenwirkungsgesetze von Guldberg und Waage folgt. (Die Untersuchung wurde 1752 begonnen.)

1857 veröffentlichten Bunsen und Roscoe ihre bedeutungsvolle Untersuchung über Chlorknallgasbildung im Lichte. Stellten die Erscheinungen der Induktion, Deduktion, Extinktion fest. Die Untersuchung begann im Jahre 1854.

1860 entdeckten Kirchhoff und Bunsen die Spektralanalyse.

1864 entdeckte Mohr-Wittstein die photochemische Oxydation der Oxalsäure.

1864 erfand Svan den Pigmentprozeß.

1864 entdeckte Mulder die beschleunigende Wirkung des Lichtes auf das Trocknen der Öle.
1865 erfand Palmer das Bromgelatinepapier.
1868 entdeckte Tyndal die Zersetzung des Amylnitritdampfes im Lichte und Harrison das Bromsilbergelatine-Negativverfahren.
1869 entdeckte Fritsche eine Reihe Photopolymerisationen, wie Anthrazen, Photen, Phosen usw.
1869 stellte Timiriaseff Versuche über die Assimilation der Kohlensäure in den grünen Blättern der Pflanzen an, wobei sich das Resultat ergeben hat, daß die Zersetzung da am größten ist, wo auch die Lichtabsorption am stärksten auftritt.
1869 wurde von Engelmann beobachtet, daß die Assimilation der Kohlensäure in den grünen Pflanzenblättern in direktem Verhältnis zu der Lichtabsorption steht.
1870 wurden die photochemischen Umwandlungen in flüssigem Schwefel von Berthelot und Callemand beobachtet.
1870 beobachtete Morren die Umwandlung SO_2 in SO_3 und S im Lichte.
1871 erfand der englische Arzt Joh. Maddox die Trockengelatinenplatten.
1872 entdeckte May die Veränderlichkeit der elektrischen Leitfähigkeit bei der Belichtung des Selens.
1872 entdeckte Baumann die Photopolymerisation von Vinylchlorid.
1873 entdeckte H. Vogel die sensibilisierende Wirkung mancher Farbstoffe auf die Silberemulsionsplatten.
1875 entdeckte Balmer die Serienformel für das Wasserstoffspektrum.
1875 sprach Dukos de Hauron den Gedanken der Farbenraster aus.
1877 entdeckte Chastaing die verzögernde Wirkung des Lichtes auf manche photochemische Oxydationsreaktionen.
1878 entdeckte Lwoff die Photopolymerisation von Vinylbromid.
1882 werden durch Attont und Clayton die ersten farbenempfindlichen Platten in den Handel gebracht.
1887 begann Eder mit der Herausgabe seines „Jahrbuch für Photographie und Reproduktionstechnik".
1889 faßt Eder die photochemischen Vorgänge als Resonanzerscheinungen auf.
1889 beginnt Lenard seine bedeutungsvollen Arbeiten über Phosphoreszenz.
1891 begann Eder mit der Herausgabe seines wertvollen „Handbuch der Photographie".
1891 stellte Lippmann seine Interferenzfarbenphotographien her.
1894 stellte Joly die ersten Dreifarbenrasterbilder auf einer Platte her.
1895 entdeckt Röntgen die Röntgenphotographie.

Die Photochemie der Neuzeit.

Für das erfolgreiche Vordringen in irgendein neues unbekanntes wissenschaftliches Gebiet ist es von Wichtigkeit, daß die theoretischen Erfolge mit der technischen Vervollkommnung der Meßapparate, wie der ganzen Versuchstechnik überhaupt Hand in Hand gehen. Sehr oft wird die weitere Entwicklung eines wissenschaftlichen Zweiges durch mangelhafte experimentelle Technik gehemmt. Die

Erforschung der Lichtreaktionen ist von der Höhe der Vervollkommnung der Lichtquellentechnik und der optischen Meßapparate in hohem Maße abhängig. Um den Verlauf einer Lichtreaktion quantitativ untersuchen zu können, müssen wir gute Lichtquellen haben, die uns ein konstantes Licht von großem Spektralbereich aussenden. Wir müssen gute optische Apparate besitzen, um die Lichtabsorption und absorbierte Lichtenergie messen zu können, und wir müssen imstande sein, diese Energie in absolutem Maße zu bestimmen. Am Anfang des 20. Jahrhunderts war das alles schon soweit vorgeschritten, daß ein erfolgreiches Vordringen in das neue Gebiet gesichert war. Die Erfindung des Quecksilberbogenlichtes in Form der Uviol- und Quarzlampen, die Konstruktion der Quarzspektrographen und Spektralphotometers übten einen beschleunigenden Einfluß auf die weitere Entwicklung der Photochemie; man war sozusagen im Besitze der richtigen Werkzeuge. Die weitere Vervollkommnung der Technik der Quarzlampen und anderer, im äußersten Ultraviolett noch linienreicherer Lichtquellen, ist für die weitere Entwicklung der wissenschaftlichen und angewandten Photochemie von großer Bedeutung. Auch die Beseitigung der Mängel bei den Lichtabsorptionsmessungen im Ultraviolett wäre sehr erwünscht.

Gehen wir jetzt zu der kurzen Beschreibung der Entwicklung der Photochemie in den letzten 25 Jahren über. Übersichtlichkeitshalber geben wir das ganze Material erst in Form der historischen Notizen.

Historische Notizen.

1895 entdeckte Engler und Dorant die Photosynthese des Indigoblau.

1895 stellte O. Wiener die neuen Grundlagen für die Farbenphotographie, das sogenannte Ausbleichverfahren, fest.

1897 fand Bodenstein die Veränderung der Ordnung im Lichte bei HJ-Zersetzung. Im Dunkeln verläuft die Reaktion nach dem Schema: $2HJ = H_2 + J_2$, und im Lichte: $HJ = H + J$, d. h. nach der ersten Ordnung.

1899 entdeckten Markwald und Biltz die Phototropieerscheinung.

1899 wurde von Schwarzschild sein Schwärzungsgesetz für photographische Platten $i\,t^p$ = konst, bekannt gegeben.

1900 stellte Planck seine Quantentheorie auf.

1900 haben die italienischen Gelehrten Ciamician und Silber ihre bedeutungsvollen Arbeiten über organische Photosynthese begonnen.

1900 bestätigte Lenard die von Nernst ausgesprochene Vermutung, daß O_2 im ultravioletten Lichte zu O_3 polymerisiert wird.

1900 entdeckte Kistiakowsky die erste photochemische Nachwirkungserscheinung bei der H_2O_2-Zersetzung in Gegenwart von Blutlaugensalzen.

1901 erfanden **Ostwald** und **Gros** das „Katatypie"-Verfahren.

1902 stellte **Wildermann** die Frage zuerst auf, ob die Reaktionsgeschwindigkeit der Lichtreaktionen dem Massenwirkungs- oder dem **Faraday**schen analogen Gesetze folge, und auf Grund seiner Versuche über Phosgenbildung entschied er sich für die Gültigkeit des Massenwirkungsgesetzes nach **Witwer** und **Nernst**.

1902 machte E. **Goldberg** darauf aufmerksam, daß die Lichtreaktionen einen kleinen, nahe an Eins liegenden Temperaturkoeffizienten besitzen.

1904 sprach **van't Hoff** in einer Sitzung der Berliner Akademie der Wissenschaft die Meinung aus, daß die Reaktionsgeschwindigkeiten der photochemischen Reaktionen nicht dem Massenwirkungsgesetze nach **Wittwer** und **Nernst**, sondern dem photochemischen Absorptionsgesetze folgen müssen. Demzufolge muß die umgesetzte Stoffmenge der absorbierten Lichtenergie proportional sein.

1905 stellt **Trautz** zusammenfassende Darstellung der Chemilumineszenz, die später, 1908, 1910, noch vervollständigt wird.

1905 sprach **Einstein** sein photochemisches Äquivalentgesetz aus.

1906 stellte J. **Plotnikow** das „Additionsprinzip" für die Lichtreaktionen fest; dasselbe besagt, daß im allgemeinen ein photochemischer Prozeß sich additionell aus zweierlei Vorgängen — der reinen Lichtreaktionen und der gewöhnlichen Dunkelreaktionen — zusammenstellt, und daß die Eigenschaften der Lichtreaktionen als stationärer Vorgänge von die der Dunkelreaktionen sich wesentlich unterscheiden. Die experimentelle Prüfung wurde im Jahre 1908 veröffentlicht.

1907 hat **Friedländer** entdeckt, daß der Purpurschneckenfarbstoff die Zusammensetzung des Dibromindigo besitzt.

1907 bestätigte **Lasareff** durch direkte Messungen das photochemische Absorptionsgesetz von **Grotthus-van't Hoff**.

1907 wurde von **Luther** und **Plotnikow** die Theorie der scheinbaren photochemischen Gleichgewichte und der Übertragungskatalyse aufgestellt experimentell geprüft und bestätigt gefunden.

1907 gibt **Weigert** seine Theorie der Kondensationskerne bei Gasreaktion bekannt.

1907 veröffentlichte **Warburg** die ersten Untersuchungen über energetische Messungen der photochemischen Ausbeute.

1908 wurde von **Plotnikow** der erste Lichtthermostat konstruiert.

1908 entdeckte **Stobbe** die Phototropieerscheinungen bei den Fulgiden.

1908 wurde von **Weigert** gezeigt, daß das Chlor als Lichtkatalysator durch das von ihm absorbierte Licht Ozon zersetzt und dem **Grotthus**schen Gesetze folgt.

1908 **Schaum** veröffentlichte den I. Teil seines „Handbuchs der Photochemie".

1909 haben **Coehn** und **Wassiljewa** gefunden, daß HCl-Gas im Quarzlichte in H_2 und Cl_2 zersetzt wird.

1909 **Winther** entdeckte die enorm starke beschleunigende Wirkung der Eisensalze auf die **Eder**sche Lösung.

1910 erschien die „Photochemie" von J. **Plotnikow**.

1910 begannen D. **Berthelot** und **Gaudechon** ihre Arbeiten über Photolyse organischer Verbindungen im Quarzlichte.

1911 erschien der erste Katalog für photochemische Apparate der Firma F. Köhler in Leipzig.

1911 veröffentlichte Plotnikow seine Klassifikation der photochemischen Temperaturkoeffizienten, aus der hervorgeht, daß die T.K. charakteristische photochemische Größen sind.

1911 veröffentlichte Weigert seine „Lichtchemische Wirkungen".

1911 wurden von Plotnikow die Nachwirkungserscheinungen bei der Oxydation von Jodoform in Tetrachlorkohlenstoff quantitativ untersucht.

1911 wurden die Nachwirkungserscheinungen bei der Bromierung von Toluol von Bruner und Lahocinski untersucht.

1911 veröffentlichte Rutherford seine Atomtheorie.

1912 erschien die „Photochemische Versuchstechnik" von Plotnikow, in der zuerst eine Zusammenstellung neuer photochemischer Apparate und Arbeitsmethoden gegeben wurde.

1912 entdeckte Winther den ersten „Lichtakkumulator", unter Verwendung der umkehrbaren Reaktion: $Fe^{\cdot\cdot} + Hg^{\cdot\cdot} \rightleftharpoons Fe^{\cdot\cdot\cdot} + Hg^{\cdot}$.

1912 wurden von Plotnikow die photochemischen Grundgesetze nach dem Prinzip der Stationarität abgeleitet.

1913 veröffentlichte Benrath sein „Lehrbuch der Photochemie".

1913 Bodenstein und Dux untersuchten die Chlorknallgasreaktion und fanden, daß sie nach dem Quadrate der Chlorkonzentration verläuft.

1913 Henri und Wurmser fanden, daß die Photolyse des Azetaldehyds durch die dem Aldehydkomplexe angehörigen Absorptionsstreifen bewirkt wird.

1913 hat Niels Bohr seine Theorie über den Atombau und die quantentheoretische Ableitung der Formel für das Wasserstoffspektrum veröffentlicht.

1917 entdeckte Plotnikow die „Periodische Lichtreaktion".

1919 veröffentlichte Plotnikow seine Theorie über die photochemische Valenz.

1919 veröffentlichte V. Henri seine „Études de Photochemie".

1920 erschien das „Lehrbuch der allgemeinen Photochemie" von Plotnikow.

1920 erschien das Buch von Kausch, „Unmittelbare Ausnutzung der Sonnenenergie".

1922 entdeckte Plotnikow die katalytische Wirkung von Uranylsalz im Sonnenlichte bei der Bildung des Kautschukchlorids aus Vinylchlorid und wies auf die allgemeine Ungültigkeit des photochemischen Äquivalentgesetzes von Einstein hin.

1922 Volmer und Riggert gaben eine zweite direkte Bestätigung des Grotthus van't Hoffschen Gesetzes auf lichtelektrischem Wege.

1922 hat Baly die Synthese von $CO_2 + H_2O$ zu Formaldehyd nnd Zucker in sichtbarem Lichte mit Hilfe der Photokatalysatoren erzielt.

Versuchen wir den geschichtlichen Entwicklungsgang der Photochemie sinnlich in Form eines Diagramms, bei dem die Abszissenachse die Zeit und die Ordinate die Intensität der Entwicklung bedeuten, uns vorzustellen, so erhalten wir ein folgendes Bild.

In der ersten, sozusagen mystischen Periode, wird die Kurve fast parallel der Abszisse verlaufen, denn während der vielen tausend

Jahre dieser Periode ist nur ein sehr dürftiges Versuchsmaterial in Form des Ausbleichens mancher Farbstoffe, Leinen und Malerfarben bekannt geworden.

Mit dem Zeitalter der Alchemie fängt die Kurve schon an, ein wenig zu steigen; sie steigt bis zum Anfang des XIX. Jahrhunderts, wo die ersten Grundgesetze entdeckt werden. Die Zeitperioden werden hier schon nach Jahrzehnten gerechnet. Beim Eintreten der technisch-photographischen Periode sinkt wieder die Kurve fast bis zur Abszissenachse, um beim Anfang des XX. Jahrhunderts eine starke Biegung zu erfahren und einen sehr starken Verlauf nach oben zu nehmen. Die Zeitperioden werden schon nach Jahren gemessen und die Intensität der Entwicklung ist eine sehr große.

Infolge des Weltkrieges wird wohl eine geringe Verlangsamung eintreten, die aber voraussichtlich nicht lange dauern wird und dann muß die Blütezeit der Photochemie eintreten.

Wenn wir die Literatur der letzten Jahre studieren und die historischen Notizen über die letzte Periode näher betrachten, so so sehen wir: erstens ein bedeutendes Anwachsen des quantitativen Versuchsmaterials und neuer Beobachtungen und zweitens ist die Tendenz vorhanden, die Grundgesetze festzustellen und zu prüfen.

Man kann auch diese Periode als Kampfperiode um die Grundgesetze bezeichnen. Versuchen wir die geschichtliche Entwicklung dieses Kampfes hier kurz zu streifen. Obgleich das Grotthussche photochemische Absorptionsgesetz schon im Jahre 1817 ausgesprochen wurde, war es ganz und gar in Vergessenheit geraten. Wäre das nicht der Fall gewesen, so müßte notwendigerweise auch seine quantitative Fassung viel früher zutage treten, als es tatsächlich geschah und die Stabilisierung der photochemischen Grundlagen wäre viel früher erfolgt. Unterdessen blieb, wie gesagt, das Grotthussche Gesetz vollständig unbeachtet und in der physikalischen Chemie feierte das Guldberg-Waagesche Massenwirkungsgesetz seine Triumphe. Es war klar, daß man seine Anwendbarkeit auch für dit Lichtreaktionen zu prüfen versucht hat. Aus Gründen, die auf der Seite 30 klargelegt wurden, ergab sich eine scheinbare Übereinstimmung, was Wittwer (1855) und später Nernst dazu verleitet hat, das Massenwirkungsgesetz auch für die Lichtreaktionen als gültig anzunehmen. Im Jahre 1904 hat van't Hoff den Gedanken ausgesprochen, daß die umgesetzten Stoffmengen der absorbierten Lichtmenge proportional sein müssen. Das war der erste Versuch einer quantitativen Interpretation des qualitativen photochemischen Absorptionsgesetzes von Grotthus, die von einer Reihe von Forschern, wie Lasareff, Plotnikow, Goldberg, Volmer und anderen akzeptiert, geprüft, vertieft und präzisiert wurde. Die Wittwer-Nernstsche Auffassung mußte fallen gelassen werden. Im Jahre 1910 hat Plotnikow in seiner Photochemie zuerst die Grundgesetze klassifiziert. Als Basis hat er das photochemische Absorptionsgesetz und sein Additionsgesetz genommen. In seinem Lehrbuch von 1920 hat er diese Richtung noch stärker vertieft und verbreitert. Zu gleicher Zeit wurde von Einstein (1905) der Gedanke ausgesprochen, daß das photoelektrische Gesetz auch für die photochemischen Vorgänge brauchbar sein könne. Dieser Gedanke blieb anfangs unbeachtet. Nachdem aber die Quantentheorie in Aufschwung kam, lag selbstverständlich die Versuchung nahe, dieselbe für die photochemischen Prozesse zu verwenden, und, da die primitive Einstein-Formel schon vorlag, so begann man den Versuch mit ihr. Die ersten Schritte wurden von Winther (1912), Warburg (1912), Bodenstein (1913) getan und nachher von Nernst, Warburg, Weigert und anderen weiter verfolgt.

Schon die ersten Berechnungen und direkte Prüfungen der Einstein-Formel haben ihre Unbrauchbarkeit deutlich genug gezeigt und trotzdem, der Mode der Zeit folgend, waren die meisten der genannten Forscher eifrig bemüht, dieselbe weiter, man kann fast sagen, gewaltsam anzuwenden und zu propagieren. Es ging sogar so weit, daß Weigert das photochemische Absorptionsgesetz von Grotthus-van't Hoff einfach als ausgestrichen aus der Literatur erklärte. Man verglich auch öfters die Einstein-Formel mit dem Faraday-Gesetz der Elektrolyse, was als ein Mißverständnis betrachtet werden muß. Bei dem letzteren handelt es sich um den räumlichen Transport der Elektrizität mit Hilfe der geladenen Teilchen, deren Ladung an der äußeren Sphäre haftet und die innere Struktur des Atoms auf keine Weise berührt. Darum tritt bei diesem Gesetz das Chemisch-Individuelle gar nicht hervor. Bei der Lichtabsorption, die als erste Phase jeder photochemischen Wirkung aufzufassen ist, ist gerade das Umgekehrte der Fall. Das absorbierte Licht drängt in die innere Sphäre des Moleküls hinein und verursacht da mitunter tiefgreifende Veränderungen, deren Charakter von der Atomstruktur abhängig ist. Bei diesem Prozesse muß das Chemisch-Individuelle, das die Einstein-Formel vollständig negiert, die Hauptrolle spielen. Im Jahre 1922 trat Plotnikow energisch gegen die Einstein-Formel auf, indem er auf ihre prinzipielle Unmöglichkeit hinwies und auf Grund des vorhandenen Versuchsmaterials ihre Unbrauchbarkeit auch bewies. Nernst mußte in seinem Vortrage auf der Tagung der Naturforscher und Ärzte in Leipzig 1922 die Ungültigkeit dieser Formel zugeben und versuchte dieselbe durch den sog. Bohrschen Quantenzustand der belichteten Moleküle zu ersetzen; auch Weigert versucht dieselbe durch eine unbestimmte Funktion von Wellenlänge und Druck zu ersetzen. So kann der Kampf um die Einstein-Formel als beendet betrachtet werden; wie zu ersehen, war die Lebensdauer des sog. photochemischen Äquivalenzgesetzes von Einstein sehr kurz und die quantentheoretische Interpretation des photochemischen Absorptionsgesetzes tritt in eine neue Phase der Entwicklung ein. In welcher Richtung dieselbe vor sich gehen wird, läßt sich vorläufig nicht voraussehen. Dem Verfasser scheint es zweckmäßiger, an der weiteren Vertiefung und praktischen Anwendung des Grotthus-van't Hoffschen Gesetzes zu arbeiten, als daß man mit Spekulationen, denen noch feste Grundlagen fehlen (weil, wie wir gesehen haben, die Quantentheorie selbst noch keine festen Grundlagen besitzt), sich beschäftigt. Der theoretisch-spekulative Charakter des Forschens hat in der letzten Zeit fast in allen Gebieten der Wissenschaft stark zugenommen. Das ist ein Zeichen der neuen Zeit. Die ökonomischen Schwierigkeiten. mit denen fast alle Länder zu kämpfen haben, hemmen die Entwicklung der experimentellen Forschung bedeutend. Es ist deshalb die Gefahr vorhanden, daß in der nächsten Zeit die erste Richtung prävaliert, was viel Schaden bringen wird. Speziell für den Aufschwung der Photochemie kann dies hinderlich werden, falls die Photochemiker den direkten Weg der Forschung und des Experimentierens verlassen werden.

Auch dem am allerwenigsten entwickelten Gebiete der Photochemie — den Luminiszenzerscheinungen — wird heutzutage eine größere Aufmerksamkeit gewidmet und hier können sich manche wichtige Befunde ergeben. Die technisch-praktische Seite der photochemischen Forschung bewegte sich wie früher in den Bahnen der Vervollständigung verschiedener Reproduktionsverfahren. Aber das Problem der direkten Farbenphotographie ist noch immer nicht gelöst. Da fühlt man noch den Mangel an manchen theoretischen Vorarbeiten. Die Lösung dieses Problems würde von großer praktischer Bedeutung sein; man braucht nur an die farbige Kinematographie zu erinnern. Ganz verdrängen wird sie die einfache Photographie aus dem praktischen Leben nicht können, denn die farbige Photographie hat nur einen Sinn für das sichtbare Licht. Für die unsichtbaren ultraroten, ultravioletten, Röntgenstrahen behält die alte Silbersalzphotographie ihren früheren Wert. Die photographische Platte ist wie früher, so auch jetzt, als ein Kunstwerk zu betrachten, und als solches kann sie als Hilfsmittel bei wissenschaftlichen Untersuchungen verwendet werden, kann aber nicht ein Objekt der wissenschaftlichen Forschung selbst sein.

Von einer direkten fabrikmäßigen Anwendung der photochemischen Prozesse ist überhaupt noch keine Rede; wenn es gelingen würde, die Photopolymerisationsreaktionen zur Herstellung der Kautschuke, Harze und Öle in technischem Maßstabe zu verwenden, so würde das einen starken Anstoß für die weitere Entwicklung der Photochemie bedeuten. Das Arbeitsfeld ist hier groß und aussichtsreich. An geistigen Arbeitern auf diesem Gebiete würde es auch nicht fehlen. Es mangelt aber an entsprechenden Arbeitsstätten und diese müssen in der allernächsten Zukunft in Form von internationalen und Landes-Forschungsinstituten und Lehrkanzeln für Photochemie in größerer Menge gegründet werden.

Mit diesem innigsten Wunsche, an alle Kulturnationen gerichtet, beenden wir dieses Büchlein.

Zusammenfassende Werke über die Photochemie.

Die Photochemie der Altzeit.

13. Jahrh. Heraclius, Von den Farben und Künsten der Römer.
15. „ Cennino Cennini, Buch von der Kunst und Traktat der Malerei.
1549 Michel Angelo, Traktat von der hochedlen Malerei.
1667 R. Boyle, Experimenta et considerationes de coloribus, Genf.
1686 Ray, Historia plantarum, Londini.
1688 Mariotte, Traité de la Nature des couleurs, Paris.
1737 Dufay, Ausbl. d. Tapeten, Gardinen, Memoires, d. Pariser Akad.
1743 Scheuchzer, Physica oder Naturwissenschaft, Zürich.
1749 Castel, Die auf lauter Erfahrung gegründete Farbenoptik, Halle.
1764 Pernety, Handlexikon der bildenden Künste, Berlin.
1772 Priestley, Geschichte der Optik [deutsche Ausgabe von Klugel (1776)]. History and Present. Vision, Light, Colours (1777).
1782 Joh. Senebier, Physik.-chemische Abhandlungen über den Einfluß des Lichtes (franz. Genève); deutsche Ausgabe, Leipzig (1785).
1790 Bergmann, Opuscula physica et chimica.
1793 Scheele, Sämtliche Werke; deutsche Ausgabe von Hermbstädt, Berlin.
1793 Scheele, Aëres atque ignis examen chimicum, Upsala (1777).
1799 Gmelin, Geschichte der Chemie.
1801 C. Fischer, Geschichte der Physik (1801—1806).
1803 Berthollet, Essay de statique chimique (1803); deutsche Ausgabe (1811).

1808 Link und Heinrich, Über die Natur des Lichtes, Petersburg.
1810 Goethe, Farbenlehre, Hempels Ausgabe.
1832 G. Suckow, Commentatio physica de lucis effectibus chimicis, Jena (1828). Über die chemischen Wirkungen des Lichtes, Darmstadt (1832).
1834 Landgrebe, Über das Licht.
1835 J. Fiedler, De lucis effectibus chimicis in corpora anorganica, Vratislaviae.

Die photographisch-technische Periode.

1845 Karsten, Literaturbericht, Fortschritte der Physik.
1854 Hunt, Rechearches on Light, II. Aufl.; I. Aufl. (1844).
1868 E. Becquerel, La lumière, Paris.
1870 Ducos de Hauron, Les couleurs en photogr., Paris.
1878 A. Vogel, Lehrb. d. Photographie, III. Aufl.
1887 Eder beginnt die Herausgabe d. Jahrb. Photographie.
1888 W. Harrisson, History of Photographie.
1891 Eder beginnt die Herausgabe seines Handbuches d. Photographie.

Die Photochemie der Neuzeit.

1905 R. Luther, Aufgaben der Photochemie, Leipzig.
1906 H. Vogel, Photochemie, Berlin.
1908 K. Schaum, Handb. d. Photochemie, I. Teil, Leipzig.
1908 Kayser, Handbuch der Spektroskopie, Bd. 4 (Phosphoreszenz — Fluoreszenz — Geschichtliche Entwicklung).
1909 Plotnikow, Grundzüge d. Photochemie, Ber. Mendelejew-Kongr. Petersburg.
1910 A. Coehn, Photoch. Vorg. in Gasen, Ber. Jahrb. d. Rad. u. Elektr.
1910 Plotnikow, Photochemie Halle.
1911 F. Weigert, Chemische Lichtwirkungen, Stuttgart.
1912 Plotnikow, Photochem. Versuchstechnik, Leipzig.
1913 Ciamician, La Fotochimica dell' Avenire, Bologna.
1913 Eder, Quellenschriften zu Anfängen der Photochemie, Halle.
1913 Benraht, Lehrb. d. Photochemie, Heidelberg.
1916 S. Scheppard, Lehrb. d. Photochemie, Leipzig.
1919 V. Henri, Etudes der Photochemie, Paris.
1920 Plotnikow, Lehrb. d. allgem. Photochemie, Berlin-Leipzig.
1920 Plotnikow, Photochem. Valenz etc., Berlin-Leipzig.
1920 Kausch, Die unmittelbare Ausnutzung der Sonnenenergie, Weimar.

Namenregister.

Sachregister.

Metzger & Wittig, Leipzig.

FSC
www.fsc.org
MIX
Papier | Fördert gute Waldnutzung
FSC® C083411

Zeitfracht Medien GmbH
Ferdinand-Jühlke-Straße 7
99095 Erfurt, Deutschland
produktsicherheit@kolibri360.de